高等职业教育生态林业专业群特色教材

林木育种学

纪丽丽 | 主　编
焦泽东　韩慧英 | 副主编
宋洪文 | 主　审

中国轻工业出版社

图书在版编目（CIP）数据

林木育种学 / 纪丽丽主编. -- 北京 : 中国轻工业出版社, 2024. 12. -- ISBN 978-7-5184-5123-4

Ⅰ. S722. 3

中国国家版本馆CIP数据核字第2024SV8832号

责任编辑：陈　萍

文字编辑：张育萱　　责任终审：腾炎福　　设计制作：梧桐影

策划编辑：陈　萍　王　宁　　责任校对：吴大朋　　责任监印：张京华

出版发行：中国轻工业出版社（北京鲁谷东街 5 号，邮编：100040）

印　　刷：北京君升印刷有限公司

经　　销：各地新华书店

版　　次：2024年12月第1版第1次印刷

开　　本：787 × 1092　1/16　印张：19.5

字　　数：450千字

书　　号：ISBN 978-7-5184-5123-4　定价：59.00元

邮购电话：010-85119873

发行电话：010-85119832　　010-85119912

网　　址：http://www.chlip.com.cn

Email: club@chlip.com.cn

240815J2X101ZBW

本书编写人员

主　编　纪丽丽（黑龙江林业职业技术学院）

副主编　焦泽东（甘肃祁连山国家级自然保护区管护中心东大河自然保护站）

韩慧英（黑龙江林业职业技术学院）

参　编　那　娜（黑龙江林业职业技术学院）

郑　伟（牡丹江经开发展集团有限公司）

于明乾（黑龙江林业职业技术学院青梅实训林场）

主　审　宋洪文（黑龙江林业职业技术学院）

前言

林木育种学是以遗传学为理论指导，研究林木性状遗传与变异的规律，并利用林学、生态学、数学、化学和经济学等多学科的理论和技术，按照育种目标，对树种进行遗传改良的一门应用学科。“林木育种学”是林学专业的核心骨干课程。

笔者在调研国内已有《林木育种学》教材的基础上，针对高等职业教育的特点，结合教学经验，对教材内容进行了适当的取舍和补充。本教材既全面反映了林木育种的知识点和最新进展，又突出体现了高等职业教育的基本要求。

本教材由黑龙江林业职业技术学院纪丽丽、甘肃祁连山国家级自然保护区管护中心东大河自然保护站焦泽东、黑龙江林业职业技术学院韩慧英、黑龙江林业职业技术学院那娜、牡丹江经开发展集团有限公司郑伟和黑龙江林业职业技术学院青梅实训林场于明乾编写。纪丽丽编写项目一、项目六、项目九和项目十，焦泽东编写项目四和项目五，韩慧英编写项目二和项目三，那娜编写项目八，郑伟编写项目七，于明乾编写项目十一。全书由黑龙江林业职业技术学院宋洪文教授审定。

本教材在编写过程中得到了作者所在单位领导的大力支持，在此表示感谢。

本教材主要面向高等职业教育林业技术专业学生，也可作为森林保护、经济林、生物技术等相关专业的教学参考书。由于编者水平有限，疏漏之处在所难免，敬请读者批评指正。

纪丽丽

2024年7月

目录

项目一

林木育种基础

项目介绍

1. 项目相关背景

进化是生物界的基本特征，现在的物种都是经过长期进化而演变过来的。一切生物都能发生变异，林木种内存在丰富的变异，且有明显的变异层次，认识变异、发掘变异、研究变异、利用变异是育种工作者的任务。遗传变异和选择是林木育种的两个关键方面。选择贯彻了整个育种过程，没有选择就不可能创造新的优良繁殖材料。

2. 项目任务描述

训练任务一　花粉母细胞减数分裂观察

训练任务二　植物染色体组型分析

训练任务三　植物形态变异观察

学习目标

1. 能力目标

①完成文献资料的查询和搜集工作。

②与他人分工协作，并进行有效的沟通。

③设计植物染色体组型分析和植物形态变异观察的方案，并做出相应计划。

④完成组织或细胞的固定、离析和压片，进行染色体组型分析，完成植物形态型划分，说明注意事项。

⑤通过文字、口述或实物展示学习成果。

2. 知识目标

①简述生物进化的因素和趋势。

②简述影响群体基因频率的因素。

③简述自然选择与人工选择的区别和联系。

④简述影响遗传增益的因素。

⑤简述选择方法的种类及适用条件。

背景知识

一、物种形成和生物进化

1. 生物进化和自然选择

物种是生物存在的基本形式，任何生物在分类学上都属于一个物种。在人类认识自然的历史长河中，在相当长的时期内，把物种的稳定性绝对化了。18世纪瑞典博物学家林奈（Linnaeus）认为，物种由形态相似的个体组成，同种个体间可以自由交配，并能产生可育后代，而不同种间杂交则不育。他也曾认为物种是永恒不变的，直到他观察到种内存在大量变异的事实后，才在《自然系统》一书的最后一版中删去了物种不变的主张。

关于生物进化的理论，最早由法国的博物学家拉马克（Lamarck）提出。他认为，物种是可变的；在自然界，生物存在着由简单到复杂，由低级向较高级发展的趋向；生物对环境有巨大的适应能力；环境的变化会引起生物的变化。他还主张动物器官“用进废退”和后天获得的性状能够遗传的观点，然而这些观点已被证明是错误的。

英国博物学家达尔文（Darwin）于1859年出版了《物种起源》一书，该书系统地阐述了他的进化观点，为生物进化学说奠定了基础。达尔文对动植物和地质现象做过大量观察和分析，他认为物种由具有明显特征的个体类群组成，他肯定物种内个体间的亲缘关系，确认物种的可变性。同时，他认为生物都有繁殖过剩的倾向，而生存空间和食物是有限的，生物必须“为生存而斗争”。达尔文进化学说认为，决定生物进化的主要因素是遗传的变异和选择。变异的原因一般应从生物本身和环境的影响两个方面去探索，生物的变异往往和环境条件相联系。同一群体内的个体存在着变异，具有能适应环境的有利变异个体将存活并繁殖后代，具有不利变异的个体则被淘汰。如果自然条件的变化具有方向性，则在历史过程中，经过长期的自然选择，微小的变异经过积累就能成为显著的变异，由此可能导致亚种或新种的形成。生物发生的遗传变异（一般是微小且不定的）如何能发展成显著的变异而超越出种的界限？达尔文认为，在自然界，适合于环境条件的生物被保存下来，而不适合的则被淘汰，这就是自然选择。达尔文对自然选择的假释如下：自然选择这个词并不确切，只是一种比喻，因为自然界并不存在有意识的选择，而只是起着选择的作用罢了。可见，达尔文没有将任何超自然的“选择者”的“目的”或“意识”引进到自然选择过程中。

达尔文的进化理论，以大量的事实为依据，从生物与环境相互作用的观点出发，阐明了生物的变异、遗传和自然选择作用能导致生物的适应性改变这一观点，在学术界产生了深远的影响。现代育种学认为，变异是选择的基础，没有变异就没有选择；遗传是选择的保证，没有遗传，选择的结果就得不到巩固；而选择本身，确定了遗传变异的方向。但是，达尔文在进化理论中阐述的变异积累和生物进化渐变性等观点，受到过质疑、批评，甚至反对。

20世纪初，生物科学界出现了三大事件：一是20世纪初奥地利植物学家孟德尔（Mendel）的遗传规律的重新发现。孟德尔于1865年从豌豆的杂交实验中得出了颗粒遗传结论，证明遗传物质不融合，在繁殖传代的过程中，可以发生分离和重新组合。摩尔根（Morgan）等人进而建立了染色体遗传学说，全面揭示了遗传的基本规律。二是荷兰植物学家德·弗里斯（H. de Vries）根据月见草属新类型突然产生的事实，提出突变论，反对渐变论。三是丹麦植物学家约翰生（Johannsen）用一种菜豆做了12年试验，分离出19个纯系，提出纯系学说，否定选择的创造性作用，认为环境引起的变异不遗传。

20世纪20—30年代，一大批学者将生物统计学与孟德尔的遗传理论相结合，形成了群体遗传学，并根据染色体遗传学说、群体遗传学、物种概念、古生物学和分子生物学等多学科知识，继承并发展了达尔文学说，创立了综合进化论。杜布赞斯基（Dobzhansky）是这一学说的代表，他于1937年出版了《遗传学与物种起源》，于1970年又出版了《进化过程的遗传学》。综合进化论否定获得性状的遗传，强调进化的渐进性，认为生物进化的单位是群体而不是个体，重新肯定了自然选择的重要性，并论证了突变、基因重组、选择和隔离在生物进化中的作用。

1968年，日本遗传学家木村资生根据大量分子突变都是中性的事实，提出了中性学说。该学说认为，分子水平上多数进化改变和种内的大多数变异不是由自然选择引起的，而是由中性或近乎中性的突变等位基因的随机漂变引起的，反对综合进化论的自然选择观点。这是对生物进化的另一种解释。

自达尔文《物种起源》发表后的100多年来，学者们对自然选择学说的争论一直没有中断过。综合进化论将自然选择学说建立在现代遗传学、生物统计学和分子生物学等新科学成就的基础上，使得自然选择学说为更多的人所承认和接受。但是，生物进化是复杂的，以致现有的进化学说还不能解释所有的问题，对进化的认识尚待深化。

2. 物种及种内分类

一般认为，同一个物种应具备下列条件：具有明显的、不同于其他物种的形态特征，其中高等植物主要以花和果实为分类标准；同一物种内的个体都能自由交配，并能正常生育后代；具有相似的生态条件；具有一定的地理分布范围。

物种由个体组成，个体是组成物种的基本单位。同一个种内的个体，不仅有性别和年龄的差别，而且由于生育个体亲本的遗传因素不同和所处环境的差异，个体间也存在着生长习性、生理和适应性等方面的种种差异。分布在一定地理范围内的个体组成的群体，称种群或居群。物种往往按面积大小不等的群体而分布，同一个物种内不同的群体往往呈不连续分布。不同种群的遗传特性和生存条件差异也会产生变异，当变异达到一定程度，就会产生亚种，甚至新的物种。亚种是种在地理和生殖上长期、完全隔离后形成的，在形态、生理和遗传特征上有一定的特异性，是种以下的分类单位。亚种多用于动物，在植物中较少应用。在植物中，形态、生理和遗传特征上有一定差异的群体，常称为变种。变种有时也指栽培品种。

地理小种是文献中经常能见到的一个术语，是种以下的分类单位。小种的形成也是自然进化因素作用的结果，因此这个术语只适用于天然群体。关于地理小种的含义，P. C. Wakeley作过如下解释：地理小种是种以下的分类单位，一个小种可通过观察或试验区别于其他小种；地理小种是经自然选择作用产生的某个物种的一部分，组成小种的个体是由共同祖先或有亲缘关系的一群祖先产生的后代；区别小种的性状是可遗传的；地理小种是在相当确定的环境条件下自然发生的，十分适应该环境，且能存活和繁殖。概括来说，地理小种是由遗传性状相似的个体组成的种内分类单位，有共同的祖先，占有能够适应的特定地域。如该地域因海拔、气候或土壤条件不同而形成，可分别称之为海拔小种、气候小种或土壤小种，而不要统称为地理小种。反之，当个别生态因子不足以说明小种的全部特征时，仍用地理小种。

通常与小种混淆的另一个术语是生态型。在林业中，生态型有时作为小种的同义词。但是生态型通常由分布面积较小、不连续的群体组成，且通常不能由形态特征的差异来区别，而只能由生理特征来鉴别。

3. 林木种内变异

生物体亲代与子代之间以及子代的个体之间存在着或多或少的差异，这就是生物的变异现象。自然进化是自然变异和自然选择的结果。植物在自然环境中，由于气候因子、生物因子和生态因子的变化而引起植物发生的可遗传变异，称为自然变异。这种变异通常在万分之几到十万分之几。发生自然变异的原因有天然杂交、自然界化学和物理因素引起的突变等。优良的自然变异个体是育种的好材料，通过选择培育可育成新品种。自然进化一般较为缓慢，但随着科学技术的进步，人工创造变异的能力增强，选择方法的不断改进，人工进化可能在短短几年或十几年中创造出若干新的生物类型或新品种。开展植物育种研究，通过人工创造变异，选育优良的新品种，实际上就是植物人工进化过程。人工产生变异的主要技术有：杂交育种、诱变技术、染色体加倍技术、细胞融合技术、转基因技术和基因编辑技术等。在产生变异的基础上，通过人工选择，对符合生产需要的林木，可扩大繁殖，广为栽培。

与农作物相比，林木的变异更为丰富多彩，具有明显的层次性，如图1-1所示。根据国内外大量的观察研究，种内遗传变异可粗略地分为：树种内不同种源的变异；同一种源内不同林分的变异；同一林分内不同个体的变异；个体内植物器官和组织的变异。

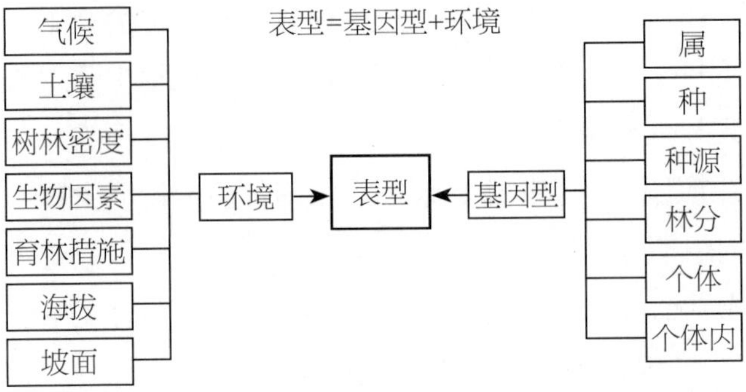

图1-1　基因型与环境造成树木间差异的示意图

变异是生物多样性和进化的根源，是选择育种的前提。了解一个树种各个层次的变异和变异大小，对正确制订育种方案和充分利用各个层次的变异十分重要。不同树种以及同一树种不同性状的变异模式不尽相同，不能用统一的模式来描述，这就需要通过试验来确定。

了解一个树种的变异规律，首先应从地理变异入手。同一个树种，特别是分布区广的树种，由于分布区内气候和土壤条件不同，经历长期隔离和自然选择后，不同地理起源的繁殖材料在适应性和生长习性方面存在差异，有时这种差异是十分明显的。这是树木性状遗传变异的重要来源，已普遍得到了重视和利用。

同一个地区存在许多不同的林分。在长期且多样化的自然选择因素作用下，树木在生态习性方面可能表现出不同的特征。同时，人为干扰也会使树木在生长、干形等经济性状方面表现出不同的特征。因此，要在同一种源范围内，采集不同林分材料进行试验和观测，以期筛选出更能满足需要的繁殖材料。母树林是在优良天然林或确知种源的优良人工林的基础上，通过去劣疏伐，为生产遗传品质较好的林木种子而营建的采种林分。在种子园的产种量未能满足需要之前，母树林是重要的采种基地。同一般采种林分比较，从母树林取得的种子，播种品质较好，产量较高，遗传品质也有一定程度的改良，且分布面积集中，便于开展产量预测和培育管理工作。同种子园相比，母树林营建技术简单，从筹建到大量收获种子之间的非生产性时间短，可以及早提供造林用种。

在同一个林分内不同植株间，生长量和材质等经济性状上的变异极为普遍。据Zobel报道，在相似立地条件下的同龄火炬松林分中，即使遗传力较高的木材相对密度，在不同植株间也可相差0.15~0.20g/cm^3，如图1-2所示。优树选择就是基于这类个体的变异。优树是指在某些性状上超过同等立地条件下周围同种、同龄树木的单株。从天然林或人工林群体中，按选种目标和优树标准进行表型个体的选择，从入选的优良单株上分别采种和采条，并进行遗传测定，建立种子园或采穗圃繁育良种。

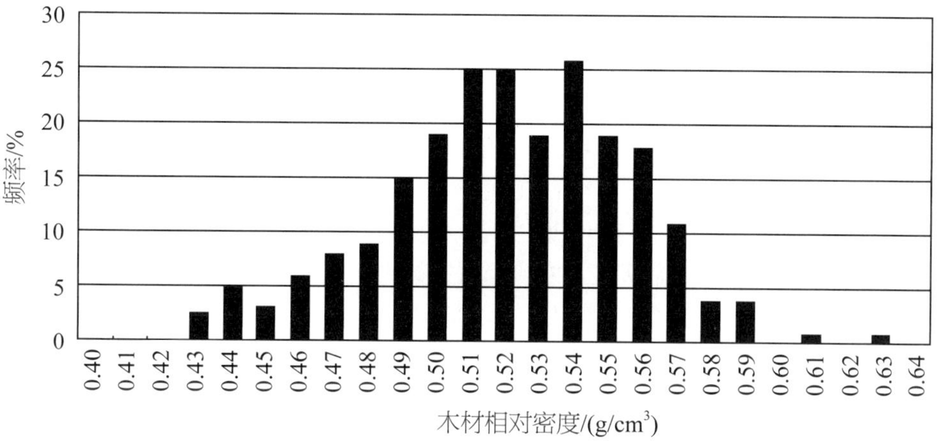

图1-2 相似立地条件下同龄火炬松林分中不同植株木材相对密度的个体变异

芽变属体细胞突变，是植物的组织和器官在经常进行的细胞分裂过程中，由于外界条件，如气候、土壤、砧木和栽培技术措施等影响，植物芽的分生组织细胞自然发生的遗传物质的突变。当产生突变的芽萌发长成枝条，形成了在树体形态、结构、生理和生化等方面与同一母株上其他枝条或芽不同的枝或芽，选择突变芽和其长成的枝，经过无性繁殖可培育出新品种。在果树上，除由遗传物质变异而发生芽变外，还普遍存在着由环境因素造成的不能遗传的表型变异，称为饰变。这些饰变是非遗传物质的变异，不会遗传给下一代。芽变常常以嵌合体的形式出现，使变异不够稳定，选种时，要设法分离出同质突变体，以保持优良性状。

人们很早就发现了果树的芽变现象，如早在1059年，我国宋朝的《荔枝谱》中就对荔枝的芽变有所描述。虽然该现象在生产上早已有所利用，但是将其作为育种手段是20世纪初期以后才开始的。芽变是果树新品种的重要来源。苹果和柑橘是最易产生芽变的果树，也是通过芽变选种获得新品种最多的两类果树。据统计，全世界现有苹果品种的10%左右源于芽变；甜橙、温州蜜柑与葡萄柚等主要柑橘类的大多数品种也由芽变选种育成。但芽变在林木遗传育种中还很少报道，这与过去林木育种的目标比较单一、变异发生不经常和观察比较粗放等有关。

二、染色体结构变异

染色体是基因的载体。在正常情况下，生物染色体的形态和结构是稳定的，由此保证了遗传物质在世代传递过程中的稳定性。但是，这种稳定是相对的，许多因素都会影响到染色体结构的稳定性，如营养、温度和生理等的异常变化，紫外线、X射线、γ射线和中子等物理因素或化学药剂都会使染色体折断。染色体或染色单体的断裂，产生两个断裂端，这些断裂端会产生几种情况：重新愈合成原来的结构，保持原状；不愈合，无着丝粒的片段丢失，有着丝粒的染色体片段进入子代，使得后代染色体片段出现缺失；与另一断裂产生的断裂端连接，产生新的染色体结构。归纳起来，染色体结构变异分为4类：缺失、重复、倒位和易位。染色体结构变异与染色体数目变异，称为染色体畸变。

1. 缺失

缺失是指染色体丢掉了带有基因的某一区段。如果染色体缺失了包括着丝粒在内的染色体末端区段，称为顶端缺失；如果染色体缺失了一条臂的内部区段，称为中间缺失。

当染色体上发生一次断裂，保持断头不发生重接愈合，就会产生顶端缺失。如某染色体各区段的正常直线顺序为abc·defgh（·代表着丝粒，下同），若在f、g间断裂，“gh”区段缺失，即为顶端缺失染色体。“gh”区段不包含着丝粒，称为无着丝粒断片。这种断片在细胞分裂时不能正常分配到子细胞核中，因而在后续细胞分裂过程中会被丢失。染色体也可能缺失一整条臂而成为有着丝粒染色体，有时也把带有染色体臂缺失的生物体，称为端体。

染色体一条臂上产生两次断裂，重接时将中间区段排除在外，就会形成中间缺失。如前述染色体的e、f和g、h间各发生一次断裂，重接时e区段断头与h区段断头连接，就会缺失“fg”区段成为中间缺失染色体，“fg”区段也是无着丝粒断片。

顶端缺失染色体带着无着丝粒的断头难以正常愈合，结构很不稳定，因此较少见。中间缺失染色体没有断头外露，比较稳定，也更为常见。如果某对染色体中一条为缺失染色体而另一条为正常染色体，称为缺失杂合体；而带有一对缺失相同区段同源染色体的个体，称为缺失纯合体。此外，缺失纯合子往往是致死的。

2. 重复

重复是指某一区段在同一染色体上出现不止一次的现象。重复一般分为顺接重复和反接重复两种类型。顺接重复指重复片段紧接在固有的区段之后，重复片段内的基因顺序与同源染色体上的正常顺序一致。反接重复指重复片段与固有片段衔接在一起，重复区段内的基因顺序与原染色体上的正常顺序相反。重复区段并不总是与原有区段邻接，当重复区段出现在同一染色体的其他位置，称为错位重复。如染色体正常区段顺序为abc·defgh，则区段错位重复染色体为abfgc·defgh。重复杂合体指某对同源染色体中，一条为重复染色体而另一条为正常染色体。重复纯合体指含有一对发生了相同重复的同源染色体。

3. 倒位

一条染色体的一个区段断裂后，掉转180°后重新连接起来，称为倒位。倒位区段不包含着丝粒的中间区段的倒位，称为臂内倒位；倒位区段包含着丝粒的倒位，称为臂间倒位。如一条正常区段顺序为abc·defgh的染色体，分别在长臂的d、e间和g、h间发生断裂，“efg”区段倒转重接后形成臂内倒位染色体（abc·dgfeh）；“c·de”区段倒转重接，则形成臂间倒位染色体（abed·cfgh）。如果某对染色体中一条为倒位染色体而另一条为正常染色体，则该个体为倒位杂合体；而含有一对发生相同区段倒位同源染色体的个体，称为倒位纯合体。

4. 易位

易位是指某染色体的一个区段转接在非同源的另一条染色体上。易位分为两种类型：一类是相互易位，指两个非同源染色体都断裂后，这两个断裂的染色体相互交换其断片而重新接合起来；另一类是简单易位或单向转移，指染色体的第一区段嵌入到非同源染色体的一个臂内的现象。相互易位比简单易位更为常见。

5. 染色体结构变异的诱发

（1）物理诱导

用于诱导染色体结构变异的物理因素主要是电离辐射。用X射线等方式处理种子或花粉可以有效地诱发缺失或易位等结构变异。研究发现，只需要一次染色体断裂的结构变异类型，其产生频率在一定范围内与辐射剂量呈正比，而不受辐射强度影响，这与基因突变相似。需要两次断裂才能产生的结构变异类型，其产生频率则与辐射剂量的平方呈正比。如果辐射总剂量不变，急照射（高剂量率短时间照射）时产生结构变异的频率较高，而慢照射（低剂量率长时间照射）时产生结构变异的频率较低。这可能是由于慢照射时，同一个核内同时产生多次断裂的几率较小，因而断头错接的几率也较小；急照射时，同一个核内同时产生多次断裂的几率较高，因而断头错接的几率也较大。根据这一规律，对于需要一次断裂的结构变异类型，可以用慢照射来获得更高频率，对于需要两次或两次以上断裂的变异类型，可以通过提高剂量率获得。不过应当注意，一次照射剂量过大容易导致细胞死亡。

（2）化学诱导

化学因素主要通过诱导染色体断裂来提高结构变异发生的频率。能够诱发染色体结构变异的化学物质很多，而且某些药物诱发的结构变异具有一定的染色体部位特异性。例如，用8-乙氧基咖啡碱、顺丁烯联胺和2,3-环氧丙醚分别处理蚕豆根尖时，根尖细胞染色体发生断裂的部位不同。这一特点在浓度低的时候比在浓度较高的时候更为突出。

除物理和化学因素外，某些病毒也可引起宿主细胞染色体结构变异。如SV40病毒、Rous肉瘤病毒和带状疱疹病毒均可诱发染色体结构变异。研究还发现，染色体结构变异在一定程度上也受生物自身的遗传控制。例如，小麦5B染色体上存在控制染色体同源配对的*Ph*基因，当*Ph*基因发生变异时，染色体配对的特异性下降，非同源染色体间配对、交换形成易位的频率提高。

三、染色体数目变异

一般情况下，自然界中的每一种生物的染色体数量都是稳定的。但是在某些特定的情况下，生物体的染色体数目会发生改变，从而产生可遗传的变异。

1. 染色体组的概念和特征

生物维持其生命活动所需要的一套基本的染色体，称为染色体组或基因组。染色体组中所包含的染色体在形态、结构和连锁基因群上彼此不同，它们包含着生物体生长发育所必需的全部遗传物质，并且构成一个完整而协调的体系，缺少其中的任何一条都会造成生物体的不育或性状的变异，这就是染色体组的最基本特征。

（1）染色体基数

一个物种的染色体组包含的基本染色体数目，称为染色体基数，通常以X代表。有些物种的染色体基数是非常明确的，如松属树种均为X=12。性细胞染色体的数目用n表示。在植物中，有时$n=X$，有时n是X的倍数，如毛白杨为$2n=2X=38$、$n=X=19$，普通小麦为$2n=6X=42$。

（2）整倍体与非整倍体

染色体数是X整倍数的个体或细胞为整倍体。具有$2n=2X$的个体或细胞为二倍体，$2n=4X$的个体或细胞为四倍体，$2n=6X$的个体或细胞为六倍体，依次类推。二倍体的配子内只有一个染色体组，所以是一倍体。四倍体与二倍体杂交的子代是三倍体。六倍体与四倍体杂交的子代是五倍体。三倍和三倍以上的整倍体统称多倍体。

染色体组相同的多倍体为同源多倍体，其增加的染色体组来自同一物种，一般由二倍体的染色体直接加倍形成。染色体组不同的多倍体为异源多倍体，其增加的染色体组来自不同物种，一般由不同种、属间的杂交种染色体加倍形成。例如，有甲、乙和丙三个不同的二倍体物种，其染色体组分别表示为AA、BB、CC，其中A、B和C是亲缘关系不同的三个染色体组。若分别使甲、乙和丙的染色体数加倍，则分别形成三个不同的同源四倍体，即AAAA、BBBB和CCCC。让AAAA与AA杂交，则其子代就是同源三倍体，即$2n=3X$=AAA=3A。若将甲、乙两个二倍体杂交，其子代的染色体组是AB，再让该子代的染色体数加倍，就成为异源四倍体（$2n=4X$=AABB）。同理，使异源四倍体（AABB）与二倍体（CC）杂交，其异源三倍体子代（ABC）的染色体数加倍后就成为异源六倍体（$2n=6X$=AABBCC）。若使异源四倍体（AABB）的染色体数加倍，就形成异源八倍体（$2n=8X$=AAAABBBB）。

在$2n$染色体组中增加或减少个别染色体的变异，称为非整倍性变异；形成的生物新类型，称为非整倍体。染色体数多于$2n$的非整倍体为超倍体；染色体数少于$2n$的非整倍体为亚倍体。某个体是二倍体，$2n=AA=a_1a_1a_2a_2a_3a_3=3$Ⅱ，在这个二倍体（$2n$）的基础上，若某对染色体少一条，如$a_1a_1a_2a_2a_3$，则属于$2n-1$类型，称为单体；若缺少一对染色体，如$a_1a_1a_2a_2$，则属$2n-2$类型，称为缺体；若某两对同源染色体各缺失一条染色体，如$a_1a_1a_2a_3$，则属$2n-1-1$类型，称为双单体。同理，若染色体组中某个染色体额外增加1条，如$a_1a_1a_2a_2a_3a_3a_3$，属$2n+1$类型，称为三体；若某两对同源染色体均外增加一条染色体，如$a_1a_1a_2a_2a_2a_3a_3a_3$，属$2n+1+1$类型，称为双三体；若某一对同源染色体额外增加两条染色体，如$a_1a_1a_2a_2a_3a_3a_3a_3$，属$2n+2$类型，称为四体。为了与各种非整倍体区别，通常将$2n$的正常个体统称双体。

自然界有些物种通过非整倍体形成。例如，裸子植物最初的染色体基数是11或12，通过增加或减少两条染色体，演化出来某些新属。椴属具有$n=41$条染色体，而其所有近亲具有$n=7$条染色体。可以设想，先是从$n=7$的祖先产生了一个六倍体（$6X=42$）的植株，然后又失去了一个染色体而成为$n=41$的植株。在桦木科中，赤杨属和桦木属都是$n=7$植株的多倍体衍生物。

2. 单倍体

（1）单倍体的表现特征

单倍体是指具有配子染色体数（n）的个体或细胞。二倍体的单倍体是一倍体，称为单元单倍体。多倍体的单倍体含有两个或两个以上的染色体组，称为多元单倍体。在多元单倍体中又可根据染色体组是否有相同的来源分为同源多元单倍体和异源多元单倍体。无论是同源多元单倍体还是异源多元单倍体，由于其细胞内各个染色体组都是单个的，所以其孢母细胞内各个染色体都没有与自己联会的同源染色体，只能以单价体的形式存在。这种单价体在减数分裂的后期随机趋向纺锤体的某一极，即某个或某些趋向一极，另一个或另一些趋向另一极，使最后形成的配子中很少能够得到整套完整的染色体组，结果导致单倍体的高度不育，这是单倍体最主要的遗传特征。

（2）单倍体的主要作用

单倍体高度不育，且细胞、组织、器官和植株一般都比二倍体瘦弱，对自身的生存和繁衍不利。尽管如此，它却在遗传育种研究中有着非常重要的价值，主要价值如下：

①加速基因的纯合进度。单倍体本身的每个染色体组都是单个存在的，等位基因也都是单个的，如果人为地将它的染色体数目加倍，使之成为二倍体或双倍体，不仅可以由不育变为可育，而且其全部基因可以一步达到纯合。在植物育种中，采用此途径，可以加速纯系的选育进度，缩短育种年限。利用花药培养和花粉培养获得单倍体植株，将其染色体加倍后，可获得有实用价值的植物新品种。这种方法已在近百种植物中成功应用。

②研究基因的性质和作用。单倍体的每个基因位点上都只有一个等位基因，所以在单倍体细胞内，无论是显性基因还是隐性基因。每个基因都能发挥自己对性状的作用。

因此，单倍体是研究基因性质及作用的良好材料。

③研究基因定位。单倍体的每条染色体和每个基因都只有一个成员，使用原位分子杂交的方法来研究基因在染色体上的位置十分方便。如马铃薯是同源四倍体植物，用常规方法进行基因定位十分困难，但若用单倍体进行此项研究则更方便，现已对部分基因进行了定位。

④研究染色体之间的同源关系。某些异源染色体之间并不都是绝对异源的，一个染色体组的某条或某些染色体与另一染色体组的某条或某些染色体之间，可能存在部分同源关系。在单倍体的孢母细胞内，任何染色体都只有一条，因此可能与其有部分同源关系的染色体发生联会。通过观察单倍体孢母细胞减数分裂时的联会情况，可以分析各个染色体组之间的同源或部分同源关系。

⑤离体诱导非整倍体。研究表明，将花药单倍体在离体条件下培养，容易产生各种类型的非整倍体，这为利用非整倍体进行染色体工程研究提供了丰富的材料。

3. 多倍体

染色体倍数的增多可能给生物体带来形态和细胞学上的一系列变化。早在19世纪末，德·弗里斯就在普通月见草中发现一种比普通月见草的组织和器官大许多的变异型，并将其定名为巨型月见草。当时，德·弗里斯以为巨型月见草是普通月见草通过基因突变产生的。但随后几年的细胞学研究表明，这种巨型月见草的染色体数是 $2n$=28，正好是普通月见草染色体数（$2n$=14）的两倍。染色体多倍化是植物进化重要的方式之一，约有70%的被子植物经历过一次或数次多倍化过程。1935年，Nilsson在瑞典发现了一株叶片巨大、生长迅速的巨型三倍体欧洲山杨后，立即引起了学者们对多倍体育种的广泛关注。1937年，Blakeslee和Avery以曼陀罗等植物为材料，证实秋水仙碱能有效地诱导植物多倍体，推动了多倍体诱导研究，并在作物、果树、蔬菜和花卉上获得大量多倍体新品种。植物多倍体具有巨大性、代谢产物含量高、可孕性低、抗逆性和适应性强等特点。

（1）巨大性

由于细胞核内染色体组的加倍，植物多倍体相应的细胞增大，组织器官等也显著加大。例如，二倍体桃树（$2n=2X=16$）的气孔长5.49，宽4.23，而三倍体桃树（$2n=3X=24$）的气孔长和宽则分别为6.1和4.45。再如，人工四倍体的桑树与其亲本二倍体相比，叶片增厚和增大，叶肉增粗，单位叶面积重增加，叶色浓绿，叶质优，产量高，同时还具有芽大节密，花穗、花药和花粉粒较粗大等特征。与二倍体相比较，多倍体植物纤维较长。如北京林业大学朱之悌院士培育的三倍体毛白杨，5年生的木材纤维平均长达到1.28mm，比同龄普通二倍体毛白杨长52.4%；α-纤维素含量可达到53.21%，比同龄二倍体毛白杨高5.8%。然而，这样的递增和递延关系是有一定限度的，超过一定倍数的限度，同源多倍体的器官和组织就不再随之增加了。但并不是所有植物多倍体都会表现出巨大型。如一些松属、云杉属和落叶松属的树种内育出了人工的四倍体，通常它们的生长速度非常缓慢，可作为观赏的矮化植物。国外的桦木、杨树、榆树、桤木和刺槐等树种均通过人工培育得到同源四倍体，但它们一般比二倍体长得慢。

（2）代谢产物含量高

由于植物多倍体染色体组数量的增多，有多套基因，导致基因模板增加，从而使得转录出的mRNA数量增加，相应的酶蛋白合成增加，导致碳水化合物、蛋白质、维生素、植物碱和单宁等有机物的合成速率增加。如四倍体橡胶树的产胶量比二倍体亲本提高34%；三倍体漆树的产漆量比二倍体高出1~2倍；四倍体刺槐的叶面积、叶质量是一般刺槐的2倍多，叶内含粗蛋白质、粗脂肪和灰分的含量分别比普通刺槐高118%、126%和180%，是饲养牛、羊、兔等动物的优良饲料。

（3）可孕性低

由于在减数分裂中，多倍体性细胞染色体的不均匀分配，以致产生非整倍的配子，从而导致植株不孕或可孕性较低。对于以收获生物量为主的植物来说，减少了开花结果的营养消耗，有利于其营养生长，使木材增益更大。如欧洲山杨×美洲山杨杂种三倍体的材积生长比本地的山杨快1~2倍，纤维长度长18%，是一种优良的纸浆原料。

（4）抗逆性和适应性强

植物多倍体尤其是异源多倍体的等位基因杂合性丰富了其遗传背景，从而增强适应性。同时，由于植物多倍体的形态和生理生化特性等发生了变化，从而也增强了对不良环境的抵抗能力。从植物地理分布上看，多倍体大多出现在高纬度、高海拔以及北极、沙漠等气候环境变化剧烈的地区，说明植物多倍体对严酷自然条件的适应能力比二倍体强。因此，多倍体育种可提高林木的抗逆性。目前，已有报道认为，四倍体柳杉的抗寒性高于二倍体柳杉，三倍体欧洲山杨较抗旱和土壤瘠薄，三倍体桦木对锈病的抗性增强。但也有相左的报道，如贾林光等的研究表明，四倍体苹果矮化砧木的半致死温度比二倍体高，无论抗寒锻炼前期还是后期，四倍体的可溶性蛋白质、可溶性糖和脯氨酸含量均极显著低于二倍体，导致抗寒性低于二倍体。

四、基因突变

1. 基因突变的概念与类型

（1）基因突变的概念

基因的DNA序列决定所编码蛋白质的氨基酸序列，当一些物理和化学因素影响并改变DNA的结构组成时，可能因为氨基酸序列的改变而影响蛋白质的功能，从而改变生物的表型，这种变化称为基因突变。由于基因突变是染色体上一个座位内的遗传物质发生化学性质的变化，所以也称点突变。基因突变现象在生物界中广泛存在，可以自然发生，也可人工诱导发生。人为地利用理化因素处理诱发的基因突变，称为诱发突变。在自然条件下发生的突变，称为自发突变，其是生物进化的基础，但自然条件下产生突变体的几率非常低，远远不能满足遗传研究与育种工作的需要。

（2）基因自发突变的主要原因

凡是能引起DNA复制错误和化学损伤等的各种物理和化学因素都可能引起基因突变。引起基因自发突变的原因主要有以下几个方面：

①外界环境的影响。自然界中的各种射线会引起基因突变。此外，温度的剧烈变化也可引起基因突变，一般突变率随温度的升高而增加。

②生物自身产生的诱变因素。在长久储藏的植物种子中可以得到具有诱变作用的抽提物，这说明种子的细胞内发生了化学变化，积累了一些有害物质，它们可以作为诱变剂而发挥作用。

③碱基的异构互变效应。天然碱基结构类似物能错误地掺入DNA，其酮式和烯醇式之间的异构互变可导致基因突变。生物体的其他物质也有此种情况，如氨基和亚氨基之间异构互变同样能引起自发突变。

（3）基因突变的类型

不同基因的生理生化功能不同，控制的性状不同，发生突变后的突变特征亦不同。根据突变后最明显的特性，可将基因突变大致分为以下几类：

①形态突变。形态突变主要影响生物的形态结构，导致突变个体形状、大小和颜色等可直接观察到的性状发生改变，所以又称可见突变。如花的颜色、树叶边缘的缺刻、树干无刺和树叶背面无绒毛等变异。

②生化突变。生化突变主要影响生物的代谢过程，导致一个特定生化功能的改变或丧失，常见的是营养缺陷型。如一般野生型细菌可在基本培养基中生长，而其营养缺陷型突变体则需在基本培养基中添加氨基酸或维生素等特定的营养成分才能生长。

③致死突变。致死突变主要影响其生活力，甚至导致个体死亡。致死突变既可发生在常染色体上，也可发生在性染色体上，发生在性染色体上就形成伴性致死。致死突变可分为显性致死突变和隐性致死突变两种类型。大多数的致死突变为隐性致死突变，隐性致死突变的基因只有在隐性纯合状态下才具致死作用，如植物的白化突变。

④条件致死突变。条件致死突变指突变在一定的条件下表现致死效应，而在条件改变后仍能存活。如噬菌体的温度敏感突变型，在25℃时能感染大肠杆菌，在40℃时却不能感染。

⑤中性突变。中性突变指突变基因不影响生物的生存和生长发育。如小麦粒色的变化和芒的有无等。

（4）基因突变的一般特征

①普遍性。基因突变在生物界普遍存在，无论是低等生物还是高等动植物，都可能发生基因突变。

②随机性。基因突变可以发生在生物个体发育的任何时期和生物体的任何细胞中，既可以在配子期发生，也可以在合子期、胚胎期、幼龄期和成熟期的体细胞中发生。

③稀有性。在自然条件下突变率很低。如细菌的突变频率为10^{-10}~10^{-4}，玉米为10^{-6}~10^{-5}。

④重演性。突变可以在同种生物的不同个体间多次发生，即相同的突变在同种生物的不同个体、不同时间和不同地点重复地发生和出现。如人类白化基因在人群中也时有发生。

⑤平行性。亲缘相近的物种因遗传基础相近，经常会发生相似的基因突变。如禾本科植物中水稻、小麦、玉米和高粱等在籽粒形状上都有长形的突变；在籽粒颜色上都有红粒和紫粒等相似的变异性状。突变的平行性对于研究物种间的亲缘关系、物种进化和人工定向诱变有一定意义。

⑥多方向性。突变的方向是不定的，可以多方向发生。如基因A可以突变为a，也可以突变为a_1、a_2、a_3等。a、a_1、a_2、a_3对于A来说都是隐性基因，同时a、a_1、a_2、a_3等的生理功能与性状表现又各不相同。

⑦可逆性。显性基因A可以突变为隐性基因a；而隐性基因a也可以突变为显性基因A。如果以A表示正常基因，a表示突变基因，那么通常把A突变为a统称正突变，a突变为A统称反突变或回复突变。正突变和反突变的频率一般不一样，多数情况下，正突变率总是高于反突变率。

⑧有害性与有利性。大多数基因的突变对生物的生长和发育往往有害，如导致生活力和生殖能力降低等。因为任何一种生物都是经过长期自然选择、进化的产物，其遗传物质及其控制下的代谢过程以及它们与环境条件之间已达到了相对平衡和高度协调的状态，一旦某基因发生突变，原有的协调关系可能遭到破坏或削弱，生物赖以生存的正常代谢关系就会被打乱，从而引发不同程度的后果。一般表现为生育反常，极端的有害突变可导致有机体的死亡。但也有少数突变对生物有利，如植物的抗倒伏性、早熟性、抗病性和抗旱性等突变。

（5）基因突变与性状表现

①显性突变和隐性突变的表现。由于等位基因突变是独立发生的，等位基因同时发生相同突变并产生突变纯合体的概率极低。因此，绝大多数情况下，仅其中的一个等位基因发生突变。无论是显性突变（$aa \rightarrow Aa$），还是隐性突变（$AA \rightarrow Aa$），突变当代都是杂合体。因此，基因突变表现世代早晚和纯化速率快慢因突变性质而不同。一般来说，

在自交情况下，显性突变表现得早而纯合得慢；隐性突变表现得晚而纯合得快，如图1-3所示。显性突变在子一代表现，子二代纯合，但子三代才能检出突变纯合体。

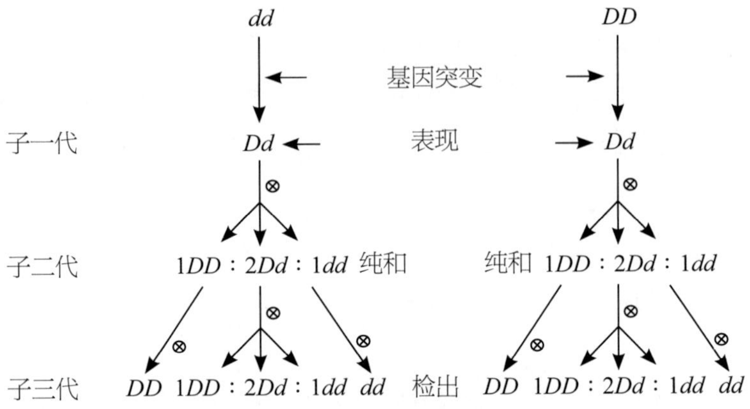

图1-3　显性突变与隐性突变的表现

②大突变和微突变的性状表现。基因突变引起性状变异的程度是不相同的。有些突变效应表现明显，容易识别，称为大突变。控制质量性状的基因突变大多属于大突变，如豌豆籽粒的圆形和皱形、玉米籽粒的糯性和非糯性等。有些突变效应表现微小，较难察觉，称为微突变。控制数量性状的基因突变大多属于微突变，如杨树的树高和胸径、雌球花长度和种子大小等。为了鉴别微突变的遗传效应，常需要借助统计方法加以分析。控制数量性状遗传的基因是微效的、累加的。因此，尽管微突变中每个基因的遗传效应都比较微小，但在多基因的条件下可以积小为大，表现出显著的效应。许多研究表明，在微突变中出现的有利突变率高于大突变，所以育种工作要在注意大突变的同时，重视微突变，特别注意微突变的分析和选择。

③体细胞突变和性细胞突变的性状表现。发生在体细胞的突变为体细胞突变。体细胞中如果发生显性突变，当代个体就以嵌合体的形式表现出突变性状。如在西红柿果肉上看到半边红半边黄的现象，就属于体细胞发生突变形成的嵌合体。嵌合体镶嵌范围的大小取决于突变发生时期的早晚。突变发生越早，镶嵌范围越大；突变发生越晚，镶嵌范围越小。果树叶芽早期发生突变，由此长成的整个枝条都会表现突变性状。晚期花芽发生突变，突变性状则只是局限于一个花朵或果实，甚至仅限于它们的一部分。如果体细胞发生隐性突变，虽然当代已成为杂合体，但由于突变基因受显性基因掩盖并不表现突变性状，难以检出，除非该细胞最终形成繁殖器官，经自交后才能表现。性细胞突变后形成突变型配子，可通过受精过程直接传递给后代。发生在生殖细胞中的突变为性细胞突变。性细胞突变的表现也因交配方式而异。发生隐性突变时，自花授粉植物的突变性状通过有性繁殖分离；异花授粉植物则不同，其隐性基因会在群体中长期保持异质结合而不表现，只有进行人工自交或杂合体间互交，纯合突变体才会出现。

2. 基因突变的分子基础

从细胞水平上理解，基因相当于染色体上的一点，称为位点。从分子水平上看，一个位点还可以分成许多基本单位，称为座位。一个座位一般指一个核苷酸对，有时其中一个碱基发生改变，就可能产生一个突变。因此，突变是基因内不同座位的改变。突变的方式有两种：一是分子结构的改变，如碱基替换和倒位；二是移码，如碱基的缺失和插入等。移码将引起该段肽链的改变，肽链的改变将引起蛋白质性质的改变，最终引起性状的变异，严重时还会造成个体死亡。

（1）突变的方式

基因突变通常是指基因碱基序列中个别或部分碱基改变，碱基序列的改变方式包括以下几种：

①碱基替换。DNA分子单链（双链）中某个碱基（对）被另一种碱基（对）代替，称为碱基替换。如双链DNA分子中G-C碱基对被替换成A-T碱基对。DNA链上一种嘌呤被另一种嘌呤替换，或一种嘧啶被另一种嘧啶替换，称为转换，即AG互换（A→G）与TC互换（T→C）。一个嘧啶被一个嘌呤替换，或一个嘌呤被一个嘧啶替换，称为颠换，包括AT、AC、GT和GC互换。碱基替换是DNA分子中单个碱基对的改变，也称为单点突变，它不改变DNA分子（基因）序列长度。

②缺失突变。DNA分子缺失了一个或多个碱基（对），称为缺失突变。缺失碱基（对）数目可能是一个或少数几个，也可能缺失较长的DNA片段。这两种缺失的形成机制不同，效应也明显不同。

③插入突变。DNA分子增加了一个或多个碱基（对），称为插入突变。与缺失突变相似，插入碱基（对）既可能仅限于一个或少数几个，也可能长达数十到数百万个，并且具有不同的形成机制与效应。

缺失突变和插入突变还可能导致下游阅读框改变，即移码，也称为移码突变。如一个基因的mRNA一段为：GAA GAA GAA GAA……翻译产物是一个谷氨酸多肽。如果开头插入一个G，那么mRNA阅读框变成GGA AGA AGA AGA……翻译产物是一个以甘氨酸开头的精氨酸多肽。移码突变必将引起蛋白质性质的改变，从而引起性状的变异，严重时会造成个体死亡。移码突变所造成的DNA损伤远远大于点突变。

（2）突变的防护机制

一旦细胞内产生稳定的双链突变，生物则具有更广泛的机制来防止有害突变的表现及其对生物个体和物种生存的影响。以下几种机制被人们称为DNA的防护机制，实质上也是生物有害突变的防护机制，具体介绍如下：

①密码简并遗传。密码的简并性可以降低编码蛋白质产物基因突变表现的机会。由于多个密码子编码同一种氨基酸，因此一些单碱基（通常位于密码子的第三个碱基）改

变，翻译产物并不改变。如CUA→UUA，仍然翻译成亮氨酸，这样的突变并不改变其蛋白质产物中的氨基酸。

②回复突变。尽管回复突变的频率比正突变频率低得多，但突变基因回复可使基因恢复为野生型基因。

③抑制突变。包括两种类型：基因内抑制和基因间抑制。基因内抑制指突变基因内另一个位点再次发生突变，新基因表现为野生型性状；基因间抑制也称基因外抑制，指与突变基因表达或功能相关的另一个基因发生突变，突变体恢复为野生型性状。能够抑制其他突变基因表现的基因，称为抑制基因。

④二倍体和多倍体。生物体细胞内染色体（基因）成对存在，其中一个基因能够掩盖其等位基因的隐性突变表现。多倍体生物的体细胞内往往具有三个以上的染色体组，比二倍体具有更强的掩盖防护作用，甚至有时隐性基因通过剂量效应也能够掩盖显性突变基因的表现。

⑤选择和致死。如果上述有害突变的防护机制都没有起作用，有害突变性状得以表现，那么自然选择将淘汰表现有害性状的细胞或个体。有时一个突变可能是致死的，那么突变的细胞与生物个体就会自然消亡。

（3）基因的修复

对基因修复作用研究比较清楚的是经紫外线（UV）照射细菌后产生的切割修复功能，基因的修复方式包括以下几种：

①光修复。光修复能修复紫外线照射后产生的大量嘧啶二聚体。大部分生物的体内都存在一种光复活酶，这种酶在光照条件下，可直接把嘧啶二聚体切开，恢复成正常的单体。因为光复活酶需要借助光才能完成修复，所以这种修复被称为光修复。

②暗修复。首先是内切酶识别被破坏的核苷酸并加上要修复的标记；然后利用核酸内切酶和核酸外切酶切除嘧啶二聚体；再后在DNA聚合酶作用下，以对应的正常单链为模板合成互补链；最后由连接酶把切口缝好，使DNA的结构恢复正常。该修复方式又称为切除修复。

③复制后修复。尽管细胞内已经存在上述各种修复机制，但碱基结构异常、单链断裂与缺口等DNA损伤仍然可能在DNA复制之前没有得到完全修复。以损伤链作为模板进行复制时，损伤部位不能正常复制，会在新合成链上留下缺口。当出现这种单链缺口时，细胞还可通过另一种修复机制进行修复。这种发生在DNA复制失败，产生缺口之后的修复，称为复制后修复。其所需的多种酶与重组相同，过程也与重组相似，又称为重组修复。

④错配修复。错配修复系统通过识别并替换掉错配的碱基以改正DNA复制时的错误。该系统中的酶不仅要能识别错配的碱基对，而且在错配的碱基对中应能准确区别哪个是正确的，哪个是错误的，并将错误的碱基切除。错配修复系统主要通过甲基化酶来

区分模板链和新合成链。由于甲基化的DNA刚复制后两条链的甲基化状态存在差异，原亲本链带有甲基，而新合成链则尚未甲基化，因此可以根据甲基化识别亲本链。

⑤倾向差错修复。这是在DNA分子受到大范围损伤的情况下，为防止细胞死亡而诱导出的一种应急修复措施，其是使细胞通过一定水平的变异以换取生存的一种手段。其允许DNA合成时越过损伤部位，但会造成DNA复制的保真度降低，导致错误的潜伏。由于这是一种细胞在危急状态时的修复方式，也称其为SOS修复。

3. 基因突变的诱发和突变体鉴定

（1）基因突变的诱发

自然条件下各种植物和动物发生基因突变的频率较低，基因的相对稳定性对生物性状的稳定非常重要，但对植物和动物的育种工作来说，却是获得大量变异类型的一个障碍。人工诱发基因突变可以大大提高突变率。1927年，穆勒（Müller）等首先利用X射线进行诱发变异的研究，随后相继发现α射线、β射线、中子、γ射线、紫外线、超声波和激光等多种物理因素都有诱变作用，从而开辟了基因诱变的研究领域。诱发基因突变的因素可分为物理因素和化学因素。

物理因素可分为电离诱变和非电离诱变，具体介绍如下：

①电离诱变。电离诱变包括X射线和γ射线等电磁波辐射以及α射线、β射线和中子等粒子辐射。其中X射线、γ射线和中子适合外照射，即辐射源与接受照射的材料之间可保持一定的距离，让射线靠其穿透力达到诱变的目的。而α射线和β射线的穿透力很弱，故只能通过浸泡或注射等方法进行内照射。中子的诱变效果最好，但辐射后的物体带有放射性，需要注意防护。γ射线的穿透力强、速度快、效果较好，目前应用较多，其主要辐射源是^{60}Co和^{137}Cs。β射线常用的辐射源是^{32}P和^{35}S。

电离诱变的突变机理是其带有较高的能量，当这类射线穿透物体时，一部分能量被原子吸收，引起被照射物质中的原子释放高能电子而产生离子，进一步产生次级电离效应，造成DNA链上碱基序列或结构的改变。而碱基序列或结构的变化会导致编码氨基酸的变化，随之影响编码蛋白质的合成或酶的活性，导致某一性状发生改变。

②非电离诱变。非电离诱变主要是指紫外线。当用紫外线照射生物体后，它只引起细胞内物质的电子激发，使低能键变为高能键，引起电子云排列发生改变，最后导致生物体发生变异。紫外线诱发基因突变的最有效波长为270nm，相当于核酸吸收最强的波长。由于紫外线的穿透力很弱，一般只应用于微生物或以高等生物配子为材料的诱变工作中，而在高等生物体诱变中很少使用。

化学因素主要利用药物或其他化学物质来诱发生物体遗传物质改变。1941年，奥尔巴克（Auerbach）和罗伯逊（Robson）第一次发现芥子气可以诱发基因突变。1943年，奥义尔克斯（Oehlkers）第一次发现氨基甲酸乙酯可以诱发染色体结构的变异。此后利用化学药物诱发基因突变的研究大量涌现，学者们发现了大批可以作为诱变剂的化学药物。化学药物的诱变作用与电离辐射不同，某些化学药物的诱变作用具有特异性。根据化学结构或功能的不同，可区别为烷化剂、碱基类似物和抗生素等。现介绍一些主要诱变剂的诱变机制及其作用的特异性，主要内容如下：

①碱基类似物替换DNA分子中的不同碱基。碱基类似物是化学结构与DNA分子中正常的含氮碱基十分相似的化合物，可在DNA复制时代替正常碱基掺入到DNA分子中。由于这类化合物常存在两种互变异构体，且不同的异构体具有不同的配对性质，因此经过DNA复制后就会引起碱基的替换。

②妨碍DNA某成分合成引起的DNA结构变化。这类诱变物质有5-氨基尿嘧啶、8-乙氧基咖啡碱和6-巯基嘌呤等。前两种碱基妨碍嘧啶的合成，6-巯基嘌呤则妨碍嘌呤的合成，从而导致被处理生物基因突变。

③直接改变DNA某些特定的结构。这类诱变剂最常见的有羟胺（NH_2OH）、亚硝酸（HNO_2）和烷化剂等。它们能造成DNA结构的损伤，通过直接对碱基进行化学修饰，改变碱基的化学结构，引起碱基错误配对，导致基因突变。此外，烷化剂还有可能产生部分去嘌呤作用，由此产生的无碱基位置在DNA复制时可以插进任何一种碱基，从而导致碱基的替换。

④引起DNA复制的错误。一些诱变剂，如2-氨基吖啶、吖啶橙、原黄素和吖黄素等都是较为扁平的分子，其分子的大小同DNA碱基对相近，它们可嵌合到DNA的碱基对之间，使原来相邻的两个碱基产生一定距离而破坏DNA的正常复制。含有这种分子的DNA在复制时，有时会插入碱基，从而引起移码突变。

（2）植物突变体的鉴定

在植物中，当发现物种变异类型后，首先应将它与原始亲本材料在相同环境条件下种植，以确定其是否为可遗传变异，然后再进一步分析。植物突变体的检出方法因植物和突变性状的种类而有所不同。

对于可遗传的突变体，可通过杂交的方法鉴定其突变性质。如将矮秆突变体与原始亲本杂交，如果杂种一代表现高秆，杂种二代既有高秆，又有矮秆，则说明矮秆突变属于隐性突变。

在种子植物中，最直接简便的突变体检出方法是利用直观现象检测种子性状的变异。如检出玉米籽粒的非甜质和甜质性状，当籽粒成熟时非甜质籽粒饱满，而甜质籽粒表现皱缩，二者很容易区别。如果以甜质玉米纯种为母本，以诱变处理的非甜质玉米纯种为父本进行杂交。非甜质对甜质为显性，若母本果穗上出现了甜质籽粒，说明花粉中的非甜质基因突变为甜质基因。假定在2万个籽粒中出现2个甜质籽粒，说明在父本的2万粒花粉中有2粒花粉的基因已由非甜质突变为甜质，可知基因的突变率为万分之一。一般测定基因突变率的方法是根据子二代群体中出现的突变体占观察总个体数的比例来估算。如在子二代群体中的10万个观察个体中出现5个突变体，这就表示突变率为二万分之一。

五、遗传参数及其估算

数量性状遗传分析可以按选用的遗传模型来估算表型方差的各项方差分量。在此基础上，进一步估算性状各种遗传效应分量的相对大小，对于选择育种有重要的指导意义。

1. 遗传力

树木的表型值（P）由基因型值（G）和环境值（E）构成。即：

$$P=G+E \tag{1-1}$$

当基因型与环境没有相互作用的情况下，则表型变量（V_P）由基因型变量（V_G）和环境变量（V_E）两个部分组成。即：

$$V_P=V_G+V_E \tag{1-2}$$

由于基因型变量受加性效应和非加性效应的影响，因此表型变异的模式可扩展为下式：

$$V_P=V_A+V_{NA}+V_E \tag{1-3}$$

式中 V_A——加性变量；

V_{NA}——非加性变量。

遗传力能够反映基因型变量占表型变量的比值，分为广义遗传力和狭义遗传力。

广义遗传力（H^2）指群体中基因型变量与表型变量的比值。即：

$$H^2=\frac{V_G}{V_P}=\frac{V_A+V_{NA}}{V_A+V_{NA}+V_E} \tag{1-4}$$

其中基因型变量包括加性效应和非加性效应产生的两个变量。非加性效应是等位基因间的显性作用和非等位基因间的上位作用产生的，在有性过程中，由于基因的分离与重组不能固定遗传。因此，广义遗传力在林木改良中的应用有一定的局限性。

狭义遗传力（h^2）是加性变量与表型变量的比值。即：

$$h^2=\frac{V_A}{V_P}=\frac{V_A}{V_A+V_{NA}+V_E} \tag{1-5}$$

在一般情况下，狭义遗传力小于广义遗传力。当不存在非加性效应时，狭义遗传力等于广义遗传力。

在林木遗传育种研究中，遗传力是重要的遗传参数，有以下特点：

①遗传力与特定的性状有关，如果两个数量性状受不同基因位点控制，则遗传力有所不同。多数树种中，木材相对密度的狭义遗传力较高，为0.3~0.6，而大多数数量性状

的狭义遗传力为0.1~0.3。

②任何性状的广义遗传力或狭义遗传力的取值均在0~1，若存在非加性效应，则$H^2>h^2$。由于估算方法不合适等原因，计算出来的遗传力可能大于1。黑核桃（8年生）狭义遗传力为1.25，见表1-1。

③遗传力与林木群体所处环境有密切关系。如果田间试验环境一致，试验操作与管理细致，则可降低环境效应和测量误差，使得到的估算遗传力较高。因此，可以通过合理的试验设计和细致管理来减少试验误差，以提高性状遗传力的估计值。此外，遗传力估算的结果只能应用于特定的环境和试验条件。如在温室对某一树种的子代测定所估算得到的遗传力，不能代替大田的测定结果。因为，温室环境变化小，估算的遗传力往往高于大田试验。

④抗逆性状的遗传力必须在逆境条件下估算，因为群体中的抗性遗传变异只有在逆境中才能表现出来。

⑤随年龄的变化，遗传力也有明显的差异。陈晓阳曾利用贵州天柱县林木良种繁育场13年生优树自由授粉子代试验林的历年数据，分析了不同年龄家系的广义遗传力，结果表明：幼林期的广义遗传力不稳定，4年生后趋于稳定。

⑥不同类型性状之间的遗传力不同，形质性状的遗传力较高，生活史性状的遗传力通常最小。对此有两种解释：一种是由于自然选择，减少了与适应性相关的性状遗传变异；另一种则是生活史性状的遗传所导致，环境变异较大，总的遗传力变小。

表1-1　一些树种树高、木材相对密度和干形的狭义遗传力估算值

性状	树种	遗传力
树高	花旗松	0.10~0.30
	火炬松	0.14~0.26
	湿地松	0.03~0.37
	长叶松（5年生）	0.18
	长叶松（7年生）	0.12
	美国鹅掌楸	0.42~0.84
	黑胡桃（1年生）	0.55
	黑胡桃（8年生）	1.25
	美国枫香（2年生）	0.25
	美国枫香（11年生）	0.08

性状		树种	遗传力
木材相对密度		火炬松	0.76~0.87
		欧洲赤松	0.46~0.56
		湿地松	0.50
		多枝桉	0.55
干形	通直度	湿地松	0.14~0.21
	冠型	火炬松	0.08~0.09
	整枝高	湿地松	0.36~0.64

遗传力在林木遗传改良中有以下指导作用：

①在林木改良计划中，当其他条件相同时，应优先考虑遗传力较高的性状，因为其潜在的改良效果较好。而遗传力低的性状，其表型值不能有效地预测其内在的基因型值，因而改良效果较低。

②在林木遗传改良中，可以根据重要性状的遗传力决定田间试验的类型、规模和适宜的选择策略。也就是说，遗传力低的性状需要测定的子代数目多，而且需要多地点、多次重复试验，才可能准确估算亲本的基因型值。

③可以利用估算的基因型变量与遗传力预测该性状的期望遗传增益的大小。

④可以通过不同性状的遗传力确定选择指数，提高综合选择的效果。

⑤如果h^2/H^2值小，表明非加性效应大，可通过无性系育种获得额外的遗传增益。

2. 重复力

重复力是Lush于1937年在《动物育种计划》一书中提出的概念，用来衡量一个数量性状在相同个体多次度量值之间的相关程度。从同一植株上采条，通过无性繁殖产生的群体，称为无性系。繁殖成无性系的最初植株，称为原株。组成无性系的植株，称为分株。一个无性系不同分株间的遗传性一致，由于环境的影响，分株之间在生长等性状上有所差异。用无性系估算的重复力反映两个特征：一个是无性系保持优树性状的多少，称为无性系重复力；另一个是同一无性系内单株（分株）性状的稳定程度，称为个体重复力。

从统计学角度讲，重复力是同一无性系内不同分株之间的组内相关系数。组内相关系数是根据无性系内分株两两配对，在不区别两个变数谁为X，谁为Y时，求出的相关系数。

估计重复力（R^2）的公式为：

$$R^2=\frac{\sigma_B^2}{\sigma_B^2+\sigma_W^2} \tag{1-6}$$

式中 σ_B^2——无性系间分株间的方差；

σ_W^2——无性系内分株间的方差。

然而，用组内配对法求组内相关系数非常麻烦，一般采取方差分析法估算各随机效应的方差分量，进而估算重复力。

例如，5个毛白杨无性系，每个无性系20个分株，随机完全区组设计，5年生时观测高生长，单因素方差分析结果见表1-2。

表1-2　5个毛白杨无性系树高的方差分析

差异来源	自由度（*df*）	方差（*SS*）	均方（*MS*）	期望均方
无性系间分株间	5−1=4	53.284	13.321	$\sigma_W^2+20\sigma_B^2$
无性系内分株间	5×(20−1)=95	80.375	0.846	σ_W^2
总和	5×20−1=99	133.659	—	—

根据期望均方结构可知：$MS_B=\sigma_W^2+n\sigma_B^2$；$MS_W=\sigma_W^2$

则有，$R^2=\dfrac{\sigma_B^2}{\sigma_B^2+\sigma_W^2}=\dfrac{(MS_B-MS_W)/n}{[(MS_B-MS_W)/n]+MS_W}=\dfrac{MS_B-MS_W}{MS_B+(n-1)MS_W}$

$$=\frac{13.321-0.846}{13.321+(20-1)\times0.846}=0.424$$

3. 配合力

在杂交育种过程中，为产生基因型最好的子代，要选择亲本。配合力就是为实现这个目的提出来的。配合力分为两种，即一般配合力（GCA）和特殊配合力（SCA）。一般配合力是指在一个交配群体中，某个亲本的若干交配组合子代平均值与试验总平均值的离差。为说清这个概念，在此举个例子。4株优树作母本，与另外4株优树杂交，每一个父本分别给各个母本授粉，得到种子，营建子代测定林，20年后调查树高生长量，见表1-3。

表1-3　8株优树交配试验20年生树高生长量　　单位：m

母本	父本				子代表现（X_i）
	1	2	3	4	
5	9	17	12	14	13
6	10	16	12	10	12
7	11	20	10	15	14
8	14	15	6	17	13
子代表现（X_j）	11	17	10	14	总平均（$\overline{X}$）=13

例如，2#亲本的一般配合力计算过程如下：

$$GCA_2=X_2-\overline{X}=17-13=4 \qquad (1\text{-}7)$$

用同样的方法可计算出其他亲本的一般配合力，见表1-4。由于一般配合力是以总平均离差表示的，因此会出现正值，也会出现负值，总和应该为零。

特殊配合力是指在一个交配群体中，某个特定交配组合子代平均值与总平均值和双亲一般配合力的离差。例如，5#×2#交配组合的特殊配合力计算过程如下：

$$SCA_{5\times2}=\text{组合值}-\overline{X}-GCA_5-GCA_2=17-13-(13-13)-(17-13)=0 \quad (1\text{-}8)$$

特殊配合力也可按下式计算：

$$SCA_{5\times2}=\text{组合值}+\overline{X}-X_5-X_2=17+13-13-17=0 \quad (1\text{-}9)$$

用同样的方法可计算出其他杂交组合的特殊配合力，见表1-4。需要说明的是，组合值大，不等于特殊配合力大。同样，组合值小，不等于特殊配合力小。如6#×3#的组合值为12，特殊配合力为3，而8#×2#的组合值达到15，特殊配合力却为−2。

虽然上述计算定义是明确一致的，但一般配合力和特殊配合力的计算公式在不同的遗传交配设计群体中有不同的表达形式。

表1-4 8株优树树高的一般配合力和特殊配合力

母本		父本				GCA_i
		1	2	3	4	
SCA	5	−2	0	2	0	0
	6	0	0	3	−3	−1
	7	−1	2	−1	0	1
	8	3	−2	−4	3	0
GCA_j		−2	4	−3	1	—

在遗传学上，一般配合力反映亲本加性基因的效应，在交配群体中加性基因可以传递给子代。正是由于这个原因，种子园无性系的选择、杂交育种中亲本和组合的选择，主要依据一般配合力的大小来确定。特殊配合力反映基因的非加性效应，即显性效应和上位效应。在有性过程中，基因会分离与重组，重组会使正连锁不平衡组合分离，减小加性效应，使负连锁不平衡组合分离，增加加性效应，而非加性效应不能固定遗传，只有当特定的基因组合在一起时才能表现出来。在林木良种繁育中，主要通过无性繁殖利用特殊配合力。在无性繁殖中，加性效应和非加性效应能够保存下来。因此，可选择一般配合力和特殊配合力高的亲本。如上例（表1-4）中的7#和2#亲本，双亲一般配合力高，特殊配合力也高，组合值也最高。总的来说，可通过杂交制种，选择优良的杂交子代，再通过无性繁殖利用特殊配合力。

一般配合力、特殊配合力和育种值都是针对亲本和组合特定的性状而言的。如某个亲本材积性状的一般配合力较高，但材质性状一般配合力却可能中等或较低。因此，对不同性状的配合力和育种值应分别估算。

为估计遗传参数（如家系或个体层次的遗传力），除了估计配合力外，估计配合力方差也十分重要。配合力方差反映了估计的精确性，若亲本是从随机交配群体中抽取的，一般配合力方差等于半同胞家系方差，特殊配合力方差相当于全同胞家系间方差；若亲本纯自交系，一般配合力方差等于半同胞家系方差，而半同胞家系方差相当于亲子协方差。在统计学上，组间方差等于组内协方差是上述分析技术的关键，一般配合力方差与加性方差和显性方差，特殊配合力方差与非加性方差的关系等，就是基于组间方差等于组内协方差推导的。

一般配合力和特殊配合力的估计通常基于遗传交配设计，如双列杂交，见表1-5。根据亲本类型，亲本是随机抽取出的还是纯自交的，根据是否存在正交、反交和亲本自交，可以将整个双列杂交分成八类，同时这八类还可以估算不同的参数。对于亲本是随机交配的，估算遗传方差成分；对于亲本是纯自交的，估算一般配合力和特殊配合力。

表1-5　选择强度（i）与群体大小和入选率

入选率	群体大小				
	20	50	100	200	∞
0.01	—	—	2.51	2.58	2.66
0.05	1.80	1.99	2.02	2.04	2.06
0.10	1.64	1.70	1.73	1.74	1.76
0.20	1.33	1.37	1.39	1.39	1.40
0.30	1.11	1.14	1.15	1.15	1.16
0.40	0.93	0.95	0.96	0.96	0.97
0.50	0.77	0.79	0.79	0.79	0.80
0.60	0.62	0.63	0.64	0.64	0.64
0.70	0.48	0.49	0.49	0.50	0.50
0.80	0.33	0.34	0.35	0.35	0.35
0.90	0.18	0.19	0.19	0.19	0.20

4. 育种值

育种值是选择育种中的另一个重要参数。一个个体的育种值可以从该个体与群体其他个体随机交配产生的子代性状均值中获得，子代均值与群体均值之差为该个体育种值的一半，这是因为该亲本贡献了一半的基因数给子代。因此，一个个体的育种值就是该个体基因的加性效应之和。

育种值为一般配合力的两倍。加倍的原因是在群体中一个亲本仅贡献了一半的基因传给它的子代，另一半的基因则来自交配群体中的另一个成员。例如，在上例（表1-4）中2[#]亲本的育种值为2（GCA_2）=2×4=8。配合力的估计借助于特定的遗传交配设计，而育种值的估计可以采用任意遗传设计或不同设计的组合。特殊配合力反映了显性和上位性效应，与育种值独立。

配合力和育种值都描述了亲本的选配情况，常规育种过程都需要用子代测定来判断。在目前基因组时代，可以根据分子标记估计的个体基因组的育种值直接选择，从而缩短育种时间。

5. **遗传增益**

由人工选择取得的改良效果，常用响应和增益表示。响应和增益如何估算，可通过下例说明。假设调查一片20年生的油松人工林，统计了各胸径级株数，可以画出一条近似正态分布的胸径分布曲线，如图1-4所示。该林分胸径的平均值为X_P，从这个林分中选择胸径较大的植株，入选树本的胸径平均值为X_S。则入选树木平均值与林分平均值有一个差值（S）。即：

$$S=X_S-X_P \tag{1-10}$$

这个差值（S）称为选择差。当入选树木的子代生长到20年生时，其胸径平均值（X_O）与亲本林分当年的平均值（X_P）间也存在差值（R）。即：

$$R=X_O-X_P \tag{1-11}$$

这个差值（R）称为选择响应。选择响应是有单位的绝对值，将选择响应除以亲本群体的平均值后，所得的百分率，称为遗传增益（G）。即：

$$G=\frac{R}{X_P}\times 100\% \tag{1-12}$$

我们希望$R=S$，即子代完全继承亲本的优良性状。事实上，由于立地条件以及树木的竞争等影响，选择响应不可能等于选择差，这就要对选择差打一个折扣。这个折扣，实际上就是狭义遗传力。即：

$$R=h^2S \tag{1-13}$$

根据选择差和得到的实际改良效果估算的遗传力，称为现实遗传力（h_R^2）。它是选择响应与选择差的比值。即：

$$h_R^2=\frac{R}{S} \tag{1-14}$$

选择差是有单位的。选择差与亲本群体的标准差（σ_P）的比值，称为选择强度（i）。即：

$$i=\frac{S}{\sigma_P} \tag{1-15}$$

于是选择响应可以写成下式：

$$R=ih^2\sigma_P \tag{1-16}$$

根据$h^2=\sigma_A^2/\sigma_P^2$，则有：

$$R=ih\sigma_A \tag{1-17}$$

选择强度是度量入选群体平均值相当于多少个亲本群体标准差的指标。例如，$S=10$即表示入选群体平均值优于整个亲本群体10个单位，如标准差等于5，则$i=2$，即表示入选群体的平均值为2个群体平均值标准差。

因为性状属正态分布，所以利用$R=ih^2\sigma_P$计算遗传增益。如图1-4所示，P代表入选亲本所占的百分数，Z为正态分布曲线在该百分数面积截点的纵轴高度，R为正态分布曲线在该百分数面积截点的横轴长度，S为选择差。

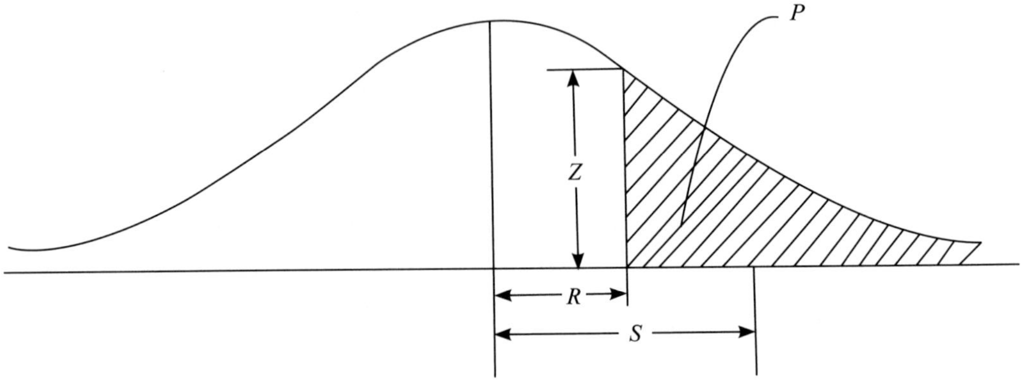

图1-4　性状正态分布与入选个体分布

$$P=\frac{1}{\sqrt{2\pi}}\int_i^{\infty}e^{-\frac{1}{2}x^2}dx$$

入选亲本平均值：

$$X_S=\frac{1}{\sqrt{2\pi}}\int_i^{\infty}xe^{-\frac{1}{2}x^2}dx=\frac{e^{-\frac{1}{2}i^2}}{P\sqrt{2\pi}}=\frac{Z}{P}$$

按标准正态分布，即$\sigma_P=1$，$X_O=0$，则$i=Z/P$。

例如，入选率1%，由正态分布表$P=0.01$，可查出$Z=0.0264$，则$i=2.64$。

不同群体入选率的选择强度可从表1-5中查出。

遗传增益的遗传基础主要是改变控制性状的基因频率，主效基因趋于快速固定，而微效基因固定缓慢。由于突变输入，微效基因仍保持着较高的遗传变异，世代改良并不会快速降低微效基因的多样性。由于细胞质基因的单倍性，遗传改良过程中，细胞质基因要比核基因固定速度快，遗传变异小，因此遗传改良过程主要针对核基因进行。

6. 遗传相关和表型相关

在林木群体中，当同时测量两个性状时，两个性状度量值之间可能有关联或者存在相关性。这种关联程度可以用表型相关系数表示。性状间表型相关产生的原因可能来自遗传和环境两个因素。同一批供试材料的两个性状间由于遗传原因所表现的相关，称为遗传相关。广义遗传相关系数（r_G）是两性状的基因型协方差（COV_{Gxy}）与两个性状各自的基因型标准差（σ_{Gx}与σ_{Gy}）乘积之比，即：

$$r_G=\frac{COV_{Gxy}}{\sigma_{Gx}\cdot\sigma_{Gy}} \tag{1-18}$$

由于基因型变量又可分解为加性的和非加性两个部分，两个性状加性效应值间的加性遗传相关，称为狭义遗传相关（r_A）。无性繁殖中常用广义遗传相关，而有性繁殖中常用狭义遗传相关。狭义遗传相关用两性状的加性基因型协方差（COV_{Axy}）与两个性状各自的加性基因型标准差（σ_{Ax}与σ_{Ay}）乘积之比来度量，即：

$$r_A=\frac{COV_{Axy}}{\sigma_{Ax}\cdot\sigma_{Ay}} \tag{1-19}$$

遗传相关是表型相关的一个组成部分，若相关的两个性状均具有较高的遗传力，则表型相关系数（r_P）主要由广义遗传相关系数决定。反之，若两性状的遗传力均很低，则表型相关系数主要由环境相关系数（r_E）决定。遗传相关已经剔除了环境影响，能更确切地反映两个性状间的相关程度。

在估计遗传参数时，需要利用遗传交配设计亲属关系并进行环境试验设计，应用回归或方差分析估计各性状的遗传方差，再利用协方差分析估计遗传相关系数。

两个性状存在遗传相关的两种机制：一是一因多效，即同一基因位点影响多个性状的表达；二是控制两性状的基因存在配子连锁不平衡，如控制两个性状的基因在同一条染色体上。重组可以改变位点间的连锁不平衡，从而会改变第二种机制的影响，但不会影响第一种机制。

在育种工作中可应用遗传相关确定与育种目标性状有联系的某些性状的相对重要性。如某性状与育种目标性状之间存在高度的遗传相关，那么对一个性状的选择必然会引起另一个性状改变。如果两个性状间为强正向相关，某一个亲本第一个性状具有高育种值，则第二个性状的育种值必然高，这意味着该亲本产生的后代在两个性状上均有优良的表现。

在林木遗传改良计划中，性状间遗传相关的重要性体现在以下几个方面：

①如果两个性状存在强正向相关，那么对第一个性状的选育将使两个性状都获得遗传增益。

②如果两个性状存在强负向相关，则同时改良两个性状就很困难。

③如果两个性状间的遗传相关未知，那么对于某个育种计划，有可能得到出乎意料的结果。

④当对某一目的性状进行选择时，性状间的遗传相关导致各非目标性状发生改变，这种情况称为无意选择响应。

如果性状间存在遗传相关，就可利用其对育种目标性状进行相关选择，也称间接选择。这种方法适用于育种目标性状难以准确测量或遗传力较低的情况，因为在这种情况下可通过对遗传力高且与育种目标性状高度相关的性状进行选择，从而提高育种目标性状的选择效率。

7. 基因型与环境互作效应

表型由基因型和环境共同控制，一般用公式（1-1）表达。然而，有时会出现基因型与环境的交互作用，即产生互作效应（$G\times E$）。此时公式应修改，增加基因型与环境的互作效应。即：

$$P=G+E+G\times E \tag{1-20}$$

这里讲的“基因型”和“环境”，其含义是宽泛的。基因型包括树种、种源、家系和无性系等；环境包括不同栽植地点（土壤、气候）、施肥处理和栽植密度等。基因型与环境的互作效应实质上是一些基因型栽培在不同地点表现出的不稳定性，即基因型的相对排名在不同环境有所不同。或者，虽然基因型排名的位次没有变化，但是基因型间的差距有变化，这种现象称为尺度效应。例如，A和B两个种源在广东各地栽培，A种源的高生长量总是比B种源大，尤其是在粤西地区，两个种源差异很大，而在粤北两个种源差异明显变小。

基因型间的差异不可能在所有环境中保持一致，互作效应在统计学上是否显著，可通过方差分析检验。基因型与环境的互作效应在统计学上显著，且有生物学意义，可以在遗传改良中加以利用。适地适树是造林的基本原则，适地适基因型也应该是林木良种推广的基本原则。根据林木多点测定或区域化试验结果，进行适地适基因型选择并计算遗传增益，是林木遗传改良中关注的重要问题。全国侧柏种源试验协作组对17个试验点上23个侧柏种源的1~2年生苗木生长进行了观测分析，结果表明：种源与地点存在着显著的互作效应，不同种源在不同地点的生长稳定性不同，根据种源的生长和稳定性将种源划分为4种类型，并提出了各类型的适生范围。由于基因型与环境的互作效应，林木育种越来越强调多点试验，尤其是家系和无性系推广种植之前，最好在所有栽培区进行家系和无性系测定。

项目实施

训练任务一　花粉母细胞减数分裂观察

【任务背景】

植物花粉形成过程中，花药内的某些细胞分化成小孢子母细胞（$2n$）。每个小孢子母细胞进行两次连续的细胞分裂，其中第一次为减数分裂，第二次为等数分裂。一个小孢子母细胞经减数分裂后，产生4个细胞，每个细胞就是一个单核花粉（即小孢子）。这时，小孢子内细胞核的染色体数目已减一半，成为单倍体（n）。在适当的时机采集植物的花蕾，经固定液固定后进行压片和染色，就可以在显微镜下观察到小孢子母细胞形成花粉粒时的减数分裂过程。

假设你是一名林业技术人员，你所在的工作小组接到了一项任务：完成植物花粉母细胞制片，并绘制减数分裂各时期的图。你的部门领导要求你们在工作过程中制订工作计划和方案，并按计划实施方案，认真记录工作过程，并提交任务报告，最后他将对你所在工作小组的每一位成员进行考核。

【任务思考】

①减数分裂各时期有何特征？

②在操作中有哪些注意事项？

【实验器材】

1. 材料

杨树雄花枝或其他适宜材料；预先固定好的供观察花粉母细胞减数分裂的幼嫩花序或花蕾。

2. 仪器

显微镜、载玻片、盖玻片、镊子、解剖针、培养皿、酒精灯、量筒、吸水纸、回流装置等。

3. 试剂

丙酸、洋红、水合三氯乙醛、正丁醇、冰醋酸、三氯化铁、氢氧化钠、蒸馏水、乙醇等。

【实验方法】

1. 药品配制

（1）氢氧化铁[$Fe(OH)_3$]

取适量三氯化铁（$FeCl_3$）配成溶液，与氢氧化钠溶液混合后出现锈色沉淀，清除上清液，用蒸馏水反复清洗几次，锈色沉淀即是氢氧化铁，干燥备用。

$$FeCl_3+3NaOH=Fe(OH)_3+3NaCl$$

（2）5%丙酸洋红

采用回流冷却装置，取0.5g洋红加入到文火煮沸的100mL 45%丙酸溶液中，经3~4h后取下，使之冷却，然后过滤即成。

（3）丙酸-铁-洋红-水合三氯乙醛（PICCH）染色液

先取0.5%的丙酸洋红5mL，然后加入2g水合三氯乙醛，并用玻璃棒搅拌使之充分溶解，最后再滴入氢氧化铁的饱和丙酸溶液一至数滴，滴后以不发生沉淀为准。配好后即转变成鲜艳的浓玫瑰红色，这时用于染色最好。

2. 实验步骤

（1）取材

剪取杨树雄花枝水培。在花粉母细胞开始减数分裂起，连续摘取雄花芽，剥去芽鳞，去除苞片，取整个花序固定，用卡诺氏溶液固定4~24h。如暂不压片，换至70%乙醇中长期保存。

（2）压片

取出花药，放于载玻片上，吸去多余的溶液，用解剖针或镊子将花药捣碎，滴上1滴PICCH染色液，用针尖轻压，挤出花粉母细胞，立即放于低倍镜下观察，如恰有所需时期的花粉母细胞，立即加上盖玻片，用吸水纸吸去多余的染色液，适当加一点压力，切忌用力过大或盖玻片错动，然后把玻片放在酒精灯上反复烘烤，加速染色。

（3）镜检

先在低倍镜下寻找花粉母细胞，一般花粉母细胞较大，呈圆形或扁圆形，细胞核下着色较浅。而一些形状较小且整齐一致、着色较深的细胞则是药壁体细胞。那些形状处于中间、略呈扇形的细胞，则是从四分体脱开后的小孢子或幼小花粉粒。如形状较大，似有明显的外壳，内部较透明的细胞，则是成熟的花粉粒。寻找到有一定分裂相的花粉母细胞后，用高倍镜观察减数分裂各时期染色体变化的特征。

【结果展示】

①临时片。

②观察到的减数分裂各时期的绘制图。

训练任务二　植物染色体组型分析

【任务背景】

染色体组型（或核型）是指染色体组在有丝分裂中期的表型，包括染色体数目、大小、形态和异染色质的分布特征。组型分析则是对染色体组中的每个染色体进行测量、计算和形态特征的描述。通常要测定多个细胞的染色体组，求出上述指标的平均值，列表、绘制染色体组型模式图，并进行相应的文字描述。

植物染色体组型（或核型）分析，对于研究植物的起源和进化、物种之间的亲缘关系以及种间杂交鉴定有重要意义，对一个物种内不同群体或个体染色体数量和结构变异的比较等有重要价值，是细胞遗传学研究的基本方法之一。

假设你是一名林业技术人员，你所在的工作小组接到了一项任务：完成植物根尖制片，观察染色体的变化，进行染色体组型分析。你的部门领导要求你们在工作过程中制订工作计划和方案，并按计划实施方案，认真记录工作过程，并提交任务报告，最后他将对你所在工作小组的每一位成员进行考核。

【任务思考】

①什么是染色体组型？最基本的特征是什么？

②染色体结构变异有哪些类型？

③在操作中有哪些注意事项？

【实验器材】

1. 材料

植物根尖。

2. 仪器

显微镜、测微尺、量角规（分规）、毫米尺、解剖用具、刀片、载玻片、盖玻片、培养皿、三角烧瓶（附回流装置）、量筒、恒温水浴、酒精灯、漏斗、皮头吸管、小滴瓶（30mL，棕色）、烧杯、纱布、吸水纸、绘图纸、铅笔等。

3. 试剂

固定液：卡诺氏固定液、纳瓦新氏固定液、F.A.A固定液；染液剂：苏木精染液、媒染液、醋酸洋红染液、醋酸地衣红染液；水解分离液：1mol/L盐酸、酶液；预处理药剂：0.05%~0.20%秋水仙碱溶液、0.002mol/L 8-羟基喹啉溶液；对二氯苯饱和溶液、乙醇、蒸馏水等。

【实验方法】

1. 药品配制

（1）各种浓度的乙醇

实训时常用95%乙醇配制各种浓度的乙醇，配制简便，可参照下式：

所需乙醇浓度=取所需浓度容积的95%乙醇+所需浓度差的蒸馏水 （1-21）

例如，欲配70%乙醇，则可取95%乙醇70mL并加入25mL蒸馏水即成。

（2）固定液

卡诺氏（Carnoy's）固定液的两种配法：

①95%乙醇15mL+冰醋酸5mL（3∶1液）。

②无水乙醇30mL+氯仿15mL+冰醋酸5mL（6∶3∶1液）。

纳瓦新氏（Navashin's）固定液的两种配法：

①甲液：铬酸1.5g+冰醋酸10mL+蒸馏水90mL。乙液：福尔马林40mL+蒸馏水60mL。

②甲液：1%铬酸溶液30mL+10%醋酸20mL。乙液：福尔马林10mL+蒸馏水40mL。临用前，取等量甲、乙液混合。

F.A.A固定液（福尔马林-醋酸-乙醇液）的配法：

50%乙醇89mL+福尔马林5mL+冰醋酸6mL。

（3）水解分离液

①1mol/L盐酸。12mol/L浓盐酸82.5mL+蒸馏水1000mL。

②酶液。称取0.5g纤维素酶和0.5g果胶酶溶于pH4.5的0.1mol/L 100mL醋酸钠溶液中，配成0.5%纤维素酶和0.5%果胶酶的混合液。

（4）预处理药剂

①0.2%秋水仙碱溶液。称取秋水仙碱0.2g溶于100mL蒸馏水中，倒入棕色瓶中，外面包以黑纸置于冷暗处备用；亦可配成较高浓度的母液，放入有色瓶中，用时稀释。

②0.002mol/L 8-羟基喹啉溶液。用分析天平称取0.2901g 8-羧基喹啉，用蒸馏水定容于1000mL容量瓶中，在60℃下溶解后备用。

（5）染色液

①苏木精染液。称取0.5g苏木精粉溶于1~5mL 95%乙醇，以加速其溶解，然后加蒸馏水到100mL，不加瓶塞，用多层纱布包扎瓶口，静置，使其缓慢氧化。一般在室温条件下放置半个月至一个月，当其氧化成熟为红色时，过滤后使用，此液可保存2~3个月。若时间过长液体变为黄褐色，则不能使用。

此液如没有预先配制氧化，可在配好的染液中加3~5滴过氧化氢，加速成熟；或在配好5mL乙醇染液后加95mL煮沸的蒸馏水，冷却后即可使用。

②媒染液。通常用4%铁矾（硫酸高铁铵）溶液。称取4g硫酸高铁铵（最好是淡紫色结晶，粉末状的已变质）溶于100mL蒸馏水中，过滤后备用。此液保存性较差，最好现配现用。

③醋酸洋红染液。100mL 45%醋酸煮沸后，缓慢加入2g洋红，煮1~2min，此时可悬入一颗生锈的小铁钉于染液中，过lmin取出，或加氢氧化铁50%醋酸饱和液1~2滴，回流继续煮沸0.5~1h，冷却过滤后保存在棕色瓶中。

④醋酸地衣红染液。配法同上，将洋红改用地衣红，不用加铁钉。

2. 实验步骤

（1）取材

为取得根尖，需在试验前5~10天将植物种子浸泡在培养皿中发芽，当根尖长至

0.5~1.0cm时，用水洗净备用。

（2）预处理

为观察和计算有丝分裂中的染色体，在固定之前应用理化方法（温度或药物）进行预处理，以改变细胞质的黏度，抑制或破坏纺锤丝的形成，促使染色体缩短和分散。常用的处理方法如下：

①秋水仙碱溶液。常用浓度0.05%~0.20%，室温下处理3~5h，对抑制纺锤体活动的效果明显，易于获得较多的中期分裂相，并且染色体收缩较直，有利于对染色体结构的研究。

②对二氯苯饱和溶液。室温下处理3~5h，对阻止纺锤体活动和缩短染色体效果较好，对染色体小而多的植物，做计数染色体制片的效果最好。

③8-羟基喹啉溶液。有效浓度在0.002~0.04mol/L，一般认为它将引起细胞黏滞度的改变，进而导致纺锤体活动的受阻。通常处理3~4h，可使中期染色体在赤道面上保持其相应的排列位置，且处理后的缢痕区较为清晰。一般认为，对中等或长染色体的植物比较适用。

④低温处理。将材料浸入蒸馏水内，放置于1~4℃冰箱中20~24h，对某些禾本科作物效果良好。

（3）固定

固定的作用是借助物理方法或化学药剂的作用，迅速透入组织和细胞将之杀死，并且使其结构和内含物如蛋白质、脂肪、糖类、细胞核与细胞器等，在形态结构上尽可能保持生活时的完整和详实状态，同时更易于染色，可以较清楚地显现细胞在生活时不易看清的结构。

固定时，在指管内放入卡诺氏固定液约5mL，用刀片或小剪刀切取经过预处理的长0.5~1.0cm的根尖10~20条，直接放入指管内，用盖盖紧，在室温下固定2~24h，固定液用量至少为材料体积的15倍。经过固定的材料如不及时使用，可以置于90%乙醇和70%乙醇中各半小时，再转入到70%乙醇中，置于0~4℃冰箱内保存半年。经过较长时期保存的材料，进行观察前换用固定液再处理一次，效果较好。

（4）水解分离

水解分离的作用是去除未固定下来的蛋白质，同时使胞间层的果胶类物质解体，细胞分散而便于观察。水解分离所需时间的长短，依材料和解离液的成分不同；时间短细胞不易压散，时间过长细胞则容易被压碎并影响染色。水解分离时，先取处理好的材料，放在小指管内加1mol/L盐酸，在60℃恒温水下处理6~20min。也可用0.5%的果胶酶和0.5%纤维素酶的等量混合液，在25℃下处理2~3h；若在37℃恒温箱内则只需0.5~1h。较难压的材料可以先在1mol/L盐酸中水解几分钟，经水洗后再移入1%果胶酶与纤维素酶混合液中处理。经过水解的材料，可放在醋酸乙醇固定液中软化约5min，软化即对细胞壁起腐蚀作用。然后吸去固定液，用蒸馏水反复冲洗4~5次，目的是洗去材料中的酸以利于染色。适度的水解分离使材料呈白色微透明，状似豆腐，以解剖针能轻轻压碎为好。

（5）染色、压片

①铁矾-苏木精染液染色法。把水洗过的根尖浸入4%铁矾溶液中，媒染10~24h，媒染时间宁长勿短。如加温至30~40℃，可缩短至0.5~1h，流水冲洗10~20min，洗净附着的铁矾后转入0.5%苏木精染液中染色0.5~1h，投入根尖后如发现染液混浊则说明媒染后的水洗不彻底，要重洗再染。染后用自来水冲洗几次，水中可加入几滴氨水，以使着色蓝化。这时材料变得较硬且脆，因此需放在45%醋酸中进行软化及分色。根据材料大小、染色深浅和软硬程度，一般需0.5~4h，应随时镜检。取染色适度的根尖置于载玻片上，切取分生组织并移置到载玻片上，加入1滴45%的醋酸，用解剖针轻压破碎，加盖玻片，覆以吸水纸，压片镜检。

②醋酸洋红染液染色法。将处理过的根尖放入试管中，加入几滴醋酸洋红染液。用木夹子夹住试管，在酒精灯上加热煮沸3~5次，使根尖软化着色。将经处理的根尖倒入表面皿中，切取根尖的分生组织约1.5mm置于载玻片上，并加入1滴醋酸洋红染液，覆以盖玻片，包吸水纸，用手指轻压，然后拿铅笔橡皮头垂直轻蔽，不要移动盖玻片。若用醋酸地衣红染液染色，着色力强，往往不在压片前用火烤，而在压片后再用火微烤。这样，不至于褪色，可以使染色体染色更深。

（6）镜检

压好的片子先做低倍镜检，观察不同时期细胞分裂相。选取不同分裂时期的典型细胞，换高倍镜观察，注意细胞核、染色体和纺锤体等的动态变化。

（7）染色体组型分析

①选材。选取10个中期染色体分散良好的细胞，进行显微摄影并放大出照片，或在放大机下精确描绘染色体的放大图像于绘图纸上。

②测量与计算。根据放大照片，进行测量。需要测量的项目有：染色体数目、每条染色体的绝对长度、每条染色体的相对长度（每条染色体的绝对长度和单倍体组的总长度之比，以百分数表示）、每条染色体的臂比（长臂长度与短臂长度之比）和着丝点指数（染色体的短臂绝对长度与染色体绝对全长之比），若有次缢痕和随体，则要标明位置。对已拍照的细胞，在镜下用测微尺量取染色体的实际长度时，在每个细胞中只需选取一条平直的染色体加以测量，以此与放大图片换算，即可求得每条染色体的实际长度。

③配对。根据目测和比较染色体的相对长度、臂比、次缢痕的有无和位置、随体的有无、形状和大小等，进行同源染色体的剪贴配对。

④排列。染色体通常是从大到小依次排列的，并按长度顺序编号。等长的染色体，短臂长的在前；有特殊标记的染色体，如具随体染色体多数排列在最后；性染色体也应单独列出。

⑤分类。以臂比的数值确定着丝点位置，并据此分类，见表1-6。

表1-6　染色体根据臂比的分类标准表

臂比	染色体分类	表示符号	备注
1.0	正中部着丝点	M	具随体染色体（sat）可以用*标出，随体的长度可以计入或否，但须说明
1.0~1.7	中部着丝点区	m	
1.7~3.0	近中部着丝点区	sm	
3.0~7.0	近端部着丝点区	st	
7.0以上	端部着丝点区	t	
∞	端部着丝点	T	

⑥测量。根据照片进行染色体的测量，将数据填入表1-7中。

表1-7　染色体测量

编号	绝对长度	相对长度	短臂长度	长臂长度	臂比	着丝点指数	随体	次缢痕	分类

⑦翻拍与绘图。将配对排列好的染色体组型，贴在白卡纸上进行翻拍，并绘制出染色体组型的模式图。

【结果展示】

①分裂相的绘制图。

②染色体的测量表。

③染色体组型模式图。

训练任务三　植物形态变异观察

【任务背景】

研究植物形态变异的基本规律，是划分和识别形态型的前提。对某植物的树型（冠型、分枝习性、干型）、树皮、叶的构造和色泽、花、果实和种子等器官的小形，进行详细的研究，并寻求出基本的变异规律，就可在此基础上划分植物的形态型。

植物形态型的研究是植物选种的手段之一。因为植物形态型彼此之间的差异，不仅反映在外部形态特征上，同时也反映出某些观赏和经济特性的差异（如生长势、质地和芳香等）。故通过植物形态型的研究，既可以从中选出优良类型，直接供林业生产之需，也可用于该植物进一步改良的原始材料。

假设你是一名林业技术人员，你所在的工作小组接到了一项任务：观察记录植物形态变异。你的部门领导要求你们在工作过程中制订工作计划和方案，并按计划实施方案，认真记录工作过程，并提交任务报告，最后他将对你所在工作小组的每一位成员进行考核。

【任务思考】

①植物形态型划分的原理和方法。

②植物形态变异的基本规律。

③植物形态变异的观察内容。

【实验器材】

1. 材料

2~3种园林植物的叶片、果实、种子和树皮的浸制标本或蜡叶标本，以及某些植物冠形和分枝习性图片或实物。

2. 仪器

手持扩大镜（20×或30×）、铅笔和彩色铅笔、绘图纸、枝剪、小刀、米尺、照相器材等。

【实验方法】

1. 叶子形态特征的变化

许多乔灌木植物叶子的结构和色泽存在一定变化，并在绿化中广泛应用。如马尾松和雪松等植物的叶子色泽存在极大的差异；圆柏的针叶有刺叶和鳞叶之分；各种杨树和柳树的叶形和叶片大小也存在一定差异。

2. 果实（球果）形态特征的变异

果实（球果）是植物重要的繁殖器官，也是划分种、品种和类型的重要性状特征。核桃果实按形状可分为：尖顶、卵果、长果、圆果和方果；按种壳光滑程度可分为：光滑、中等光滑和有皱沟；按种壳厚度及其内壁构造（内壁褶、内隔膜、种壳）可分为：

露仁、薄壳、锦仁、夹绵、夹仁和节子。油茶在果实大小、果形、果皮色泽、光滑度和含籽数量上均有极大区别，其种子按种壳色泽可分为：黑褐色和黄褐色。松树（马尾松、黑松）按种鳞鳞盾上鳞脐的特征可分为：鳞脐凸突和凹陷（或微凹）；鳞脐色泽可分为：紫红色和青绿色；种子和种翅可分为：黑褐色和浅褐色。

3. 树皮形态特征的变化

许多植物树皮的色泽、光滑度、裂缝的状况（形状、深裂度、色泽）和裂片的形状均存在一定差别。如杜仲分为光皮和粗皮；杨树、柳树、榆树、泡桐、枫杨和松树等植物均可见到树皮的形态变化。

4. 植物冠形和分枝习性的变化

植物的冠形和分枝习性是其重要的经济指标之一，特别是在绿化事业上非常重视植物的冠形。如圆柏和铅笔柏等植物可分为塔型（尖塔型、圆锥状塔型、圆柱状塔型）、椭圆形和卵形等形状。

植物的分枝习性以雪松最为明显，可分为：水平状、下垂状（刷状和梳状）、斜展状和浓密状。水平状雪松的第Ⅰ、Ⅱ、Ⅲ级和以后各级枝均近于一个水平面分布，树干轮层较明显。下垂状雪松的第Ⅰ级和第Ⅱ级枝呈水平状，第Ⅲ级和以后各级枝柔软下垂，冠形较美。斜展（伸）状雪松的第Ⅰ级枝与树干呈60°~70°交角向上伸展。浓密状雪松的第Ⅰ级枝呈水平状。节间短轮层不明显，以后各级侧枝着生很密，构成浓密状的冠形。

5. 观察并记录

①观察植物的形态变异，包括叶、果实、树皮、冠形和分枝习性等，写出观察报告。

②根据实训所提供的实物和图片标本进行绘图并附文描述说明。

【结果展示】

①自选植物形态变异的观察报告。

②实物或图片标本的绘图及附文。

考核评价

1. 考评结构

态度纪律20分；工作过程60分；任务结果20分。

2. 考评标准

①态度纪律。积极主动、速度快、质量好且有创新等优秀表现得20分；有迟到、早退、开小差等违纪现象得10分；缺席得0分。

②工作过程。搜集资料、设计方案、观察、测定、计算和总结等环节完整、操作规范、结论正确、表述流畅得60分；环节完整、操作较规范、结论正确、表述流畅得50分；环节完整、操作欠规范、结论不正确、表述较流畅得40分；环节不完整、操作不规范、结论不正确、表述不流畅得30分。

③任务结果。数据详实、报告完整得20分；数据详实、报告较完整得16分；数据存疑、报告不及时得12分。

3. 评价表

任务名称：　　　　　　　　　　　　　　　　　　　　填写时间：

姓名	态度纪律（20分）	资料搜集（10分）	制订方案（10分）	操作过程（30分）	表述答辩（10分）	任务结果（20分）	总分（100分）

自我总结

完成任务后，进行自我分析与总结。

思考题

①为什么倒位杂合体倒位区段内连锁基因的重组率会下降？

②根据相互易位杂合体的染色体联会和分离特点，说明半不育是如何产生的。

③染色体缺失、重复、倒位和易位结构变异的细胞学鉴定证据是什么？

④如何诱导生物发生基因突变？其机理是什么？
⑤DNA损伤修复的途径有哪些？
⑥基因突变的一般特征是什么？为什么说基因突变大多数是有害的？
⑦如果发生了基因突变，怎样验证是显性突变还是隐性突变？
⑧试从分子水平上阐述突变的含义。
⑨数量性状与质量性状有何区别？它们的研究方法有什么不同？
⑩广义遗传力和狭义遗传力有何区别？如何应用？
⑪遗传力对林木遗传改良有何指导意义？
⑫配合力有何意义？有何区别？如何应用？
⑬影响遗传增益的因素有哪些？如何提高遗传增益？

项目二

引种

项目介绍

1. 项目相关背景

种质资源是选育新品种的基础材料。为可持续选育优良品种，必须不断地引进并补充新的资源，使育种群体遗传基础不致因选择而迅速窄化。

根据树种的原产地和栽种地，可分为乡土树种和外来树种，正确选择改良树种是育种工作的第一步。我国树种资源丰富，开发利用乡土树种的潜力巨大。

2. 项目任务描述

训练任务一　种质资源调查鉴定

训练任务二　引种环境因素分析

学习目标

1. 能力目标

①完成文献资料的查询和搜集工作。

②与他人分工协作，并进行有效的沟通。

③设计种质资源调查鉴定和引种环境因素分析的方案，并做出相应计划。

④完成种质资源调查鉴定和引种环境因素分析工作，说明注意事项。

⑤通过文字、口述或实物展示学习成果。

2. 知识目标

①阐述林木种质资源管理的主要内容。

②阐述林木种质资源鉴定、研究和创新的途径和方法。

③评价和利用乡土树种和外来树种。

④简述生态因子与引种的关系。

⑤简述引种的基本程序和工作环节。

⑥阐述林木种子区划的意义和开展区划的方法。

背景知识

一、种质资源概述

1. 种质资源的定义

种质资源，也称遗传资源或基因资源。按《中华人民共和国种子法》的定义，种质资源是指选育新品种的基础材料，包括各种植物的栽培种、野生种的繁殖材料以及利用上述繁殖材料人工创造的各种植物的遗传材料。种质资源是以种为单位的全部遗传物质的总和。目前，国际上植物遗传育种文献大都采用种质资源这一名词。作为种质资源组成部分的育种资源，是指在选育优良品种工作中直接利用的繁殖材料，一般是根据品种选育目标搜集的资源。因此，种质资源与育种资源的涵义既相关，但又有区别。

2. 种质资源的重要性

从选育新品种的角度出发，为使当前的育种工作取得成效，也为育种工作得以持续发展，不仅要有明确的育种目标，采用适当的育种策略和技术，而且还必须拥有并合理地使用丰富的种质资源。因此，重视种质资源工作十分必要，主要理由如下：

①抢救濒临灭绝的树种已迫在眉睫。世界上的动植物种类估计在500万~1000万种，已作过描述的约为175万种。高等维管束植物25万种，苔藓和地衣等低等植物15万种，约有90%生活在陆地，而其中又有约2/3生活在热带森林。热带地区，特别是热带雨林，对保存物种十分重要。然而，随着人口的增加，森林被大量砍伐，许多珍贵树种和种质资源遭到毁灭，这在发展中国家尤其突出。2019年6月10日，《自然》（*Nature*）发表了题为《全球最大植物调查揭示惊人的灭绝率》的论文。文章指出，自1900年以来，世界上的种子植物以每年近3种的速度消失，这比仅靠自然力量，如自然演化和物种竞争导致的灭绝速度高出500倍。研究发现，自1753年林奈的《植物种志》出版以来，已有大约1234个植物物种灭绝。这些植物中，有一半以上被重新发现或重新分类为另一种植物物种，这意味着仍有571种植物物种灭绝。据世界自然基金会（WWF）与世界保护监测中心（WCMC）测算，8000年前全球天然林面积为80.8亿hm^2，而到1996年年底，62%的森林已经消失，仅剩下30.4亿hm^2。仅1990—2000年，全球森林面积估计以每年940万hm^2的速度减少。森林面积的锐减，导致许多物种生存受到威胁或灭绝。20世纪80年代，人们明显觉察到物种不断减少，在全球25万种高等植物中已有2万~2.5万种处于危险状况，超过7300个树种受到威胁，濒临灭绝。物种和基因正以前所未有的速度消失，人类正在面临严峻的挑战。防患于未然，必须高度重视种质资源工作。

②农作物和果树栽培育种的历史证明，野生种质资源是良种选育的物质基础。野生植物为栽培作物的野生亲缘种，具有许多优良的性状和有利基因，是栽培作物品种进一步改良的天然种质资源库。其中，野生植物的抗病性、抗虫性、抗旱性、抗寒性等，已广泛应用于现代栽培作物的育种改良。林木育种工作兴起较晚，现今投入生产的林木良种还不多，但都是直接或间接从野生资源中选育出来的。林木育种所需要的基因，广泛蕴藏于野生资源中，是良种选育的物质基础，必须高度重视。

③遗传多样性是物种进化的本质，也是人类社会生存和发展的基础。今天复杂而丰富的物种和种质资源是生物经历上亿年自然演化形成的，是生物适应复杂、变化的自然

环境后进化的结果。生物界在适应环境的过程中，丰富和繁荣了生物种群。一个基因关系国家的兴衰，一粒种子改变一个世界。生物多样性不仅为人类提供了食物、能源、药品和工业原料，在维持生态平衡和稳定环境方面也发挥着重要作用，理应十分珍惜。

④在集约经营和选育过程中，人类往往把注意力集中在少数经济性状上，从而使群体或个体的遗传基础变窄。一个优良的品种不仅应具备优良的经济性状，同时也应具有较强的适应性和抗逆性。随着经济条件的发展、工艺过程的改革和市场的变化，对林木新品种的要求也会发生改变。就当前木材利用而言，树干生长快、干形通直是重要的经济性状，但将来生物质产量可能成为主要追求目标。如果只考虑当前需要，而对有潜在利用价值的资源不加搜集和保护，任其毁灭，育种工作将会濒临“无米之炊”的困境。为了可持续选育优良品种，必须不断引种，以补充新的资源。

⑤人工选择往往是定向的，选择的结果使群体遗传组成定向化，必然导致群体基因变窄。因此，一个树种遗传改良工作一开始就要高度重视种质资源的搜集、保存和研究，在进行选择育种的过程中，要不断补充新的育种材料，使育种群体遗传基础不因选择而迅速变窄，确保能持续不断地进行多世代育种。

3. 国际林木种质资源工作进展

鉴于种质资源的重要性，联合国粮食及农业组织（FAO）于1948年成立了动植物种质资源委员会，其研究内容包含森林种质资源。1957年开始发行《植物种质资源通讯》；1961年组织召开了有关的技术讨论会；1963年成立植物资源考察专家小组，组织并制定种质资源搜集、保存和交换条例；1967年联合国粮食及农业组织成立森林种质资源专家小组，开始规划和协调有关林木种质资源搜集、利用和保存等方面的工作。该小组于1974年的罗马会议上起草并公布了“森林种质资源保存与利用的全球计划”，对种质资源工作提出了调查、搜集、评定、保存和利用五个方面的内容。联合国粮食及农业组织和国际林业研究组织联盟（IUFRO）呼吁保护和保存濒临毁灭危险的种质资源，并采取相应措施，组织了英国牛津大学、丹麦国际开发署林木种子中心（DFSC）和澳大利亚昆士兰州林业局等分别对中美洲、东南亚和澳大利亚等地的优良树种进行了调查、采种和种子分发等工作。1988年，联合国召开了生物多样性特设专家工作组会议，起草了《生物多样性公约》协议。1992年，在巴西召开的联合国环境与发展大会上，153个国家签署了《生物多样性公约》。1995年，联合国粮食及农业组织种质资源工作的范围有所扩大，覆盖了农业生物多样性等内容，成立了森林种质资源专家技术咨询组。生物多样性的研究、保护和持续合理地利用，已成为国际社会关注的中心议题。联合国环境规划署（UNEP）把生物多样性、全球气候变化、臭氧层破坏和有害物质转移并列为全球四大环境问题。联合国《生物多样性公约》第九届缔约方会议于2008年5月30日在德国波恩闭幕，与会代表经过近两周磋商就森林保护等问题达成了一系列共识。在森林保护方面，会议同意建立总面积超过6500万hm^2的热带雨林保护区，由发展中国家和新兴工业化国家提供林木，由发达国家提供资金。

此外，国际上还有不少组织致力于森林种质资源的保护。如国际农业研究磋商组织（CGIAR）、欧洲森林种质资源计划（EUFORGEN）、国际植物种质资源委员会（IBPGR）和世界自然保护联盟（IUCN）等。在国际组织的影响下，全球对森林种质资源的重视程度有所提高，并采取了积极措施。

建立自然保护区是生物多样性保护和种质资源保护的有效措施。1872年，美国建立了世界第一个自然保护区——黄石国家公园（Yellowstone National Park）。经过一个半世纪的努力，美国政府一共设立了384处国家公园，其中包括57个自然国家公园和327处其他自然和历史名胜地，占地总面积3359万hm^2，基本包括美国所有生物资源的生存和繁衍地域。美国各个育种单位普遍设置优树收集区，同时利用国家和州的自然保护区保存天然种质资源。芬兰除国家建立森林保护区外，同时对优良天然林分进行去劣疏伐，保证更新，以天然林的形式保存丰富的种质资源。此外，芬兰还对选择的优树建立收集区，目前已建立收集区105个，总面积超过240hm^2。澳大利亚将种质资源管理作为国家可持续发展的重要物质基础，一方面扩大了种质资源管理的范围，另一方面又强化了种质资源管理的力度。澳大利亚已建立完善的国家植物种质资源保护体系，其中原地保护体系以国家保护地为主体，面积达国土面积的11.65%；异地保护体系以166个植物园和7个基因库为主体，保存植物种质资源18.6万份。日本把种质资源的保存作为林木育种工作的组成部分，并重视搜集抗逆性资源。在1970—1981年，日本全国各地搜集抗雪害的优树1310株，不受线虫危害或受害轻的树木1.6万株，到2000年保存主要树种无性系19350个，家系3789个。截至2003年，世界各地共建立10.2万处国家公园和自然保护区，面积达到$1880\times10^6hm^2$，占地球面积的12.65%。

4. 我国的自然保护工作

为保存各种有代表性的自然景观、植被类型和珍稀野生动物。我国政府早在1956年第一届全国人民代表大会第三次会议上，就提出了在全国划定天然森林禁伐区、保存自然植被的提案。并于当年建立了第一个自然保护区——广东鼎湖山国家级自然保护区。同年10月，林业部草拟了我国第一个《天然森林禁伐区（自然保护区）划定草案》，提出在吉林、黑龙江、陕西、甘肃、浙江、广东、四川、云南、贵州等15个省（自治区）规划40余处自然保护区。20世纪80年代起，我国陆续制定和发布了《中华人民共和国环境保护法》《中华人民共和国森林法》《中华人民共和国草原法》《中华人民共和国野生动物保护法》《森林和野生动物类型自然保护区管理办法》等保护自然的法律和政策。

我国是世界公认的物种多样性中心之一，林木种质资源极为丰富。我国的木本植物有187科1200多属8000多种，居北半球森林资源的首位，是世界上裸子植物最多的国家。截至2017年年底，我国共建立各种类型、不同级别的自然保护区2750个，其中国家级463个。自然保护区总面积达到147万km^2，约占全国陆地面积的14.84%。全国超过 90%的陆地自然生态系统都建有代表性的自然保护区，89%的国家重点保护野生动植物种类以及大多数重要自然遗迹在自然保护区内得到保护，部分珍稀濒危物种野外种群也逐步恢复。在林木种质资源就地保护取得重大进展的同时，林木种质资源异地保存体系也正在逐步建立和完善。此外，自20世纪50年代开始的种源试验和60年代以来开展的选优和营建种子园等工作也已搜集了大批种质资源。目前，已在全国五个气候带建成了具有地域特色的综合库22处、专项库13处、区域库131处和展示库160多处，搜集保存主要树种的遗传材料15万份，形成了由国家林木种质资源平台和国家林木良种基地相互协调的保存利用框架。2014年7月，由国家林业局制定的《林木遗传资源保护与可持续利用国家行动计划（2014—2025年）》中提出，到2025年，实现资源大国向资源强国的转变。

二、林木种质资源管理

林木种质资源管理包括资源调查、搜集、保存、评价和利用等环节，如图2-1所示。下面分别加以说明。

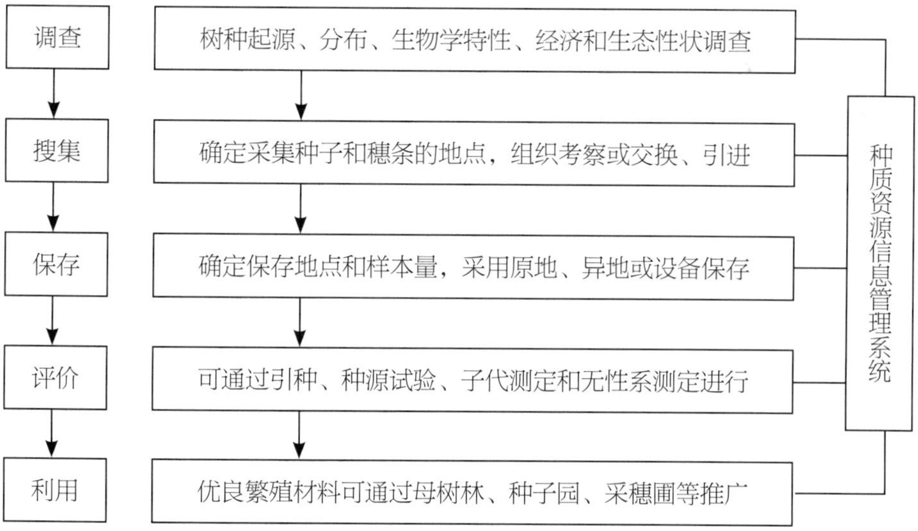

图2-1 种质资源管理的过程和内容

1. 搜集

在调查的基础上，通过交换和引进的方式搜集所需的繁殖材料，但更主要的是组织实地考察和搜集。不少国家或组织专门到另一国家或地区搜集种质资源。如瑞典引种小干松取得初步成功后，曾专门组织人员去美国和加拿大搜集小干松的种质资源；挪威到北美洲太平洋沿岸搜集西加云杉的种质资源；牛津大学组织对中美洲地区的加勒比松和卵果松等的搜集；丹麦国际开发署林木种子中心在东南亚地区搜集乔松和柚木等种质资源。

搜集的繁殖材料应尽可能覆盖物种分布区中有代表性的所有地点。分布区边缘地带的种质资源，经历了极端环境条件下的自然选择，因而其基因频率可能不同于主要群体的基因频率，从中可能产生具有潜在价值的新繁殖材料，能适应极端的生态条件；而中心地区的种质资源，基因组分复杂，具有多种优良经济性状和适应能力。因此，在搜集和保存种质资源时，对边缘群体和中心地区的种质资源都应予以重视。搜集工作很难一次完成，一般要持续进行多次。

在同一个采种点范围内，如何确定采种母树？一种看法是随机安排母树采种，另一种看法是按经济性状表现挑选母树采种。种源试验中，如果采种点的设置是合理的，那么它本身就具有代表性。优树选择的目的性明确，一般只选择符合当前生产需要的个体，而不会去搜集可能具有潜在价值的单株或类型。但从长远育种需要考虑，应当适当地搜集具有潜在价值的资源。如以提高生物质产量为改良目标，可选择树干虽不通直，但枝繁叶茂、生物量高的植株。

2. 保存

搜集到的种质资源必须妥善保存，以免丢失。无论是1年生作物还是多年生林木，无论是经济乔木还是生态用灌木，遗传多样性保存方法基本上是相同的。

（1）保存范围

目前应优先考虑保存种质资源：

①遗传育种研究所需要的种质资源，包括主要造林树种及其近缘种的种质资源和育种材料等。

②可能灭绝的稀有种和濒危树种的种质资源。

③具有经济利用潜力而尚未被发现和利用的树种的种质资源。

④在科普教育中有用的种质资源，如分类上的各个树种、变种和类型等。

（2）保存方式

目前保存林木种质资源的主要方式是就地保存和异地保存。

①就地保存。就地保存是指在自然生境内的保存，即保存生态系统和自然生境，保持和恢复有生存力的种群。就地保存的主要目的是防止人类活动造成的进一步损失，如自然保护区、国家森林公园、优良天然林和母树林等都具有就地保存的功能。就地保存是野生动植物保护的主要形式，其主要优点是保护自然生态系统，使物种继续进化。就地保存的基本原则是要求保存足够的遗传多样性。生态系统的保存需要占据较大的面积，而种质资源的保存一般有数千株树就可以建立起有效的基因库。就地保存应当重视

群体的分布地点，较大面积集中于一个地点，不如较小面积分散保存在多个不同的地点。

对于就地保存的林分，应不加人为干预。但由于林分的自然演替，难以保存人们所需要的林分结构。为保存所需的林分组成，仍需采取必要的经营措施。从遗传学考虑，保护林分面积大，则保存的基因组分多，效果好。但林分面积大，则人力、物力投入大。因此，在面积和投资间要做出权衡。此外，就地保存是一种动态的保存，其中的种群可能持续受到正常进化压力的影响。

②异地保存。异地保存是指搜集到的种子、穗条在其他适宜地区的栽植保存，也包括种子和花粉储藏。异地保存林的营建多与林木育种活动结合，如种源试验林、种子园、收集圃、无性系、子代测定林和树木园等都属异地保存。针对主要造林树种的优良天然（或人工）林，日本通常在种子年采种育苗，选择至少2个地点各造林2hm^{2}以上，以确保优良林分的种质资源。

林业发达国家普遍用低温密封保存种子和花粉。松类种子贮藏在−18℃及5%~6%的湿度条件下，超过10年仍有极高的生活率。但对长期低温贮藏的种子进行检查，发现其染色体发生了畸变。花粉的贮藏只能保存所需亲本遗传组分的一半，一般在林木种质资源保存中不强调花粉储藏。

对超低温保存的植物细胞和组织也做过不少试验，其中包括杨、悬铃木等组织。在许多试验中，植物细胞和组织在液氮低温下（−196℃）贮藏不同时期后，仍能存活并再生成完整的植株。在林业中采用组织、器官的离体贮存，在生产中应用不多，目前仍处于探索阶段。

设备贮藏农作物种子或组织在国内外较普遍。美国有比较完善的植物种质资源保存系统，该系统主要由国家种子贮藏实验室、种质资源实验室和国家无性系种质库等组成，受美国农业部科研部门协调。如设于科罗拉多州立大学内的国家种子贮藏实验室，现设有大容量的低温贮藏室，也有液态氮贮藏罐，可贮存100万份样品。其主要任务是搜集、立档、保存和评价，并分发植物种质资源，为美国和世界各国的重要经济作物持续改良服务。

取样时应考虑保存低频率等位基因所需的最低限度样品数量。G. Namkoog等曾建议，搜集50株树的种子可以保存基因的遗传变异，如少于20株，对今后育种潜力的发挥会有影响。一般认为，保存数量应在数百株到数千株。为维持保存林分的“纯度”，也需考虑保存林分周围的林分状况，因为传粉会影响保存林分的基因组分。

（3）保存策略

1996年6月，在德国莱比锡召开了植物种质资源国际技术大会。会前调查了世界各国植物种质资源，包括森林种质资源状况，发表了“世界粮食与农作物种质资源保存现状”的报告。据该报告，20世纪70—80年代，人们发现植物种质资源受到威胁，全世界基因库的数量和规模急剧增加，异地保存的粮食和农作物种质资源约达610万份，其中仅有52.7万份保存在大田基因库。但在森林种质资源保存方面，情况却迥然不同。除开展遗传改良的主要造林树种和珍稀濒危树种采取异地保存外，多数树种采取就地保存方式。设立自然保护区是保存森林种质资源的主要方法。一些国家，如泰国的南亚松，德国的欧洲云杉，均把选择出来的优良林分作为就地保存林分。林木异地保存可以防止优良基因型的丢失，可作为树种短期改良的一种保存方式。然而，当前世界各国对森林种质资源主要采用就地保存，主要理由如下：

①种质资源是在一定生态系统和自然进化过程中形成的，与生态系统的各个组成部分构成一个相互依存的整体。就地保存能不断发掘遗传变异，适应未来变化，离开长期适应的系统，有时甚至难于存活。

②离开原有生态系统下保存的种质资源，改变了原有的群体结构和交配系统，难于保存原有的基因组成。

③由于市场需求变化和自然环境条件变迁，搜集保存什么样本很难预测，搜集、保存和评价样本的标准更难掌握。

④森林植物分布区较广，原产地立地条件多样，生命周期长，异地保存在样本搜集、栽植和保存技术等方面有诸多因素难掌握。

⑤虽然科学技术在进步，采用低温贮存种子和花粉，能延长贮存时间，但保存的材料仍需不断更新，维持和运行设施的成本较大。

我国森林种质资源保存、自然保护区建设和天然林保护工程等相结合，既符合自然进化规律，又能可靠地保护种质资源，也可节省支出。

长期安全保存基因是对两种保存方法的共同要求。制定保存策略需考虑下列内容：确保遗传多样性维持适当水平下的种群规模；就地保存注意种群的规模和位置；异地保存能反映树种遗传多样性所需的抽样数；注意影响基因保存的环境、政治和经济条件；确保多世代育种。一些保存策略侧重于对低频率（P=0.05）等位基因的保存，而另一些策略则注重维持数量性状的遗传变异。当建立就地保存群体，或从本地种群中抽样建立异地保存群体时，低频率等位基因比中等或高频率等位基因更容易丢失。根据数学模型推算，对于频率大于0.05的基因，获得一个拷贝，有50~160个样本就可以满足概率达到95%；如果等位基因频率小于0.05，而满足的概率超过95%，则样本数量将大幅度增加，相应搜集成本也将大幅度增加。

对于育种有用的低频率等位基因，如抗病等位基因，则需要多个拷贝来避免遗传基础窄化和近亲繁殖带来的问题。隐性等位基因的鉴定需要通过纯合子检验，鉴定工作比显性基因困难得多。例如，种群中隐性基因频率为0.05，要使样本群体能出现20个隐性纯合个体，则这个样本群体必须要含有10000个个体；如果是显性等位基因，则只需要约250个个体。

3. 鉴定与研究

（1）性状遗传特点的研究与分析

种质资源的特征和特性的观察属于表型鉴定。只有掌握性状的基本遗传特点，才能更好地为育种服务。常规的研究工作可结合引种、种源试验、子代测定和无性系测定等进行。经评定具有优良经济性状或生态效益的资源，可以通过营建母树林、种子园和采穗圃等方式繁殖推广利用。

基因组学的研究成果为种质资源的研究提供了理论指导，特别是全基因组测序、重测序和简化基因组测序技术的不断成熟，使在全基因组水平上比较不同种质资源基因组的变异成为可能。结合表型鉴定的数据，利用连锁分析和关联分析等基因组学方法，可高效发掘种质资源中蕴含的新基因和有利等位基因。

在种质资源研究中，常常要对研究对象进行分类。传统的分类方法主要依据个别明显特征进行分类，存在考察性状少和主观因素多等局限性，分类结果不尽合理。聚类分析是应用多元统计分析技术在相似性的基础上进行分类的一种方法，其考察性状既可以是质量性状，也可以是数量性状，并且可以同时对大量性状进行综合考察，主观因素少，分类结果比较客观和科学。有关聚类分析的计算软件在国内已普遍使用。

（2）种质资源信息管理系统

在资源管理各个环节中取得的所有信息，包括来源、分布、栽培状况、形态特征、生物学特性、经济与生态价值、搜集或引进地区和数量、保存地点和数量、存活状况、性状观测和评价、推广和利用过程等资料，都可统一贮存在种质资源信息管理系统中。信息管理系统不仅方便资料的保存和交流、节省时间和提高工效，更能深层次地利用数据信息。建立数据库系统的一般步骤，包括数据采集、数据分类与规范化处理和数据库管理系统设计等。20世纪70年代以来，美国、日本和法国等相继实现了品种资源档案的计算机管理，不少国家还形成了全国范围或地区性网络。我国于1986年开始国家作物种质资源数据库的研究工作。目前，国家农作物种质资源数据库拥有200种作物、41万份种质信息和2400万个数据项值，数据量达230GB，是世界上最大的植物种质资源数据库之一。我国林业从20世纪80年代末也开始建立和编制种质资源数据库。

4. 创新与利用

种质资源创新是指人们利用各种自然和人工变异，通过人工选择的方法，根据不同目的而创造新种、新品种和新类型等材料。种质资源创新是种质资源有效利用的前提和关键，是植物遗传育种发展的基础和保障，也是植物种质资源研究的重要组成部分。

（1）种质资源创新利用的传统途径

杂交育种是种质资源创新的一种最基本的常用途径。利用新的种质资源，通过杂交，然后再回交或轮回选择，创造优异的新种质资源。种间杂交和种源间杂交在现代林木育种中具有更大作用。部分乔木种间杂交可以得到健壮可孕的子代，如杨属、柳属和落叶松属等种间杂种都能获得有生活力的种子，并且杂种的表现比双亲更优异。林木的回交可能将期望的性状转移到好的亲本中。如黑松生长慢，干形好，但对象鼻虫很敏感，大果松生长快，但干形差，大果松与黑松杂交种的子代生长快，且抗虫。再将杂种与最好的黑松回交，通过选择，获得杂种比子一代生长快，且干形好又抗象鼻虫。又如，1980年Lairage等做过火炬松和萌芽松杂种与火炬松亲本回交，得到的杂种在生长上等于或优于亲本火炬松，而且比火炬松抗梭锈病。

林木种质资源保存的最终目的是利用。对具有重要经济价值和性状优良的林木种质资源，包括审（认）定的林木良种、新品种、地方品种和优良繁殖材料等，通过建立采种基地和良种基地等方式，提供优良种苗和繁殖材料，以进行推广利用。良种基地包括母树林、种子园和采穗圃等类型。

（2）种质资源创新利用的分子生物学途径

随着人们对生物体认识的不断深入以及生物技术的不断发展，种质资源创新利用的方法也不再局限于杂交，而是已深入到组织和细胞水平上，如染色体工程和细胞工程等。近20余年，随着分子生物学的发展，分子标记辅助育种技术、转基因技术、基因编辑技术和分子设计育种技术等普遍应用于植物种质资源的创新利用，其成效更为显著。主要技术有以下几种：

①分子标记辅助育种技术。分子标记辅助育种技术是利用分子标记与决定目标性状基因紧密连锁的特点，通过检测分子标记，即可检测到目的基因是否存在，达到选择性状的目的。其也可作为杂交后代的选择、杂交优势的预测及品种鉴定等各个育种环节的辅助手段。该技术已在很多动植物抗逆性育种中取得成功，在林木遗传育种中也有较成功的实例。林木存在生长周期长，幼龄期长等特点，而许多重要的性状，如材性，在幼年和成年期的差异很大，需要达到一定的年龄才能比较准确地评价，这就制约了育种的进程。分子标记辅助育种技术则可以在苗期进行，可节省数年甚至10年以上的时间。从这点来说，分子标记辅助育种技术对林木的意义比对农作物的更大。

②转基因技术。转基因技术是利用现代生物技术，将人们期望的目标基因，经过人工分离和重组后，导入并整合到生物体的基因组中，从而改善生物原有的性状或赋予其新的优良性状。除了转入新的外源基因外，还可以通过转基因技术对生物体基因进行加工、敲除和沉默等，改变生物体的遗传特性。利用基因工程手段进行种质资源创新，可打破动植物的界限而进行基因转移，可达到丰富变异类型，增大遗传多样性的目的。

③基因编辑技术。基因编辑技术是对生物基因组的特定位点进行精准操作，以实现DNA片段定点删除、插入或者单碱基突变的技术。该技术突破了传统植物育种性状改良的瓶颈，能够创造出多种植物新种质资源。尤其是CRISPR/Cas9技术，以其操作简便、高效率、多靶标和通用性等优势成为当前主流的应用技术，将对农业种业带来革命。

④分子设计育种技术。植物分子设计育种技术，是以生物信息学为平台，以基因组学和蛋白组学等若干个数据库为基础，综合植物育种学流程中的遗传、生理、生化、栽培和生物统计等所有学科的有用信息，根据具体树种的育种目标和生长环境，在计算机上设计最佳方案，然后开展育种的方法。与常规育种方法相比，分子设计育种技术首先在计算机上模拟实施，考虑的因素更全面，因而所选用的亲本组合和选择途径等更有效，更能满足育种的需要，可以极大地提高育种效率。

三、乡土树种和外来树种

林木育种所利用的种质资源，包括乡土树种和外来树种。树种选择是林木选育的第一步，只有正确地选择树种，才可能利用种内各个层次的遗传变异开展后续选育工作。任何一个树种都有它的分布范围，当它在自然分布区内时，称为乡土树种；当栽种到自然分布区外时，称为外来树种。把一个树种从原有分布范围内引进到新的地区栽培，称为引种。林木引种是引进外来树种种质资源，并加以选择和利用的过程。

乡土树种资源，包括已经人工栽培的和尚处于自然生长状态的两类树种。乡土树种经历了当地自然条件长期影响并通过了自然选择，人工栽培的树种还经受了栽培管理的影响和人工选择的作用。乡土树种资源适应当地条件，可直接投入生产或稍加改良就能提高生产力和抗逆性。迄今，我国林业中尚有大量本地资源，特别是灌木树种。然而，这方面的研究还比较薄弱，开发利用潜力较大。

与乡土树种资源相比，外来树种资源由于是从其他地区引进的，离开了它们的自然分布区，其生态适应性和经济性状在引进地区的表现还不清楚，需要经过较长时期的观察，才能对林分稳定性、经济价值和生态效益等性状做出评价。因此，推广利用要分阶段进行。但这类资源的经济性状或生态效益有可能优于当地资源。

此外，在一些集约经营的主要树种中，通过杂交等措施还创造了一些新的类型和品种。这类资源往往综合了亲本的多种优良性状，经济价值较高。但是，这类资源的遗传组成比较复杂，在用作育种原始材料时应注意其起源，防止发生近亲繁殖。

1. 充分开发利用乡土树种

乡土树种是自然演化的结果，适应当地条件，调查研究方便。我国是树种资源极其丰富的国家，已发现木本植物8000余种，其中乔木树种2000余种，灌木树种6000余种。目前，人工栽培过的树种约1000种，主要造林树种约210种。丰富的树种资源是生态建设和开展林木遗传改良工作的前提，是满足林业建设多种需要的有利条件。从战略上考虑，应当重点开发利用乡土树种。

在东北大小兴安岭和长白山等林区，重要栽培树种有兴安落叶松、长白落叶松、樟子松、红皮云杉、鱼鳞云杉、红松、臭冷杉、水曲柳、紫椴、糠椴、黄波罗、胡桃楸、春榆、辽杨、大青杨、蒙古栎等。

在华北区，重要栽培树种有油松、侧柏、白皮松、华北落叶松、白杆、杜松、栓皮栎、麻栎、泡桐、臭椿、香椿、楸树、毛白杨、小叶杨、旱柳、白榆、槐树等。

在华东、华中区，重要栽培树种有杉木、柳杉、马尾松、水杉、黄杉、金钱松、柏木、苦楝、油茶、油桐、鹅掌楸、乌桕、毛竹、刚竹等，其中有些树种是中国特产。

华南区，树种组成丰富，除华东、华中部分树种延伸分布到该区外，尚有红锥、红椿、黄梁木、木荷、火力楠、格木、竹柏、任豆、米老排、蚬木、金丝李等有发展前途的用材树种。

西南区是世界公认树种资源丰富的地区之一，云南松、思茅松、华山松、云南油杉、西南桦、黄梁木等已有较广泛的栽植，尚有许多树种没有利用，潜力很大。

西北地区树种较少，但也有不少重要的用材树种，如新疆落叶松、新疆云杉、青海云杉、新疆冷杉、新疆五针松、新疆杨等。在广阔的干旱沙漠地区，有胡杨、白刺、柽柳、多枝柽柳、柠条、花棒、沙棘、沙柳等适应性强的灌木，可用于生态建设。

但是，迄今我们除对主要造林树种进行了比较深入的研究外，对其他树种的生物学、林学特性和繁殖特点研究不足。

2. 积极、稳妥利用外来树种

引进外来树种后可能有两种情况：一种是原产地和引种地的自然条件差别较小，或由于外来树种本身的适应范围较广，能适应新的环境条件；另一种是原产地与引种地的自然条件差异较大，或由于外来树种的适应范围较窄，需通过人工栽培和人工选择，使外来树种适应本地的自然环境和栽种条件，成为当地造林树种，这个过程称为驯化。此外，将动植物从野生状态改变为家养或栽培的过程，也称为驯化。

树木引种可追溯到2000年以前，大规模的引种工作是从19世纪50年代澳大利亚和新西兰等南半球国家引种松树开始的。现在外来树种人工林在一些国家得到了蓬勃发展。在热带、亚热带国家和地区主要采用的外来树种有松属、桉属和柚木，占人工林面积1/3以上，其次是相思属和木麻黄属。引进外来树种的主要理由如下：

①外来树种的生长可能优于乡土树种。其可在较短的经营期内获得乡土树种不能达到的木材产量，或能获取乡土树种不能提供的特殊价值产品，从而提高林地生产力。

②外来树种的适应性可能优于乡土树种。乡土树种可能不完全适应当地不断变化的环境条件，特别是在近代，工业污染、土壤侵蚀加剧，导致乡土树种不能完全适应，而

某些外来树种可能比乡土树种更适应变化后的生境。例如，巴西原始森林大量采伐后，迹地的生态环境，特别是土壤条件发生了剧烈的变化，原有树种在迹地造林的技术难题很难解决，因而大量引进适应性强、生产力高且有成功栽培经验的外来树种。1984年栽植的35万hm^2人工林几乎全是外来树种，以加勒比松和桉树为主。

③拓宽林木资源的遗传多样性，提供育种的材料。引种的作用不仅在于所引进的树种或品种能够直接用于林业生产，更重要的是丰富遗传多样性和种质资源。20世纪50年代以来，我国从国外引进的植物种质资源已超过10万份。将这些种质资源作为原始材料，从中进行系统育种或作杂交亲本，在植物育种中发挥了重要的作用。

3. 我国林木引种成就

我国林木引种已有悠久的历史。如悬铃木在公元401年已引进到西安。但20世纪50年代以前的引种活动规模小，盲目性大，引进树种多用作城市绿化，很少用于大面积造林。20世纪70年代以来，特别是90年代后，引种工作才得到较大发展，引进树种逐渐增多。

据统计，我国先后引进木本植物1000多种，造林面积达800万hm^2，占人工林总面积的1/4以上。其中，来自北美洲树种的造林面积占75%，澳大利亚树种占17.5%，日本树种占3.8%。经引种试验，有重要价值的外来树种达30余种。其中，桉树、杨树、松树、落叶松、相思、刺槐、木麻黄和海桑等树种的造林面积较大。

我国桉树引种始于1890年，从意大利引进多种桉树到广州、香港和澳门等地。同年，又从广州引进细叶桉到广西龙州，随后桉树引种到福州、昆明和西昌等地。早期引进的树种有蓝桉、柠檬桉、细叶桉、赤桉和大叶桉等，后来又引进了巨桉、尾叶桉、窿缘桉及其杂种。引进过的桉树有300余种，现保存有100余种，全国桉树造林面积约200万hm^2，每年生产桉树原木的面积至少为500万m^3，桉树已成为我国制浆、造纸和生产纤维板等重要工业的用材树种。

杨树是温带地区的速生阔叶树种。1949年前，我国主要引进了钻天杨、箭杆杨、加杨和少量的欧美杨。1950—1960年，中国林业科学研究院等先后从波兰、联邦德国、罗马尼亚和苏联等国引种，20世纪70年代后陆续从法国和意大利等17个国家引种栽培72/58杨、I-69/55杨树良种及其无性系共331个，并从中选出一批速生杨树品种。此外，南京林业大学从引进的美洲黑杨中选育出的优良无性系，在黄淮海流域大面积栽培。

火炬松和湿地松原产于美国东南部，20世纪30年代引进我国，70年代大面积栽培。在南方多数省份，火炬松和湿地松在相似的立地和抚育条件下，生长速度比马尾松快，适宜作为短轮伐期的速生丰产纸浆树种，已成为我国南方丘陵山区的重要造林树种。

日本落叶松原产于日本，我国引种已有百余年的历史。东北、华北、西北、华中和西南地区都有引种。其中，山东和辽宁引种时间最早，成为东北和北方山地的重要造林树种，也成为南方海拔1000~1500m地区的速生用材针叶树种。

木麻黄自然分布于东南亚、太平洋群岛和澳大利亚，是营建沿海防风固沙林和薪炭林的优良树种，具有共生固氮能力。20世纪50年代，我国在南方沿海地区营造了约100万 hm^2的木麻黄防风固沙林，形成了数千公里的“绿色长城”，在防风固沙、抵御海啸、保证农业稳产和高产及保障人民生活等方面发挥了积极作用。

马占相思原产于澳大利亚昆士兰沿海、巴布亚新几内亚及印度尼西亚，为热带雨林边缘树种。其具有生长迅速，材质好，适应性广，能固氮及改良土壤等优点。1979年，中国林业科学研究院从澳大利亚昆士兰引进少量种子，在广东省林业科学研究所（现广东省林业科学研究院）和广西壮族自治区林业科学研究院种植。1982—1983年，我国热带和南亚热带几个地点系统开展了几种相思树种对比试验和种源试验，并在广东湛江和海南屯昌等地建了马占相思母树林。

刺槐原产于北美洲阿巴拉契亚山脉、欧扎克高原和美国密西西比河流域。我国自19世纪引进，现已在我国24个省（自治区、直辖市）广泛栽种，栽种面积估计达到1000万hm^2。自20世纪70年代末，我国开展了种源试验和优良无性系选择，优良种源和无性系已经推广应用。

自20世纪以来，我国先后引进柏科的许多树种，至今保存2属52种4变种。其中表现最好，且栽培面积较大的是柏木属、扁柏属和圆柏属的10余个种。日本扁柏和日本花柏已成为长江中下游各省（自治区）高山地带的优良造林树种；墨西哥柏等已成为我国中亚热带中、低山地区的优良造林树种；铅笔柏在北亚热带和暖温带湿润地区栽培较广；欧洲刺柏和铺地柏在北方一些城市广泛用作园林树种；北美香柏和日本香柏在华东和华中地区常用作绿化树种；罗汉柏在南方部分城市作观赏树种。

经济树种，如橡胶、油棕、咖啡和金鸡纳等在我国南方的引种已取得较大成绩。原产于地中海地区的油橄榄，在20世纪60年代开始引进云南、四川和陕西等地，在个别地方表现较好。印度辣木，原产于印度北部喜马拉雅山麓，其营养物质含量丰富，有很高的食用保健价值，近十年在云南、广西、广东、福建和海南等地广泛栽培。薄壳山核桃在长江流域引种，黑荆在长江以南地区引种，生长表现都较好。灌木，如紫穗槐于20世纪50年代后发展较快，已成为华北、东北南部、西北东南部和长江中下游栽培最广的灌木树种之一。

杉木是我国南方各省份特有的优良用材树种。20世纪50年代，南跨琼州海峡，在海南岛尖峰岭等地生长较正常；北越秦岭，在陕西长安南五台的生长速度比当地的油松快；在山东昆嵛山背风坡地的生长速度超过赤松。樟子松是我国大兴安岭（主要在北坡）和呼伦贝尔高原中固沙的乡土树种，过去只在吉林长春净月潭有小片栽植，在黑龙江带岭有少量育苗。20世纪50年代后，黑龙江省和吉林省许多地方都有生长良好的樟子松人工林。辽宁彰武章古台用樟子松固沙造林，成绩显著。此外，内蒙古包头和陕西榆林等地也都引种成功。但近年来，樟子松在部分地区出现衰退现象。

上述不少外来树种已开展种源试验，选择了优良的种源和优良的林木，建立了各类种子园。在落叶松、加勒比松和湿地松等树种中，还开展了杂交育种。引种与其他选育措施结合，可提高引种的效果。湿加松是湿地松和加勒比松的种间杂种，在广东营建人工林约5.33万hm^2。根据沈熙环和黄永权实地调查及种植户反馈的数据可知，在广东雷州，5年生湿加松树干通直，分枝良好，平均树高5.5m，胸径9.6cm。而其母本湿地松树高和胸径分别为4.0m、5.7cm，父本洪都拉斯加勒比松树高4.9m、胸径10.1cm；在广东台山，10年生湿加松树高12.2m、胸径19.4cm，而湿地松树高8.31m、胸径11.7cm，洪都拉斯加勒比松树高10.6m、胸径17.7cm。因此，杂交育种与引种结合对提高引种的效果具有重要意义。

回顾过去，我国林木引种工作取得了可喜成绩，但也存在如下问题：第一，林木引种工作在地区间发展不平衡，南方开展较多，北方较少，三北、盐碱地和石灰岩等造林困难地区，树种引进少；第二，在相当长的时期内，引种目标比较单一，偏重于速生用材树种，多集中在杨树、热带松属和桉树上，而对经济林、绿化树种和灌木重视不够，但近20年来情况有所好转；第三，对引进外来树种的配套技术，如伴生树种、林下灌木、菌根、造林技术和病虫害防治等重视不够。

四、引种技术和程序

1. 引种考虑的因素

全世界植物种类繁多，分布区跨赤道南北7大洲，从何处去引？引什么？需要认真对待。具体可从如下方面考虑。

（1）外来树种在原产地的表现

林木引种要有明确的目的性。如果要选择建筑用材树种，应当考虑速生、树干通直度和材质等；选择纸浆材树种，应当考虑生长速度、纤维长度、木材密度和木质素含量等；为西北地区选择适应性强的灌木，应当考虑耐寒和耐旱能力等；选择木本饲料植物，应当考虑饲料产量、营养价值、消化吸收率和抗营养因子等；选择城市绿化树种，应当考虑树形是否美观、是否耐污染和有无过敏源等。虽然林木经济性状与环境条件有密切的关系，但一般而言，在原产地表现低劣的树种，引进新的地区，很难表现优良。大量引种实践表明，外来树种在新地区的经济性状与原产地相似。如一些柏科树种和部分桉树在原产地时树干纹理不直，引进我国后依然扭曲；日本柳杉引进我国四川等地，仍然表现生长快、树干通直、中幼林材质比中国柳杉好等特点；水杉在中国耐湿，在美国依然如此；我国板栗抗栗疫病，引进美国后成为该地抗栗疫病育种的重要种质资源。

（2）原产地与引种地主要生态条件的相似程度

外来树种原产地与引种地生态环境一致，即在其遗传适应范围内迁移，引种自然容易成功。著名林学家马依耳（Mayr）1906年出版的《欧洲外地园林树木》和1909年出版的《在自然历史基础上的林木培育》著作中，提出了“气候相似原则”的思想。他指出，木本植物引种成功与否，最重要的是看原产地的气候条件与引种地的气候条件是否相似。林木引种时，引种地和原产地的气候条件相似，引种的林木才能正常生长发育。

“气候相似论”对于选择引种对象和确定引种地，有一定的指导作用。但是，“气候相似论”在强调气候对林木的制约作用时，忽视了环境中其他因子的综合作用，也忽视了林木特性随气候的改变而变化的可能性，即低估了林木被驯化的可能性和人类驯化林木的能力。事实上，树种在原来自然分布区的表现，并不能完全代表它的适应潜力。如刺槐自然分布区在美国分两个部分：东部包括阿巴拉契山区，从宾夕法尼亚州中部至亚拉巴马州和佐治亚州；西部包括密苏里州南部、阿肯色州和俄克拉荷马州。刺槐的原产地雨量充沛，达1016~1524mm，7月平均温度为21~26.7℃，1月平均气温1.7~7.2℃。但由于刺槐适应性强，在我国西北降雨量400~500mm的地方也能生长。所以，不能武断地认为凡与原产地的生态条件有差别的地方就不能引种。事实上，在世界范围内，很难找出气候条件完全相似的两个地区，原产地与引种地的生态条件有差别，有时也可能引种成功，甚至可能比原产地在生长等方面表现得更好。

当然，引种前详细研究外来树种在原产地与引种地主要生态条件的相似程度很有必要。因为生态条件越接近，引种成功的可能性越大。例如，油橄榄在中国引种成功的难度很大，其主要原因是我国亚热带的气候与原产地地中海地区亚热带的气候不完全一致。油橄榄长期适应于地中海地区的冬雨型气候，冬季有适宜的低温和湿润条件，能满足花芽分化的要求，夏季有充分的光照，有利于进行光合作用。此外，当地有富含钙质的微碱性土壤，为油橄榄生长提供了基础。而我国南方大部分地区的气候特点和地中海地区恰好相反，夏季高温湿润，光照不足，土壤板结，冬季干旱，这种条件不利于花芽形成。但是，在四川西昌、云南永仁和甘肃陇南等地通过选择立地条件和适宜品种，并采取水肥管理等措施，成功引进油橄榄。

我国先后从北美洲引进大约82科202属500多种木本植物，不少树种引种成功，并成为我国重要的人工林树种。其主要原因是北美洲的树种一般能在我国找到适应的环境。例如，美国东南部的常湿性亚热带常绿阔叶林气候与中国东部的亚热带气候相似；美国中部与东部在晚春至早秋有时出现非常酷热干旱的天气，这与我国长江中下游的伏旱相似；墨西哥南部、中美洲及西印度群岛的热带雨林气候或热带草原气候与我国华南的气候相似。又如，北美洲东部、中美洲夏雨型或均雨型树种所在地区的自然条件与我国东部的情况相似，在我国引种较成功的杨树、松树、刺槐和落羽杉等多来源于这一区域。

其中有些引进树种，如刺槐、湿地松、火炬松和落羽杉等，其生长比在原产地更加旺盛。而北美洲西部太平洋沿岸属冬雨型地区的树种在我国的引种表现不良，仅在云贵高原的部分地区表现较好。

（3）树种历史生态条件分析

虽然外来树种原产地与引种地的现实生态条件相差很大，但引种仍有可能成功，这与原产地的历史生态条件有关。1953年，苏联植物学家库里奇亚索夫对3000多种植物进行了试验分析，提出了植物引种驯化的“生态历史分析法”。该理论认为，一些植物的现代分布区是地质史上冰川运动时被迫形成的，并不一定是它们的最适生长区，如果把它们引种到别处，有可能生长发育得更好。许多林木在漫长的进化过程中，都曾经历过复杂的历史生态条件，具有潜在的广泛适应性。当引种地的现实生态条件与引进树种的某历史生态条件相同或相似，特别是与该树种曾经历过的较适宜的历史生态条件相同或相似时，尽管两地现实生态条件相差很大，仍然可能引种成功。如水杉在白垩纪分布于北极圈，第三纪扩大到欧洲、西伯利亚、我国东北、朝鲜和日本等地，存在广泛的遗传适应性。在第四纪冰川时期，气温急剧下降，绝大多数地区水杉灭绝，仅我国川东、鄂西及湖南龙山县边境有少量遗存，成为“活化石植物”。1941年，水杉在湖北利川谋道镇（当时四川万县磨刀溪）首次被发现。20世纪50年代后，引种受到重视，现在全国已有半数以上的省、自治区、直辖市引种水杉。其中，湖北、江苏、浙江和上海等发展尤为迅速。

（4）栽培植物起源中心

荷兰的齐文和苏联的茹科夫斯基在瓦维洛夫的栽培植物起源中心学说的基础上，将原来8个起源中心扩展到12个起源中心，包括“中国—日本”“东南亚”“澳大利亚”“印度”“中亚”“西亚”“地中海”“非洲”“欧洲—西伯利亚”“南美洲”“中美洲—墨西哥”和“北美洲”。虽然有的中心以国家命名，但其范围并非以国界划分，而是以起源植物多样化类型的分布区为依据。该学说认为中心地区蕴藏着育种目标所需要的重要种质资源。因此，引种工作应该到起源中心开展广泛的种质资源搜集，寻找引种的原始材料。

（5）树种的适应能力和种内遗传变异

不同树种适应性差异很大，在引种前应充分了解其适应性。如北美红杉原产于美国加利福尼亚和南俄勒冈沿太平洋海岸地区，分布区的气候特征是冬温夏凉，冬季雨多，雾大。由于适应性窄，在不同立地条件引种北美红杉均以失败告终。又如我国银杏由于适应性强，能成功地引种到日本、美国东部、中部和欧洲的部分地区，引种历史超过100年。

自然分布区广的树种，在种内常形成许多地理小种。不同地理小种对生态条件的适应性及表现的经济性状各不相同，有时这种差异非常大。因此，不能以某一批种子代表整个物种。现代的林木引种工作已普遍认识到不同种源在生长、适应和经济性状方面的差异，并十分重视对种源的搜集和试验。为了使引种能达到预期目的，在引种前要分析引进树种在原产地各个种源区的生态条件，充分了解其地理变异规律，摸清不同种源在生长和抗逆性等方面的表现，以此作为制订引种方案的依据。

2. 引种中主要生态因子的剖析

与作物和果树相比，林木所处的立地条件较差，经营管理较粗放，很难大面积采用灌溉和防寒等集约措施。因此，必须认真分析原产地和引种地的生态环境条件，争取引种成功。

（1）温度

通常冬季气温过低或夏季气温不足会限制树种北移，而冬季或夏季气流过高则限制树种的南移。不适温度对外来树种的不良影响大体可以归结为两个方面：一是温度条件不能满足生长发育的基本要求。临界温度是树种能忍受的最高和最低温度的极限，尤其是冬季极限低温，会造成外来树种冻害或死亡。二是外来树种虽能正常生存，但由于温度等条件不适宜，影响花、果实的形成和发育，致使经济价值不能表现。

超过临界温度会造成树木严重伤害或死亡。冬季绝对低温往往是“南树北引”的关键因子。如意大利I-214杨生长快，但不抗寒，将其引入齐齐哈尔市，在−35℃的低温下冻死。美国农业部按年平均最低温度把北美洲划分为10个带，每个带列出几种常见乔木树种的适应极限低温，见表2-1。一旦出现数十年不遇的绝对最低气温，树木可能会冻死。又如1999年12月中下旬福建龙岩出现了30年来未遇的寒潮，在永定极端低温达到−5.1℃，在长汀达到−8.0℃。而在历史记载中，永定极端最低温为−5.0℃，长汀为−7.4℃。异常的强寒潮使龙岩引种的巨尾桉林受到严重冻害。

表2-1　美国植物耐寒的温度及常见树种

温度带	温度/℃	常见树种
1	−46以下	白云杉、美洲山杨、纸桦
2	−45~−41	大果栎、树锦鸡儿、复叶槭
3	−40~−36	美国花楸、欧洲花楸、美国白蜡
4	−35~−31	绯红栎、山白果、刺槐
5	−30~−25	欧洲山毛榉、盐肤木、栾树
6	−24~−18	枸橘、毛泡桐、大花六道木
7	−17~−13	合欢、梧桐、紫薇

续表

温度带	温度/℃	常见树种
8	－12~－7	四照花、密花栎、亚利桑那长叶松
9	－6~0	沼松、杉松、光松、欧洲赤松、辐射松
10	1~5	佛罗里达湿地松

除考虑极限温度外，还应注意低温持续时间、降温和升温的速度等。例如，蓝桉具有一定抗寒能力，可忍受－7.3℃的短暂低温，但不能忍受持续的低温。云南陆良于1958年引进蓝桉，1961和1964两年绝对低温达－7.0℃，1974年低至－7.3℃。由于这三年的低温历时短暂，只有叶和嫩梢出现冻害。在1975年12月，该地持续低温5天，日平均温度变动于0.6~4.0℃，最低温达－5.4℃。这期间蓝桉遭受严重寒害。通过调查263株10~15年生大树发现，主干1/3~1/2枯死的有183株，占69%，整株枯死的有23株，占9%。1976年冬至1977年春，低温持续期长，云南的桉树、银桦和橡胶都受到不同程度的冻害。

霜冻对林木生长的影响很大。霜冻分早霜和晚霜，由于晚霜发生的季节正值树液萌动、芽苞开放和树木生长的初期，所以晚霜对树木生长的危害更为严重。北方树种打破休眠的临界温度低于南方树种，将北方树种引进南方，可能由于萌动早而遭晚霜伤害。

高温是北方树种南移的主要限制因素。一般落叶树种生长期气温高达30~35℃时，生理过程受到严重抑制，50~55℃时则发生伤害。高温，尤其在水分供应不足时常造成树木早衰，树皮由于受热不均，造成局部受伤或日灼。高温加多雨和高湿常造成某些病害蔓延，严重限制树种南移。原产于澳大利亚南端塔斯马尼亚州的蓝桉，在我国昆明和成都生长较好，但在华南地区表现不佳，这与华南暑热漫长有关。在广东和广西，雪松和油橄榄生长不良，也与夏季高温有关。

（2）日照

日照长度因纬度和季节而变化。北半球夏季日照最长，冬季日照最短。从春分到秋分，我国北方日照时数长于南方；从秋分到春分，我国北方日照时数低于南方。不同树种对昼夜交替的光周期有不同反应。因此，北方树种为长日照、短生长期的生态类型，而南方树种为短日照、长生长期的生态类型。当“南树北引”时，生长季内日照加长，常造成生长期延长，从而减少树体内养分积累，妨碍组织的木质化和越冬前保护物质的形成，导致树木抗寒性降低，容易遭受秋天早霜的伤害。当“北树南引”时，由于日照长度缩短，促使枝条提前封顶，导致树木生长缓慢，常遭病虫害。

（3）降水量和湿度

降水量与湿度是决定植物分布的主要因子，也是决定引种成败的关键因素之一。将湿润地区的树种引进到干旱地区，除非采取灌溉措施，否则很难成功。如黄河流域各省大量引进毛竹，在空气湿度比较大且注意灌溉的地区，容易获得成功；而在空气湿度小的地区，都落叶枯死。柳杉、杉木的引进与大气湿度的关系也十分密切，往干燥地区引进，均不易成功。我国华北地区冬季寒冷干旱，许多南方树种不能越冬，特别是常绿阔叶树很少能存活，这与冬季低温有关，也与干旱有密切关系。所以引种时不仅要防寒，而且更要重视防旱。

不同季节的雨量分配状况为雨型。雨型与引种成败有密切关系。如我国华南和华东亚热带地区是夏雨型，若从冬雨型的地中海和美国西海岸引进油橄榄、海岸松、辐射松则难于成功，而引进夏雨型的加勒比松和湿地松则生长良好。又如，非洲南部把辐射松和海岸松引进到冬雨型的西海岸，把长叶松引进到夏雨型的东海岸，结果都成功。

空气湿度是影响外来树种能否正常生长的重要因素。辐射松在原产地病害并不严重，但引进到夏雨型地区，因夏季高温高湿，易遭受病害而死亡。根据徐纬英教授的研究，世界油橄榄产地的年相对空气湿度是40%~65%，甘肃陇南武都和文县种植点上的年相对湿度为61%左右，两地引进油橄榄均获得了高产和稳产，这与年均相对湿度接近原产地，即空气湿度较低有关。

（4）风

风也是引种成败的关键因子之一。如橡胶原产于赤道附近的高温、高湿和无风地区，引进到我国海南岛无风地区，生长良好。但是引进到温度和湿度适宜的广西和广东沿海一带，却因台风袭击，引种多不成功。台湾省海岸木麻黄防风造林，在建造之初要设防沙篱等固定飞沙后才能造林，否则很难成功。又如，北方城市引栽南方绿化树种，在冬季设置防风屏障，容易越冬成活。

（5）土壤

土壤的含盐量、pH、土壤水分、透气性和土壤微生物都能影响树种的分布。其中，影响引种成败的主要因素是土壤pH和盐类物质含量。如我国华北和西北地区有较多的盐碱地，而华南的山地红壤多呈酸性，沿海低洼地带则多为盐碱土或盐渍土。不同树种对土壤pH的适应性有较大差异。胡杨等树种较为抗盐碱，可在表层土壤含盐量0.20%~0.30%、pH为9.0的土壤上栽培。而欧美杨无性系只适宜在表层土壤含盐量0.10%~0.15%、pH为6.5~7.5的土壤上栽培。榆、柳、刺槐和紫穗槐等对土壤pH的适应范围较宽；而松、云杉、冷杉和落叶松等针叶树种则适宜在中性和酸性土壤上生长。如庐山土壤的pH一般为4.8~5.0，酸性较强。庐山植物园建园初期，引进了大批喜中性或偏碱性土壤的树种，如白皮松和日本黑松，经过10多年试验，因不适应酸性较强的土壤而逐步死亡。土壤含水量和通气状况也会影响引种的成败，如辣木在黏重土壤上因排水不良，会导致根腐而死亡。

土壤内有大量微生物，其数量与植物根系活动有密切关系。具有团粒结构的土壤，通气好，水分、温度和pH也比较稳定，这为土壤微生物生存和繁育创造了有利条件，也利于根系的生长和发育。松树的正常生长与菌根有密切的关系，在苗圃地接种了菌根的松树，其生长速度比无菌根的松树高1倍。因此，从北半球引进松树到南半球，需要从原产地引进带菌根的土壤。1974年，广东省从洪都拉斯引进加勒比松，当年有许多苗木死亡，经调查，是缺乏菌根造成的，接菌后苗木成活率有显著提高。

引进树种所适应的不是个别生态因子，而是由多种生态因子构成的综合生态环境。在引种时，既要对各气候因子进行单项分析，又要进行综合分析。在生态环境中，常有某一生态因子对引种起主导作用，但也和其他生态因子相互联系。如“南树北引”时，树种对冬季低温的耐性常常是主导因子，然而这种耐性又和生长季节的温度、光照和降水量的分布有着密切的关系。在树种生长发育的不同时期，起主导作用的因子也可能不同，必须具体分析。

3. 引种程序与驯化措施

引种程序包括从选择外来树种、种苗检疫、登记、引种试验到摸索驯化措施，直至引种成功的全部过程。

（1）外来树种的选择

首先，要根据引种的目的，通过分析，确定引进什么树种，从什么地方引进树种。应全面考虑整个植物的生态环境，从生态条件相似的地区选择引进材料，综合分析地理生态因素与树种的生物学特性，从而确定引进对象。此外，要特别注意外来树种的潜在危害。引种前，应进行充分论证和科学的风险评估，要研究分析引进物种与当地原有物种的依存和竞争关系，要充分评估其对当地环境的影响。

（2）种苗检疫

有些外来树种在引进时没有经过严格的植物检疫和试种观察，可能会带进本国或本地区没有的病原菌或昆虫，且会由于缺乏天敌而很快形成危害很大的森林病虫害。这不仅会导致引种失败，还会对乡土树种的森林资源造成危害，国内外均不乏这种例证。因此，要严格执行国家有关动植物检疫的规定，按照规定和程序进行引种申报，经检疫合格后方可引进。

（3）引种试验

①初试。目的是初步了解引进树种在引种地的生态适应性表现，摸索种子处理、育苗和造林技术，淘汰不适于引种地的环境条件和表现差的树种（种源），初步选出有希望引进成功的树种，并从选择地搜集外来树种的种质资源，并加以保存和研究。对生长量、经济价值、防护效能和抗逆性等方面表现好的树种，可进一步扩大试种。为了防止外来有害生物入侵，2013年国家林业局印发了《引进林木种子、苗木检疫审批与监管规定》，规定引进植物应当全部进行隔离试种。其中，1年生植物不得少于1个生长周期，

多年生植物不得少于2年。

②区域性试验。目的是通过多点试验进一步了解各引进树种的遗传变异及其与引种地环境条件的互作效应，比较和分析其在新环境下的适应能力，研究发生的主要病虫害及防治措施、栽培技术，评选具有发展前途的树种，初步确定适生条件与范围。外来树种的天然种群内往往存在许多个变异类型，不同的变异类型可能要求不同的立地条件。各变异类型只有生长在最适宜的立地条件下，才能获得最大效益。例如，澳大利亚曾在昆士兰沿海低地红壤、砖红壤和腐殖土上引进加勒比松，结果发现前两种土壤的年平均材积生长量比腐殖土上的高30%以上。

③生产性试验。经过区域性试验成功的树种，在大面积推广应用之前，必须进行生产性试验。即按照常规造林的条件，采用生产上允许的技术措施，通过一定面积的生产试种，以验证区域性试验入选树种的生产力，作为大面积推广前的准备工作，对达到引进目标的树种可申请鉴定和推广。虽然生产性试验往往会被人们所忽视，但其重要性并不亚于前两个阶段的工作。为了保证适地适树，生产性试验应继续进行区域栽培比较试验，并要求有一定的生产规模。因为小面积栽培与大面积栽培条件往往不能完全一致，区域性试验布点不可能完全代表推广地区环境的各种条件，尤其是一个造林树种的栽植面积往往较大，条件也比较复杂。此外，仅通过1~2次试种不容易摸清外来树种的特性，常常会出现意料不到的新情况，甚至在推广过程中还会出现新的问题。

④鉴定与推广。鉴定内容包括在生产上的使用价值，主要是经济效益、适生范围与条件以及关键性栽培措施。鉴定后，由林业部门和生产单位在指定区域内推广。引种成果要及时鉴定，及时推广，同时要坚持“未经鉴定不能推广”的原则。一般来说，只要按引种程序和各阶段的要求进行试验，就可以符合鉴定的要求，但要作为良种使用，还要经过审定。

（4）驯化措施

①种子繁殖。用实生苗作为驯化材料，采用逐步迁移的办法，逐步改变原有的特性，最终适应预定的新环境，达到驯化的效果。此方法主要的依据：一是种子变异性较大，可从中选择出适宜的家系和个体；二是实生苗可塑性较大，对新环境的适应能力比无性繁殖植株强。

②越冬防寒与越夏遮阴。北方夏季光照时间长，树木细胞与组织内干物质积累多，生长量加大，昼夜温差大，夜间呼吸强度低，因而极易徒长，冬季则易受冻死亡。因此，由南向北引种，要注意夏秋控制水肥，避免徒长，并采取越冬防寒措施。南方夏季较北方光照时间短，树木体内干物质积累减少，气温高，且昼夜温差小，呼吸强度大，干物质消耗多。因此，由北向南引种，要注意夏季遮阴降温、减少消耗。

（5）引种成功的标准

衡量一个树种引进是否成功，需要从引进树种表现的适应性、引种效益和繁殖能力等方面来综合考虑。主要内容如下：

①能适应当地环境条件。外来树种从原产地引进新的地方后，在常规造林栽培技术条件下，不需要特殊的保护措施就能正常生长发育，并无严重的病虫害。

②能按外来树种固有的繁殖方式进行繁殖，并能保持其优良性状。

③保持其原有经济价值。如原产非洲大陆的金鸡纳、毛地黄引进我国栽培驯化后，其所含主要化学成分含量与原产地相似。新西兰将原产于我国的中华猕猴桃引进驯化后，猕猴桃的品质和质量都明显提高，目前成为世界上猕猴桃产品出口最多的国家。

④无不良生态后果。外来树种引进后，不会占据生境，不会排除乡土树种。

4. 引种中值得注意的问题

（1）注重外来树种种质资源搜集与保存

外来树种种质资源的搜集与保存是引种策略的重要组成部分，是外来树种长期林木遗传改良的基础和可持续经营的前提条件。外来树种种质资源的合理经营和利用，在生态系统、物种和基因三个水平上增加了生物多样性。外来树种种质资源经营的另一个重要方面，是遗传多样性的不断丰富，在保存已有资源的同时，必须不断补充新的种质资源。如新西兰、巴西和南非等国为增加并补充辐射松、桉树和墨西哥松种质资源都做了极大努力，在遗传改良方面取得了成功。

（2）结合良种选育

引种的过程也是选育的过程，不但要进行树种的选择，而且还要有目的地开展种内一系列的良种选育工作，这样才能达到更为满意的效果。

首先，要重视种源、林分、家系和无性系选择。一个树种在其自然分布区内往往因环境条件的差异而形成不同的地理种群，不同地理种群之间在生长、适应性和产品质量上都常常存在遗传差异。有时种源因素可以决定引种的效果，甚至是引种成败的关键。在引种时要注意搜集不同种源，将引种试验与种源试验同步进行，从中进行选择。在引种过程中还要注意发现和选择优良类型、家系、单株和无性系。实践证明，引种与种内多层次选育相结合，可以提高引种效果。例如，刘艳等对5.5年生的21种抗寒桉树的53个种源在闽西山地的保存率和生长性状进行了比较分析，结果表明：降雨的分布类型是引种成功与否的关键因子，最优树种/种源是来自南纬26°~30°的澳大利亚昆士兰州南部、新南威尔士州和维多利亚州北部的内陆夏雨型树种/种源。

其次，要结合杂交育种开展引种工作。外来树种常常由于不能适应引种地的环境，导致生长发育不正常，引种不成功。如果将外来树种与乡土树种进行杂交，从杂种后代中筛选出具有亲本优良性状的品系，则有助于提高引种驯化的效果。如黑龙江普遍推广的小黑14和粗皮小黑杨，即使用乡土树种小叶杨为母本，欧洲黑杨为父本进行杂交，从中选择的优良无性系。又如中国鹅掌楸与北美鹅掌楸杂交育成的杂交鹅掌楸，较其亲本中国鹅掌楸和美国鹅掌楸适应性强，具有长势旺盛，枝叶茂密，树干挺拔和冠形美观等优良特征，可作为庭园绿化和造林树种。

（3）既要引种，也要引进配套栽培技术

良种与良法相结合才能达到良好的引种效果。主要栽培技术措施包括立地条件选择、播种育苗、造林和抚育管理等技术，还包括伴生植物选择和微生物接种等。要了解外来树种在原产地成功栽培的经验，需通过不断试验摸索，掌握外来树种的栽培技术。

（4）加强对引进成功树种繁育技术的研究

外来树种引进成功以后，必须要有相应的繁殖手段来满足生产的需要。随着一个优良的外来树种在林业生产上的推广利用，生产上对种子的需求量会不断增加。靠进口种子有很多弊端：一是种价昂贵，要花费大量外汇，增加造林成本；二是一般进口种子很难满足对优良种源的需求，更谈不上选择优良林分和优良母树采种；三是国外树种也有丰歉年之分，在歉年大量进口种子，难以保证数量和质量；四是不断进口种子，将增加有害生物传入的可能性；五是种苗需经运输、检疫和海关等手续，常常不能及时播种和栽植。为了避免上述弊端，满足生产用种需要，在引种的过程中，就应考虑与研究优良树种的繁殖技术，建立良种繁殖基地。

（5）防止外来有害生物入侵

所谓外来有害生物是指由于人为或自然因素被引入新生态环境，并对新生态系统、物种及人类健康带来威胁的外来物种。林业是受外来有害生物入侵危害最严重的领域。例如，白松疱锈病于1860年在俄国松树上发现，1865年此病侵入北美洲的五针松等树种上，1890年几乎毁灭了美国的全部白松。在我国，先后有松材线虫、美国白蛾和红脂大小蠹等多种重要的外来有害生物侵入，其中危害最严重的是松材线虫。该虫原产于北美洲，该病在我国于1982年首次在南京发现后，相继在全国多个地区发生，引发了大面积的松林枯萎死亡，造成了巨大的经济和生态损失。2011年该病在我国直接造成的经济损失达25亿元，间接损失更是超过了200亿元，并且其发病的面积还在不断扩大，危害还在持续上升。松材线虫、湿地松粉蚧、松突圆蚧、美国白蛾和松干蚧等外来有害生物每年严重发生与危害的面积约1.50万hm^2。为了防止外来有害生物入侵，国家先后投入资金3亿元，用于森防体系建设，共建设国家级中心测报点1000个，建成森防标准站685个、检疫检查站348个，隔离试种苗圃12个。明确规定从国外引进的林木种苗或花卉，必须经过隔离试种后，方可多地点种植。

（6）坚持先试验后推广的原则，循序渐进，切忌急功近利

引种工作是一项科学性和系统性很强的工作，搞好引种管理，必须尊重客观规

律，不能凭主观意志办事，提倡科学性，避免盲目性。切忌急于求成，拿来就用，以少量植株的表现代表一个树种，以局部代表全区，把未经过科学试验、鉴定的树种大面积引进，盲目扩大。引种工作必须坚持积极慎重的态度，坚持“按需引种、严格检疫、先试后引、长期观测、逐步推广”的原则，严格按引种程序进行，如图2-2所示。

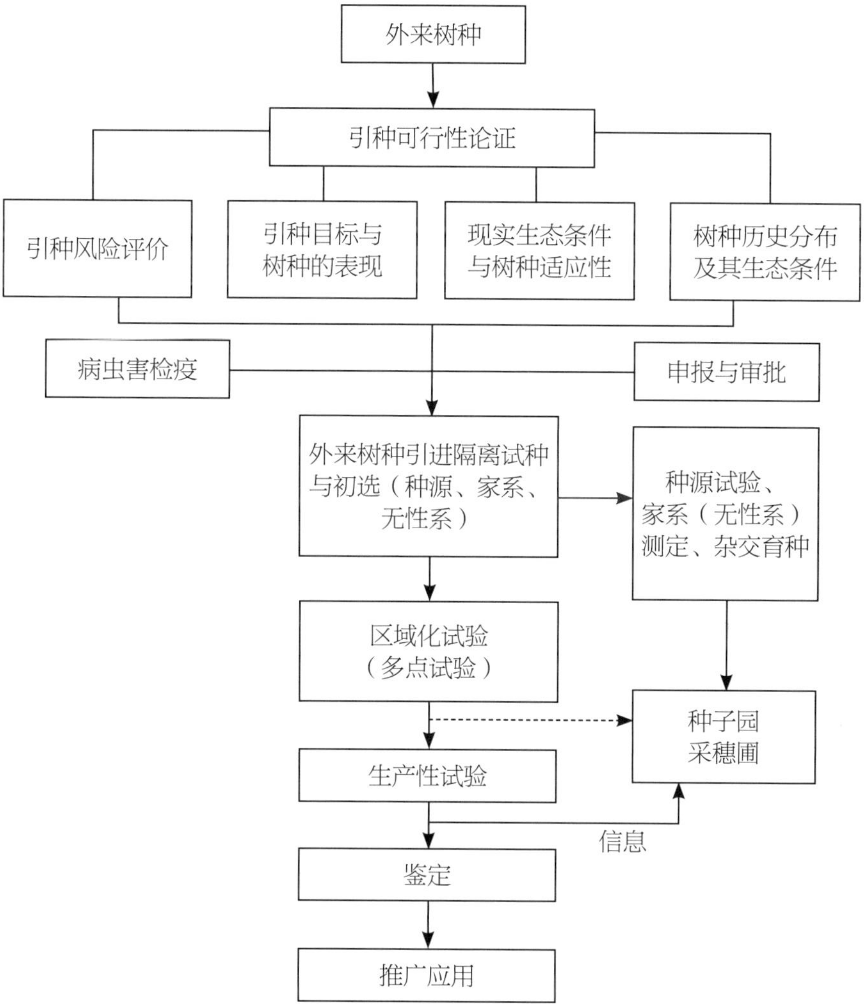

图2-2　引种基本程序

项目实施

训练任务一　种质资源调查鉴定

【任务背景】

种质资源是育种工作中所利用的原始材料，种质资源的数量和质量以及对它们研究的深度和广度与生产利用和育种成效有密切关系。通过调查，可以发掘优良的地方品种、类型和野生种质资源，为生产提供有直接经济价值的品种或砧木，或为品种和砧木的选育等提供有价值的原始材料。要做到对原始材料的正确合理利用，就必须对所调查的种质资源进行相关鉴定和研究，作出科学的评价。

假设你是一名林业技术人员，你所在的工作小组接到了一项任务：选择一种本地区的林木，进行种质资源调查。你的部门领导要求你们在工作过程中制订工作计划和方案，并按计划实施方案，认真记录工作过程，并提交任务报告，最后他将对你所在工作小组的每一位成员进行考核。

【任务思考】

①种质资源调查的意义是什么？

②种质资源调查的基本程序和方法是什么？

③如何搜集、保存种质资源？

④调查过程中有哪些注意事项？

【实验器材】

1. 材料

一两种林木，如松、柏、杨和柳等。

2. 仪器

海拔仪、指南针、照相机、望远镜、放大镜、天平、简单测量用具、测树工具、标本夹和其他采集用具、土壤速测箱、吸水纸、高枝剪、直尺、卡尺、刀具、记号笔、钢笔、铅笔、塑料袋、种子袋、资料袋、绘图纸、标签、调查表、记录本、有关工具书（如地方植物志、论文集）等。

【实验方法】

1. 调查准备

搜集了解调查地区植物资源种类、分布和利用情况，掌握有关植被、土壤和气候等植物生存的自然环境信息。

2. 调查方法

按照能够垂直穿插所有的地形与植被类型，或不能穿插的特殊地区应给予补查的基本原则，在调查区域制订合理的调查方案，选择安全可靠的调查路径。采用现场调查（踏查法和详查法）、路线调查（路线间隔法和区域控制法）、访问调查和野外取样（主观取样法和客观取样法），实现点、线、面和访问相结合的综合调查，同时在调查过程中做好常规记录、标本采集和拍照存影工作。具体方法介绍如下：

①踏查法。踏查法也称概查法，是对调查地区进行全面概括了解的过程。

②详查法。在踏查法的基础上，在调查区域和样地上具体完成植物资源种类和贮量

调查的最终步骤，是植物资源调查的主要工作内容。

③路线间隔法。在调查区域内按路线选择的原则，布置若干条基本平行的调查路线。

④区域控制法。当调查区域地形复杂、植被类型多样或植物资源分布不均时，按照地形划分区域，分别按选择调查路线的原则，采用路线间隔法进行调查。

⑤主观取样法。主观判断选取“典型”样地。该方法迅速快捷，但无法对其估量进行显著性检验，无法确定其置信区间，且应用的可靠性无法事先预测。

⑥客观取样法。客观取样法即概率取样，可计算估量的置信区间及进行样本间的显著性检验，能明确知道样本代表性的可靠程度。应尽可能采用客观取样法。

3. 性状鉴定

依据调查区域内植物的性状特点，可以将鉴定过程分为现场鉴定和非现场鉴定。按照植物科学系统分类理论和植物定性分析化学方法，以及综合评价技术进行植物性状鉴定，汇总结果并填写表2-2和表2-3。在不同区域开展植物资源调查与性状鉴定时，可以根据实际情况对表2-2和表2-3的填写内容进行调整。

表2-2　植物种质资源调查和性状鉴定表

编号	植物名称	科属	生长状况	种质来源（乡土树种或外来树种）	原产地（若为外来树种）	保护措施（方案方法）	应用情况（数量及配置模式）
1							
2							
3							
…							

备注：要求写出植物名称、科和属的中文名和拉丁学名；生长状况调查包括生长势良好、中等、差，植株病虫害和其他生长不良情况，植株各器官详情与株型特征等信息；原产地地理区域的信息可以查阅相关文献。

表2-3　植物种质资源调查和性状鉴定综合评价表

编号	植物名称	分类意义	用途	资源数量	利用价值	再生能力	开发潜力	生境状况
1								
2								

续表

编号	植物名称	分类意义	用途	资源数量	利用价值	再生能力	开发潜力	生境状况
3								
…								

4. 成果绘图

为了更准确直观地反映区域内植物资源分布的特点和规律，在植物种质资源调查和性状鉴定的基础上，可以在地理底图中把工作结果按一定行政区划绘制为成果图。

5. 报告撰写

将调查与鉴定结果汇总凝练，按照所需格式撰写成果报告，最后附带详情资料。

【结果展示】

①植物种质资源调查和性状鉴定表。

②植物种质资源调查和性状鉴定综合评价表。

③种质资源调查成果图。

④种质资源调查成果报告。

训练任务二　引种环境因素分析

【任务背景】

我国林木引种已有悠久的历史，20世纪70年代以来，特别是90年代后，引种工作得到较大发展，引进的树种增多。外来树种引进能否成功，要分析考虑原产地与引种地的主要生态条件的相似程度、树种历史生态条件、树种的适应能力和种内遗传变异等。

假设你是一名林业技术人员，你所在的工作小组接到了一项任务：分析影响林木引种驯化成败的因素，筛选引种限制因子和可能的解决方法。你的部门领导要求你们在工作过程中制订工作计划和方案，并按计划实施方案，认真记录工作过程，并提交任务报告，最后他将对你所在工作小组的每一位成员进行考核。

【任务思考】

①引种需要考虑哪些因素？

②引种时需要考虑原产地和引种地的哪些生态因子？

③如何衡量一个树种引进是否成功？

④引种调查的基本方法有哪些？

【实验器材】

1. 材料

引进成功植物、引进失败植物和拟引植物（品种、类型）。

2. 仪器

计算器、计算机、数据处理软件及表格纸等。

【实验方法】

①搜集引进植物的生物学和生态学等资料，搜集引种地的土壤、气象和水文等环境资料以及栽培技术资料，列表分析，筛选限制因子。

②调查同类植物引进状况，比较分析该植物引进前景，制订相应的引种方案。

【结果展示】

①因素分析表。

②引种方案。

考核评价

1. 考评结构

态度纪律20分；工作过程60分；任务结果20分。

2. 考评标准

①态度纪律。积极主动、速度快、质量好且有创新等优秀表现得20分；有迟到、早退、开小差等违纪现象得10分；缺席得0分。

②工作过程。搜集资料、设计方案、观察、测定、计算和总结等环节完整、操作规范、结论正确、表述流畅得60分；环节完整、操作较规范、结论正确、表述流畅得50分；环节完整、操作欠规范、结论不正确、表述较流畅得40分；环节不完整、操作不规范、结论不正确、表述不流畅得30分。

③任务结果。数据详实、报告完整得20分；数据详实、报告较完整得16分；数据存疑、报告不及时得12分。

3. 评价表

任务名称：　　　　　　　　　　　　　　　　　　填写时间：

姓名	态度纪律（20分）	资料搜集（10分）	制订方案（10分）	操作过程（30分）	表述答辩（10分）	任务结果（20分）	总分（100分）

自我总结

完成任务后，进行自我分析与总结。

思考题

①怎样搜集、保存种质资源？

②林木种质资源管理的主要内容有哪些？与作物资源相比，林木种质资源在保存方法上有什么特点？

③怎样对林木种质资源进行鉴定和研究，可通过哪些途径和方法对种质资源进行创新？

④如何正确评价和利用乡土树种和外来树种？

⑤在选择外来树种时，主要应考虑哪些因素？如何提高引种效果？

⑥从生态因子考虑，南树北移、北树南移会产生哪些问题？应采取哪些措施？简述生态因子与引种的关系。

⑦简述引种的基本程序和工作环节。

项目三

选择育种

项目介绍

1. 项目相关背景

对于分布区广的树种，种源间在生长和适应性等方面存在很大的差异。开展种源试验，研究地理变异，选择优良种源是林木改良计划的第一步，在林木改良中具有重要的作用。

无论是天然林还是直播或实生苗定植的人工林，林分单株之间都存在着遗传差异。开展优树选择，利用优树的繁殖材料建立种子园，对树木改良有一定的作用。

2. 项目任务描述

训练任务　优树选择

学习目标

1. 能力目标

①完成文献资料的查询和搜集工作。

②与他人分工协作，并进行有效的沟通。

③设计优树选择的方案，并做出相应计划。

④完成优树选择工作，说明注意事项。

⑤通过文字、口述或实物展示学习成果。

2. 知识目标

①简述自然选择与人工选择的区别与联系。

②简述选择方法的分类，各种选择方法适用的条件。

③简述适宜选优的林分条件。

④简述材积评定的三种方法和适用的情况。

背景知识

一、树种地理变异

1. 地理变异一般概念

原产地简称产地，是指种子或其他繁殖材料的原产地，而种源是造林种子直接采集地。有时，两者混称，不加区别，但有些情况必须加以区别。如将原产于我国陕西黄陵的油松，引进到四川阿坝，四川阿坝油松林结实后，又将所产种子引进西藏林芝。这时，黄陵是四川阿坝油松林和西藏林芝油松林的原产地，而四川阿坝是西藏林芝油松林的种源。将地理起源不同的种子或其他繁殖材料，放到一个地点进行的造林对比试验，称为种源试验。在种源试验的基础上，选择优良种源，称为种源选择。

对一个分布区广的树种，由于纬度、经度和海拔跨度大，分布区内雨型、日照长度、热量和土壤等生态条件可能有所不同。由于某一树种分布区广，种内不同群体长期受不同环境条件的影响和基因交流的限制，在自然选择与生态适应过程中，群体间在各种性状上发生了遗传分化，由此产生了不同群体。不同群体的繁殖材料在同一地点育苗和造林，会有不同的表现，这种现象称为地理变异。发生了遗传变异的群体，称为地理小种。

2. 地理变异规律

（1）地理变异趋势

根据许多树种地理变异的研究结果，可归纳出如下几种变异倾向：

①冷暖变异趋势。同一树种的南方种源与北方种源相比，一般生长较快，春季发叶和抽条较晚，受晚霜危害较轻，秋季落叶较晚，结束生长较迟，对冬季极端最低气温的抗性较差。实际上，这些趋势是对南北温度条件的适应，特别是对低温的适应。南北种源抗寒性的差异是长期自然选择与适应的结果。例如，侧柏不同种源在北方试验点上越冬枯梢率和死亡率与采种点的纬度呈显著的负相关，南方种源抗寒性明显比北方种源弱。

树木枝条在春季开始生长主要受积温控制。北方种源因长期适应短生长季，萌动和抽梢所需要的积温较低，因而萌动和抽梢比南部种源要早。若将高纬度种源移到中低纬度地区，由于这个地区初春气温不稳定，当天气转暖，引起冬眠中断而萌动，一旦遭遇“倒春寒”天气，就会造成冻害。

树木高生长停止，冬芽形成，叶子脱落在很大程度上受光周期的制约。同一树种在不同纬度带上，经受着不同光周期的长期选择，也适应着不同温度和生长期，势必在遗传上分化成适应于不同纬度气候条件的种群。Sylven把北纬56°~66° 8个不同纬度的瑞典种源及其杂交子代栽培到北纬56°、62°30′和65°50′的3个地点，发现北方种源在最北点于8—9月停止生长，而南部种源一直生长到深秋，才遭到早霜危害。在南方栽培点上，北方种源停止生长特别早，高度不超过5cm，呈莲花状。有关不同种源对光周期不同反应的报道很多，结论基本一致。

②干湿变异趋势。干、湿地区的种源在抗旱性上有很大的差异。Zobel、Goddard和Van Buijienen等人对火炬松地理小种的抗旱性进行了研究，发现处于干旱地区种源的实生苗比降水量较多的东部种源的存活率高。显然，干旱地区的自然选择已产生了一个较为抗旱的火炬松种群。Larson对10个花旗松种源的抗旱性进行了研究，看到喀斯喀特山西部的4个海岸种源对干旱的敏感程度高于加拿大不列颠哥伦比亚省的4个内陆种源。

王颖等用不同浓度的聚乙二醇6000溶液模拟干旱条件，观测了4个木棉种源的抗旱性。当聚乙二醇6000浓度大于0.2g/L时，种子萌发率大小顺序为：元江（干热河谷）>临沧（干旱地区）>西双版纳（湿热地区）；当浓度为0.3g/L时，西双版纳的种子不能萌发。

在我国，干湿的地理变化既表现于经向，又表现于纬向。我国各树种地理变异研究结果表明：纬向变异趋势比经向变异明显。例如，在苗高生长上，侧柏地理变异受纬度和经度双重控制，但以纬向变异为主；在抗寒性上，侧柏地理变异基本上是沿纬度呈梯度变异。显然，这是由于我国大陆的气候条件沿纬向变化比沿经向变化剧烈的缘故。此外，性状的遗传分化与原产地的温度和水分因子的相关分析表明，温度的自然选择作用比水分强，这可能也是造成纬向变异为主的渐变类型的原因之一。

③高低海拔趋势。垂直高度相差1km，气温变化往往相当于几百千米的水平距离的变化。剧烈的气候差异，具有强烈的选择压力，足以使高、低海拔地段的树木间发生变异。据杨传平等研究，长白落叶松地理变异是海拔垂直梯度渐变为主、纬向渐变为辅的连续型变异。但是分布在同一座山上不同垂直高度的树木间，若花期一致，其基因的交换频率要比水平距离相差几百千米的种群间高得多。由于基因交流，阻止了群体分化，往往使高低海拔树木间的变异缩小。

一般来说，由低海拔产地向高海拔地区调种，可能会有一定的增产，但存在寒害的风险，而高海拔种子向低海拔调拨，一般效果不良。Conkle做过不同海拔的黄松种源试验，在海拔152.4~1981.2m地段，每隔304.8m采种，分别在海拔为1722.1m（高）、832.1m（中）和292.6m（低）地段造林。29年后发现，高海拔种源明显比中低海拔种源生长慢。在高海拔试验点上，不同种源的表现与中低海拔试验点的相关性不大。影响不同海拔群体遗传分化的生态因子主要是温度、生长期和光周期。由于不同海拔地带的种源对当地光热因子长期适应，形成不同生长节律。因此，高海拔种源引进低海拔，通常生长不良。

（2）地理变异模式

①连续变异。对于分布广泛且连续分布的树种，由于环境条件变化，如从温暖到寒冷，从干燥到湿润，是连续递增或递减的，种源间的性状变异常常也是连续的，随着环境条件的梯度变化而呈梯度变异。这种地理变异类型属于渐变群模式。渐变群是一种特定种群的连续变异，特定指某个性状，多个性状对应多个渐变群。渐变群变异的遗传机制可能随着连续的环境梯度改变。自然选择以一种连续方式改变特定位点的等位基因频率，而这些位点会控制与适应性等相关的性状。

根据我国种源试验研究结果可知，马尾松、华山松、兴安落叶松、侧柏和白榆等树种在生长和适应性方面表现出渐变群模式，而且与纬度的相关性要比经度和海拔的紧密得多，即树高生长与产地的纬度呈负相关，秋末封顶株数百分率、冻害指数与产地的纬度呈正相关。一般而言，抗旱性和抗寒性这类抗逆性状遵循渐变群模式。

②不连续变异。对于分布区比较小，气候因子变化不大；或分布不连续，气候因子变化不连续；或由于土壤特征变化的不连续性，性状地理变异呈不连续变异模式。地理变异表现为不连续变异时，可划分生态型。生态型是指适应于某一特殊生境的种内所有个体的组合，通常又称为地理小种。渐变群仅针对单一的性状，而生态型针对多个性状和特征。与渐变群一样，导致生态型间遗传差异的原因也是自然选择。当环境急剧改变且种群之间存在隔离时，就有可能产生生态型。如异叶铁杉广泛分布于美国西北部，由于喀斯喀特山、落基山和沿海彼此隔离，在相同纬度上，沿海气候较温和，而山地气候严酷，异叶铁杉不同种群在自然分布区内存在显著的差异，可划分为沿海、喀斯喀特山和落基山3个不同的生态型。由于长期适应沿海温和的气候或山地严酷的气候，导致3个生态型在许多性状上有明显的差异。又由于三者几乎没有基因交流，使自然选择所造成的适应性差异得以保存下来。分布区广的树种地理变异模式比较复杂，在某一生态型区域内也会形成渐变群。如异叶铁杉沿海不同种源在休眠期和生存率上呈现由南到北连续变异趋势，即呈渐变群变异。这是由于随着纬度逐步变化，气候因素逐步改变，适应性进化结果形成的渐变群，导致南北差异的选择压可能是冬季的低温。

③随机变异。南北、东西和海拔高低种源调运中表现出来的倾向，一般要在原产地相距几百千米以上，且气候条件差别明显的情况下才会发生。在较小的范围内，通常看不到显著的地理变异。但有时在不大的范围内，其中一些林分采种培育的林木可能会比另一些林分快10%~15%。如日本落叶松自然分布区仅2.2万hm^2，从其中两座山上采收的种子，在生长、落叶和开花结实时间等方面与其他种源不同。这些性状的遗传变异看不出与地理、气候条件间的关联性。对这种异常表现，可进行如下解释：一是试验中通常只注意冬季温度、生长季长短、夏季温度、降水量和土壤类型等对地理变异的影响，而真正产生变异的因素却没有被认识；二是归因于遗传漂移，即由于群体内个体数目少，不能完全随机交配而造成的性状差异；三是人为的干预。

许多树种的种源试验结果表明：不同树种，即使分布区重叠，变异模式也不同。如油松与侧柏的分布区大部分是重叠的，但前者的地理变异是生态型变异模式，后者是以纬向变异为主的渐变群模式。同一树种不同性状的变异模式不同，如侧柏各种源的越冬枯梢与采种点纬度的相关系数超过0.80，纬向渐变很突出，而种子千粒重与纬度的相关系数仅为0.20，表现出非连续变异的模式。同一树种的同一性状在不同地域内的变异模式也可能不同。如欧洲赤松的种子特征在欧洲区域表现出明显的地理变异趋势，而在西伯利亚则看不出地理倾向。综上所述，一个树种不同性状在整个分布区中的变异是很难用一个变异模式来概括的。

实际上，连续变异与不连续变异没有本质的区别，与树种的分布和环境条件等有密切关系。如果一个树种分布区广泛且连续，那么气候因子变化是连续的，性状变异也往往趋于连续。相反，一个树种分布区很小、气候因子变化不大，或树种分布不连续、有大的断裂，两边的树木不能相互传粉，则性状地理变异呈不连续变异模式。

一般认为，连续性变异是由气候条件变化引起的。一些气候因子随经度、纬度和海拔变化呈连续性变异，自然选择的结果使种群变异趋于连续性。然而，土壤特征以及小地形气候在整个分布区常常是不连续的，这些生境对树木生长和适应性也有一定的选择压力。因此，树种的变异既包括连续的成分，又包括不连续的成分。土壤特性对种群变异的影响是很深刻的。如Schmide发现欧洲桤木根系发育最旺盛的种源来自土壤条件差的地区。Parrot发现黑胡桃种群的生长发育对土壤特性有明显的依赖关系。因此，在分布区较小、土壤差异较大的情况下，不连续变异更为突出。

揭示一个树种的地理变异模式，在理论上和造林实践中都是重要的。对于连续变异树种和性状，可以根据已研究的两个产地的表现去推知其中任一点的表现，并加以应用。对于不连续变异，则要分别弄清每个生态型的存在模式和范围，才能客观估计。

二、种源试验

开展种源试验的主要目的是：研究林木地理变异规律，阐明其变异模式及其与生态环境和进化因素的关系；为各造林地区确定生产力高和稳定性好的种源，并为种子或种条的调拨提供科学依据；为今后进一步开展选择育种和杂交育种提供信息和育种材料。上述三个方面是相互联系的。

1. 种源试验的意义

（1）提高林分的生产力和木材品质

联邦德国于1925—1931年对欧洲云杉、欧洲赤松和落叶松做了种源试验。32年生时，各种源材积的变幅在79~360m^3/hm^2，优、劣的种源相差3倍。瑞典南部用波兰和白俄罗斯西部的云杉种源造林，20年生时，比当地种源增产约20%。澳大利亚 1936—1969年在昆士兰东南部莫比尔做过南洋杉种源试验，外地种源在13~18年生时平均材积增加19.3%，其中三个外地种源增产23.7%，且树干通直、材性好。

我国通过种源试验也发现种源间在生产力上存在很大的差异。如伍汉斌对1981年营造的杉木种源试验林在5、10、31年生时测定材料的分析结果显示，不同林龄的杉木胸径、树高和单株材积在种源间均存在极显著的差异，31年生时最大种源的各性状值较最小种源的各性状值分别高75.86%、48.55%、263.76%。从169个参试种源中筛选出29个生长较快的种源，大部分种源来自福建，还包含贵州、广西和湖南等地的种源。其中，生长最好的是福建崇安、顺昌和尤溪等福建北部种源，其树高、胸径和单株材积的遗传增益分别达到15.60%~20.19%、23.21%~31.45%和59.94%~89.97%，见表3-1。

表3-1　杉木种源不同林龄生长性状遗传变异参数

林龄/年	性状	平均值	最大值	最小值	遗传力
5	树高/m	4.028	6.375	0.833	0.750
	胸径/cm	5.726	9.600	1.100	0.814
	材积/m^3	0.008	0.022	1.76×10^{-4}	0.808
10	树高/m	9.412	13.300	3.000	0.978
	胸径/cm	12.408	19.258	4.233	0.850
	材积/m^3	0.061	0.159	0.008	0.875
31	树高/m	14.450	21.270	7.290	0.831
	胸径/cm	22.220	40.300	9.800	8.410
	材积/m^3	0.258	0.949	0.027	0.853

种源间在木材品质上也存在明显的遗传变异。如姜笑梅等对浙江省长乐林场13年生湿地松种源试验林18个种源的木材性状进行测定与分析，结果表明：种源间在木材气干密度、抗弯强度、抗弯弹性模量和顺纹抗压强度等性状上差异极显著；管胞长度与宽度、冲击韧性差异显著；在种源水平上改良湿地松的木材品质，可取得良好的效果，见表3-2。

表3-2　湿地松18个种源的木材性状测定结果

木材性状	平均值	最小值	最大值
管胞长度/mm	4.008	3.417	4.204
管胞宽度/μm	49.94	47.08	52.26
胞壁率/%	56.88	53.27	63.04
气干密度/（g/cm^3）	0.485	0.448	0.541
抗弯强度/MPa	81.6	69.3	88.5
抗弯弹性模量/MPa	8820	6970	11264
顺纹抗压强度/MPa	38.3	34.3	42.9
冲击韧性/（kJ/m^2）	35.9	28.1	44.5

（2）提高林分抗逆性

北京林业大学在侧柏种源试验中发现，在中部和南部各试验点上，苗木不需防寒措施就能安全越冬；在北部试验点，部分种源苗木越冬后出现枯梢。据对北京黄垡试验点侧柏不同种源3年生苗越冬受害的调查显示，总受害率变动为59.1%~100.0%，冻死率为

0%~93.9%。1993—1996年，对不同种源进行冷冻处理，冷冻后的枝条在温室扦插，观察生长恢复情况，结果表明：不同种源能忍受的冷冻极限低温差别很大，内蒙古包头和辽宁北镇等北部区种源经过-35℃低温冷冻，仍有80%~100%的枝条有生活力，而贵州黎平等南部区种源经过-15℃冷冻后，只有5%的枝条有生活力，见表3-3。侧柏种源间抗旱性差异也非常显著。北京林业大学曾对2年生苗木做过盆栽断水试验，结果表明：贵州黎平种源抗旱性最差，断水第34天，苗木全部死亡，而陕西志丹种源苗木死亡率低于40%，如图3-1所示。

表3-3　侧柏不同种源冷冻处理后的生长恢复率　　单位：%

种源	-5℃	-15℃	-25℃	-35℃	-40℃
内蒙古包头	100	100	100	100	0
辽宁北镇	100	100	100	80	0
山西石楼	100	100	100	70	0
山东泰安	100	100	90	70	0
陕西商县	100	80	60	50	0
河南林州	100	80	70	40	0
河南郏县	70	60	40	40	0
甘肃两当	80	60	50	40	0
河南确山	60	60	50	30	0
贵州黎平	30	5	0	0	0

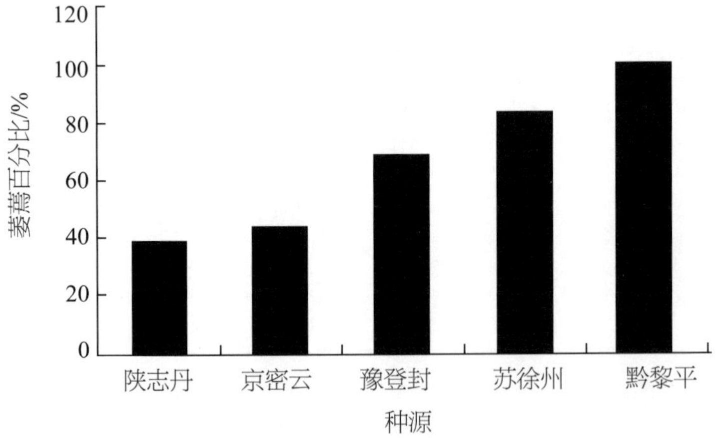

图3-1　盆栽断水后第34天侧柏各种源苗木永久萎蔫百分比

汪企明于1995年7月对13年生马尾松种源试验林39个种源和6种其他松树进行了松材

线虫接种，结果表明：马尾松不同种源和不同松树对松材线虫的抗性变异很大。种源间抗虫指数变动幅度为0~0.67。广东高州、广东信宜、广东英德、广西忻城和湖北远安5个种源抗性最强，抗虫指数为0.67，而陕西城固、陕西南郑、河南新县和湖南益阳等种源抗性最差，抗虫指数仅0~0.08。

（3）为合理制定种子区划提供依据

在造林用种上，曾因忽视种源差异导致造林失败。如新西兰由于应用美国落基山西部的黄松种源，导致大面积的林分长势衰弱。因此，到20世纪，不少国家开始制定种苗法，其中心思想是通过划分种子区，或限制种子调运距离，来规定种子调拨范围。如瑞典全国把欧洲赤松划分成12个区，欧洲云杉划分为16个区；挪威全国统一划分为40个区，区内又根据海拔划分成不同带。各国的种子区划多数依据自然条件差异来划分。但是，不同生态区的群体间可能没有很大的遗传差异，而同一生态区的群体可能存在遗传差异。因此，种子区划应以地理变异为主要依据。

（4）提高树木改良效果

Wright在比较各种选择方法时提出，对于分布区广的树种，种源间的差异比单株选育1~2个世代所能取得的改良效果高好几倍。因此，国内外普遍的做法是，首先选择优良种源，再在优良种源内选择优良单株。现在也有人提出将种源试验与优树子代测定同时进行，以提早为生产提供良种。

国外在引种工作中十分强调种源选择，如瑞典在小干松引种中，搜集121个种源在19个地点试验；新西兰到美国采集辐射松不同种源，在全国50个地点试验。在这些试验中，寻找不同种源在生长和适应性方面的差异，为各引种地选择出了最佳的种源，提高了引种效果。

2. 种源试验方法

（1）全分布区试验和局部分布区试验

种源试验是一个长期的连续的过程。按照试验的阶段性，一般分为全分布区试验和局部分布区试验。尽管它们有共同的目标，但每一阶段各有特点，因而在采种点布局和试验设计上均有一定的差别。

全分布区试验是在覆盖该树种分布范围内的采种，试验目的是确定种源间变异的大小、地理变异规律和变异模式。这个阶段的结果有助于提出可能有发展前途的若干种源及其适宜的地区。对分布区较小的树种，可用20~30个种源作为试验对象，而对分布区广的树种，则用50~100个种源，甚至更多。

在全分布区试验的基础上，进行局部分布区试验。其目的是对前一阶段试验中表现较好的种源作进一步比较，并为各种不同的立地条件寻找最适宜的种源。供试种源数一般较少，但试验小区一般较大，试验期限为1/2轮伐期。有时将局部分布区的种源试验与优树子代测定结合起来进行，这时就要对种源、林分和家系分别处理。

如果对供试树种的地理变异规律事先已有所了解，在广泛采样的同时，对有希望的产区做密度较大的采种工作。这样做，可以使试验成果及时应用到生产中去。但是，对于多数树种而言，很难在一次试验中弄清楚它们的地理变异规律。因此，同一树种的种源试验往往需要重复多次。

（2）采种点的确定

采种点的布局是否覆盖树种的全部分布区，是否有代表性，是达到预期试验目的的关键因素。首先，要掌握树种的地理分布，有关该树种的开花结实特性及其他生态学、生物学和造林技术的材料也应广为搜集。必要时应在采种之前，对该树种的分布进行专门的考察，根据树种的地理分布以及社会、交通、人力和物力等条件来确定采种点。

树种分布特点与采种点布局关系最大。如果树种连续分布，全分布区试验中按某种环境因素（包括纬度、降水量和温度）的梯度来确定采种点，采种点要覆盖整个分布区。在大面积连续分布的情况下，可采用等距格子的配置方式确定采种点。欧洲赤松和欧洲云杉分布区的地形变化较简单，又呈连续状态，所以欧洲各国用这两个树种做试验时常采用网格法，即在分布区地图上覆以方格透明纸，在每个格内取样。

但是，有时还要考虑其他情况，如气候的格局变化，以及由于山脉和河谷的隔离而造成分布不连续性等因素。特别是我国，地形变化复杂，气候变化较大，加上树种通常呈不连续变异，不宜采用网格法。20世纪80年代，杉木和油松种源试验中都采用了主分量分析法。主分量分析法是把多个因子归结为数量较少的几个因子的多元统计分析方法。在侧柏种源试验中，北京林业大学对侧柏自然分布区中85个产地的年平均气温、7月平均气温、1月平均气温、温暖指数（全年高于10℃的各月月平均气温与10℃之差的和）、年降水量、年平均相对湿度和春季干燥度（4、5、6三个月的月平均气温的两倍值与同期降水量之差）7个气候因子进行了主分量分析。其中前4个指标代表热量状况，后3个指标代表水分状况。用各产地的第一和第二主分量排序和分析，初步划分出5个气候相似区。根据气候区，确定侧柏种源试验的采种点。

（3）采种林分和采种树的确定

①林分的选择。采种林分的起源要清楚，应尽量在天然林中采种。如果在人工林中采种，要弄清造林种子是否来源本地。林分组成和结构要比较一致，密度不能太低，以保证异花授粉。采种林分应达结实盛期，无严重病虫害，生产力较高，周围没有低劣林分或近缘树种。采种林分面积较大，能生产大量种子，以保证今后造林用种。要避免在过熟林中采种，因为这种林分种子产量少，生产力低；要避免从上层间伐的林分中采种，因为这种林分的优势木已被伐除，林分遗传品质变差，没有代表性。

②采种母树的确定。在采种林分中，采种母树一般应不少于30株，以多为好。采种

母树之间的距离不得小于树高5倍。从理论上考虑，采种树应能代表采种林分状况，应当随机抽取树木或在平均木上采种。但实际上，不少研究项目更愿意从优势木上采种，因为优势木种子能够增加育种效果。在同一个试验中，必须统一规定从哪类树上采种。一些树种结实有大小年之分，最好在种子多的年份采种，以保证采种的数量和品质。此外，不能从孤立木上采种。

（4）苗圃试验

苗圃试验阶段的主要任务有：为造林试验提供所需苗木；研究不同种源苗期性状的差异，尤其是适应性差异；研究苗期和成年性状间的相关性。苗期试验有几个特点：由于在苗圃进行，试验占地少，参试种源可以多；可以在短期内获得大量数据，包括形态、物候和生理特征；由于苗圃环境可控，条件一致，环境误差小，能够比较准确地反映种源间的遗传差异；由于幼苗抵抗力弱，在苗期就能看出不同种源在抗寒性、抗旱性和抗病性等方面的表现。

①育苗措施。

a. 所有参试种源应在短时间内完成播种，尤其是一个区组要同时完成。不同种源要严格分开，不能混杂。

b. 要求在种子处理、整地、施肥、灌水、防寒和防病虫害等方面，采取当地最有效的措施，对同一区组的不同种源必须采取相同措施，以保证可比性。

c. 鉴于菌根对针叶树生长的重要意义，新育苗地最好施菌根土，以保证苗木的正常生长。

d. 要保证各种源苗木密度一致。

e. 播种后要求分区组和小区立标志牌，并绘制平面图，标明各种源位置。

f. 应填写种源试验苗圃条件的说明书和苗圃管理的记录表。

②苗圃试验阶段的观测。调查时采取随机取样的方法。如果采用容器育苗，由于容器排列整齐，而每个容器内幼苗株数也相等，可采用随机取样。如果采取垄、沟、床播种育苗，则按一定距离选苗木取样。有些指标的测定，可采用固定小样方调查方法。多地点试验要统一观测性状和观测方法，这样便于汇总材料。苗木培育过程中，测定的指标应有苗圃发芽率、苗高、地径、物候与生长节律、秋冬封顶率、越冬死亡率、病虫害受害情况以及生理指标，如光合速率和呼吸强度等。

（5）造林试验

造林阶段试验的主要目标：研究树种主要性状的地理变异模式，为种源区划和种子调拨提供依据；为当地造林选择优良的种源。造林试验是优良种源选择最可靠的方法，但是试验周期长、占地面积大、花费多，因此必须控制参试种源的数量。由于在山地造林，试验地环境条件会有明显的差异，为了保障试验的准确性，必须合理制订试验方案。造林试验可分为短期、中期和长期。每个阶段的观测结果均可反映该阶段的地理变异规律，并可用于指导造林的调种范围。

①试验点的选择。根据对树种地理分布、生态环境和对种源表型变异的了解，可将分布区划分为若干试验区。如果曾划分过种子区，可将这些种子区作为试验区。如果试验区垂直范围较大，可划分若干垂直带，分垂直带布置试验点。试验点的气候、土壤和地形等条件在试验区内有代表性，试验点内的地形、土壤和植被等条件应比较一致。试验地选定以后，要对立地条件进行调查，调查内容包括试验点的位置、气候条件、地形条件和土壤条件等项目，同时要记载植被盖度及其主要种类。如果各区组的立地条件差异较大，应分区组调查，并分别填表。

②造林地的试验设计。通常采用完全随机区组设计，每个区组包括全部试验种源，每一种源为一个小区。20世纪50年代以前，多数种源试验小区较大，而设置重复较少，如一个小区包含100~200株树，设置2~4个重复。之后，趋向于采用小面积小区，设置多个重复，如一个小区包含1~10株树，设置5~50个重复。

③制图和标志。试验地选定以后，即进行实地测量，绘制平面图。在图上进行区划，划定整个试验地的范围、区组边界和小区边界，注明符号，然后到现场落实。要在试验地设置区组和标桩或标牌，标桩或标牌应能长期保留。近些年，GPS定位技术得到较大的发展，可用于试验标记和今后的调查。

④造林的实施。

a. 根据当地造林经验，确定造林季节、苗龄以及整地、栽培、抚育、保护等营林措施。

b. 根据立地条件、树种生长速度和培育规格等因素，确定造林密度。

c. 起苗后，要去掉病苗、断头苗和细弱苗。在起苗和栽植过程中，要特别注意防止种源混淆。

d. 缺苗的补植工作应及时进行，不能晚于第二年。为此，苗圃中应保留一部分苗木。

e.造林工作结束后，应填写好种源试验造林记载表，表中除记载造林情况外，应继续记载栽植以后的抚育管理和病虫害情况。

⑤造林阶段的观测。种源试验观测项目与子代测定相似。通过种源试验，可以评选出当地最好的种源。优良种源的供应，主要通过以下两个途径：一是利用原产地的优良林分改建成母树林；二是在原产地选优，建立种子园。

三、种子区划

由于不同种源在成活率、保存率、生长和材质等方面都可能存在遗传差异，且有时这种差异是极其显著的。因此，造林工作不仅要求做到“适地适树”，而且要求做到

“适地适种源”。只有这样，才能营造出生产力高、稳定性好、材质优良的人工林。在造林工作中，如何做到“适地适种源”呢？各国普遍采取的办法是进行种子区划，即对某个树种供应区域，根据生态条件、地理变异和行政区界等进行的区划。造林时，原则上使用当地种子，限制使用外地种子。

联邦德国在1938年制定了有关林业种苗的法规，提出将全国划分成14个区，原则上每一地区只采用本区种子；同时对每个地区又提出了划分不同海拔带的标准。1957年，联邦德国重新制定该法规，其中重大的改变是种子区不再统一划分，而是按树种划分。第二次世界大战后，美国许多地方也开展了林木种子区划工作。美国没有全国统一的区划，往往是几个州合在一起，进行地区性的区划。如俄勒冈和华盛顿等州，根据气候、地貌、土壤、植被以及行政区界等，划分了100多个种子区。爱达荷州规定美国黄松高差调运范围不超过330m，纬度和经度分别不超过0.7°和1.2°。安全调运距离因树种和立地条件而异，一般在分布区中心的调拨范围可大于分布区边缘。瑞典的欧洲赤松将全国划分为12个区，欧洲云杉划分为16个区。挪威全国统一划分为40个区，区内又按海拔划分成不同的带。

我国自1982年起由原林业部主持，对13个主要造林树种的种子区进行了区划。于1988年4月13日颁布了中国林木种子区系列国家标准，并于1988年8月1日开始实施。

1. 种子区划系统

种子区划系统包括种子区和种子亚区。种子区是针对当前经营水平提出的控制用种的基本水平区划单位。种子亚区是控制种源的次级水平区划单位，一般不做垂直区划。种子区和种子亚区有名称和序号，序号用两位数表示。前一个数字代表种子区，后一个数字代表种子亚区。为了便于实际应用，特别强调种子区或种子亚区的边界要清晰。尽量使用行政界线（省界、县区等）、地理界线（山脊、河流等）或人工界线（铁路、公路等），作为种子区或种子亚区的界线。县作为重要的行政区划单位，一般不把一个县的范围分属于两个种子区和种子亚区。

2. 种子区划依据

种子区划主要依据下列三个方面的研究：

①分布区内生态条件的差异及其对林木生长和稳定性的影响。在生态条件中，首先要注意地貌。特别是我国，地貌变化大，山地、高原、平原和盆地多交错分布，对气候、土壤和植被有很大影响。其次要注意气候和植被条件。

②对变种、类型及其地理边界的研究，以及亲本群表型变异和采种林分若干形态特征差异的研究。一些研究表明，靠亲本群体表型变异划分的地理类群与进行种源试验划分的种源类群比较相近。

③种源地理变异的研究，以及生产上采用不同种源育苗造林的经验。与种子区划相

近的名词是种源区划。一般认为，种子区划是森林培育学的概念，目的是对造林种子的调拨进行限制。而种源区划是生态学和遗传学的概念，是在对地理变异及其规律研究的基础上，进行种源类群的划分。显然，种源区划为种子区划提供了更可靠的生物学基础。

3. 造林用种原则

凡未进行过种源试验，或种源试验年限和规模尚不足以说明某地采用何地种子为宜时，应当遵循就近用种的原则。所谓就近用种，是指在某一种子区造林时，优先采用该种子区范围内的种子；在某一种子亚区造林时，优先采用本亚区的种子；如果本亚区种子不能满足造林需要时，可使用本种子区其他亚区的种子。如果种源试验年限和规模足以说明某一种子区的适宜种源时，除采用本区种子外，也可采用在本区表现良好的外区种子。为了合理选择种源，以确保造林后林分的生长和适应性，White根据某树种在种植区是否有充足的长期种源试验信息，提出了种源选择的决策树，如图3-2所示，可供参考。

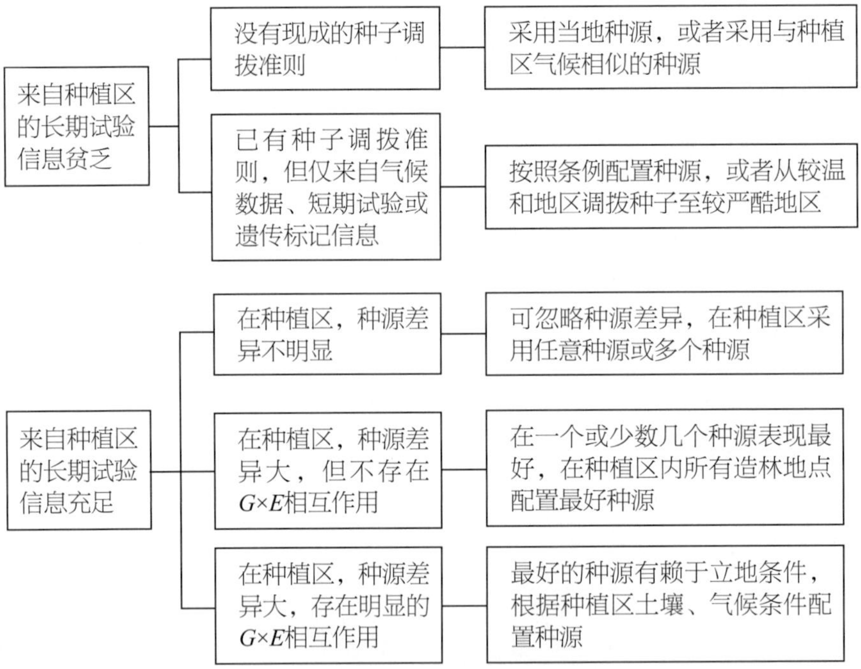

图3-2 种子调拨决策树示意图

四、林木选择育种基本方法

选择是林木育种的关键环节，贯穿了育种全过程，没有选择就不可能创造新的优良繁殖材料。

1. 提高选择效果的主要途径

（1）减少环境差异，提高遗传力

选择响应与遗传力的大小有关。遗传力能够反映基因型变量与表型变量的比值，表型变量包括基因型变量和环境变量。如果环境变量小，遗传力相应增大，选择响应也增大，则选择效果提高。正是由于这个原因，在布置遗传测定试验时，必须先做好试验设计，以减少环境变量。

（2）降低入选率，加大选择差

选择差是入选株数与被选群体总株数的函数。表3-4反映了选择差与入选个体数量间的关系。入选株数与观测株数的比值越小，则选择差越大，但两者不呈线性相关关系。从表3-4中可以看到，由4株中选择1株，选择差可达到1个标准差；从42株中选出1株，达到2个标准差。为增加1个标准差，观测群体数量增加了10倍；为达到3个标准差，则要从739株中选择1株。

在子代测定中，家系选择和家系内单株的选择，选择差往往控制在1~2.5个标准差；在人工林选优，选择差一般为2~3个标准差；但在苗圃中选择超级苗，选择差则要求为3~4个标准差。

表3-4　选择差与株数间的关系

选择差（以标准差为单位表示）	从下列被选群体中选出1株	选择差（以标准差为单位表示）	从下列被选群体中选出1株
1.0	4	3.5	4298
1.5	13	4.0	31540
2.0	42	5.0	3588000
2.5	159	6.0	100000000
3.0	739	—	—

（3）扩大选择范围，增加变异幅度

选择群体性状的遗传变异幅度越大，选择潜力越大。而性状的变异幅度与选择范围有关，只有扩大选择面，才能客观评价性状变异的大小。因此，为选择优良种源，首先要进行全分布区种源试验，选择优良单株，不能局限于一个林分，而应覆盖同一生态区内不同的林分，其道理就在于此。

2. 人工选择和选择类型

（1）人工选择

人工选择是根据选育目标，从混合群体中选择符合需要的个体或类型的选择方式，是创造新品种的重要手段。人工选择与自然选择的异同点，可以从选择方向、选择强度与创造新品种的速度三个方面来考虑。首先，人工选择的目标是满足人们对产品质量或数量的需求，通常关心目标性状的改善，经济效益的提高，而对其他性状考虑不多，选择结果改善了目标性状，但未必能改良其他性状。因此，人工选择不仅建立于自然选择的基础上，人工选择的产物，还需经历自然条件的检验，只有适应自然选择，才能推广。换言之，人工选择如符合自然选择方向，则更容易奏效。其次，人工选择，特别是在经多个世代连续选择后，必然会导致选择群体的遗传基础变窄。因此，需要不断补充新的育种资源才能使育种工作持续发展。第三，由于人工选择多是高强度选择，往往能在短期内取得显著进展，而自然选择多要经历漫长的历史才能产生新的变种或物种。

遗传变异是选择育种的源泉，性状遗传变异越大，选择育种的潜力也就越大。常说的选择育种，一般指选择和利用自然界已有的群体（如种源）或单株在生长和适应性等方面的遗传变异。选择育种方法比较简单，也能较快在生产中见效，是林木遗传改良的重要方法。

（2）选择类型

以群体为对象的选择，不论是自然选择，还是人工选择，一般可分为以下3种选择类型，如图3-3所示。

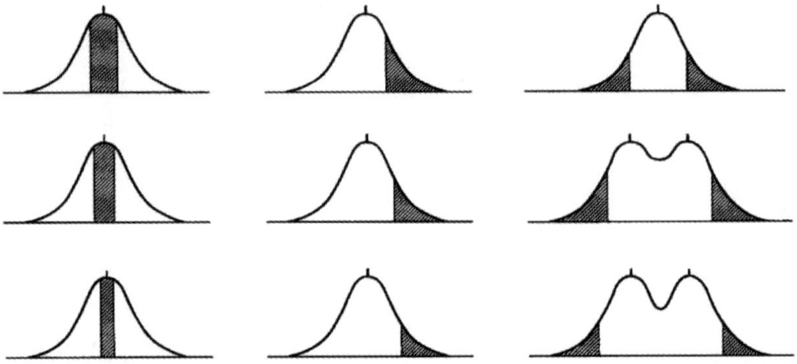

（a）稳定性选择　　（b）定向性选择　　（c）多向性选择

图3-3　选择的基本类型

①稳定性选择。稳定性选择是有利于中间型的选择，数量性状的平均值不变。选择的结果淘汰了远离平均数的表型个体，使群体遗传组成发生变化。

②定向性选择。定向性选择与稳定性选择相反，是对表型分布的某一极端个体的选择。选择的结果导致群体遗传组成定向变化。定向选择是为了林木的定向培育开展的人工选择。如为培育工业用材林，选择生长快、材质好的个体；为了培育纸浆材，选择纤维长、木材密度大的个体。

③多向性选择。多向性选择是按两个或两个以上方向的选择，是不利于中间类型的

选择。如果连续多个世代把中间型个体淘汰，会引起变量增加，并使频率分布呈双峰曲线，最后形成分离的两个群体。

3. 选择方式

林木遗传改良的基本程序是通过种源试验，选择优良种源，从优良种源中选择优良林分，再从优良林分中选择优良单株，通过子代测定，选择优良家系及其优良单株进行杂交，对子代再进行选择。如此连续进行多代的选择育种，使改良增益一代高于一代。选择是选择育种的重要环节，但事实上，选择也是杂交育种、突变诱导和基因工程等育种过程中的重要环节。因为杂交子代良莠不齐，必须经过选择；诱变育种植株和转基因植株并不都符合要求，也需要选择。只有通过选择，去劣留优，才能培育出符合需要的优良品种。

参照不同的分类方法，可分为多种选择方式。根据是否经过遗传测定，分为表型选择和基因型选择；根据选择个体谱系是否清楚，分为混合选择和单株选择；根据树种的繁殖方式，分为家系选择和无性系选择。此外，还可以按选择性状的多少、选择指标与育种目标的关系、选择育种的世代进行分类。下面介绍几种主要的选择方法。

（1）混合选择和单株选择

根据育种目标，从群体中按表型进行选择，即挑选符合要求的个体，或淘汰不符合要求的个体，且对选择出来的个体不分单株，混合采集种子或穗条，混合繁殖和造林。这种不考虑上下代与亲缘关系的选择，称混合选择。混合选择只依据表型，不进行遗传测定的选择，属表型选择。由于选择环境不可能完全一致，符合要求的表型可能是优越的小环境造成的，而不是遗传因素作用的结果。因此，混合选择适用于遗传力较高的性状。采用混合选择，不能了解亲代和子代的谱系交配系统，不可能根据子代表现对亲本进行再选择。优良林分通过去劣疏伐改建而成的母树林属于这类选择。

单株选择是谱系清楚的选择，是根据入选标准，从林分中挑选优良个体，分别采种或采条，单独繁殖和评定的选择。由于谱系清楚，可通过子代测定的结果对亲本进行再选择，即可以进行所谓的后向选择。单株选择是根据遗传测定林中子代或无性系的表现进行的选择，所以属基因型选择。

当性状遗传力较低时，采用单株选择可以显著地提高选择效果。由优树建立的初级种子园，经子代测定后，对建园无性系的去劣疏伐，即属这类选择。如图3-4（a）所示为性状遗传力低的情况，亲代与子代相关性小，各点分布松散。如按混合选择，将挑选A、D、G、I和J共5株优树，根据子代测定结果，只有优树A的子代表现超过平均值，选择的正确率仅为1/5。这说明，在遗传力较低的情况下，混合选择效果不好。如图3-4（b）所示为性状遗传力高的情况，亲代与子代相关性高，其表型能反映基因型。按混合选择，将选出优树A、B、C、F和G，根据子代测定结果，A、B和C的子代都超过平均值，选择正确率达到3/5。可见，性状遗传力较高时可采用混合选择。

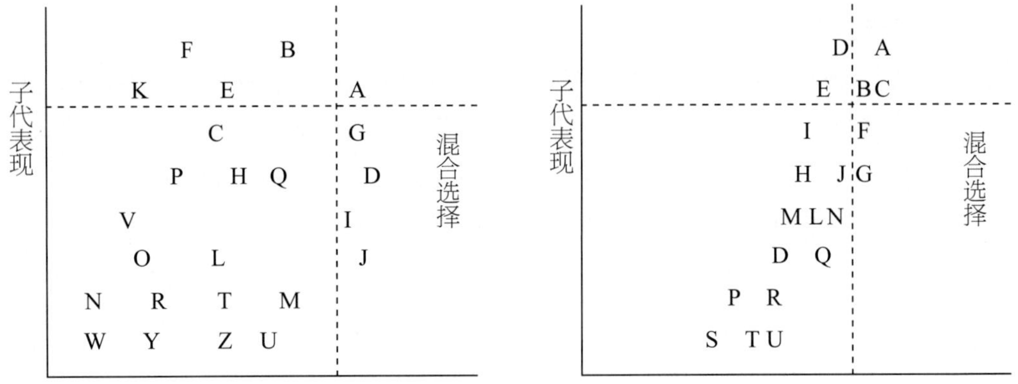

（a）性状遗传力低　　（b）性状遗传力高

图3-4　性状遗传力、选择方式和选择效果示意图

（2）家系选择、家系内选择、配合选择和无性系选择

同一植株上产生的种子（子代），属同一个家系。同一对父母产生的子代，称为全同胞家系。同一个家系的种子，如只有一个共同亲本，则为半同胞家系。从同一优树上采取自由授粉的种子，母本是相同的，但父本情况比较复杂，除少数自花授粉外，多数是由不同父本授粉产生的，还有部分是由共同父本产生的全同胞，但因不易区别，所以自由授粉种子，也称为半同胞家系。

①家系选择。把家系作为一个单位，依据家系内个体的观察值计算家系平均值，按家系平均值大小进行的选择，称为家系选择。家系选择适用于遗传力低的性状，在这种情况下由于个体的表型不能充分反映基因型，所以家系平均值以大量个体为基础，个体的环境方差在平均值中相互抵消，因此家系表型平均值比较接近基因型平均值的估量。家系选择要淘汰一部分家系，使群体遗传基础变窄。在林木遗传改良中家系选择结合家系内选择能取得更好的改良效果。

②家系内选择。根据家系内个体表型值距该家系平均表型值的离差选择个体，称为家系内选择。家系内选择不考虑其他家系的表现，只淘汰部分单株，家系仍然保留，在多世代改良中为延缓近交率发展过快，采用这种选择方式，但一般情况下较少单独使用。

③配合选择。在优良家系中选择优良单株，称为配合选择。配合选择要根据家系平均值以及个体表型值对供试家系的所有个体进行评估。家系平均值和个体表型值的权重，要根据性状遗传力的大小适当调节。性状遗传力低时，家系平均值给予较高的权重；性状遗传力高时，可给予家系内个体较高的权重。在林木遗传改良中，家系选择与家系内选择总是配合使用的，实生苗种子园去劣疏伐属于这类选择方式的具体应用。配合选择是多世代育种中的重要选择方法，从子代测定林中挑选优良家系内的优良个体作

为下一代选育的亲本，称为前向选择。

④无性系选择。通过无性系对比试验，评选出优良无性系的过程，称为无性系选择。无性系选择充分利用了植株的加性效应、显性效应和上位效应。因此，无性系选择的遗传增益大，方法也简单。但是，随着选择强度提高，遗传基础越来越窄，对适应性和稳定性不利。另外，无性繁殖材料存在成熟效应和位置效应，会妨碍无性系的基因型值评估。所以，对成年优树的繁殖材料要先进行复壮。

（3）多性状选择

大多数的树种改良计划都要求同时改良多个性状。选择性状的多少对选择效果有影响。一般来说，改良单个性状取得的效果要比多个性状好，也比多个性状见效快。多性状选择主要有下列3种方法：

①连续选择法。先对一个最重要的性状进行选择，直至达到育种目标，再对第二个性状进行选择。由于一个性状的改良往往需要进行多个世代，如要连续改良多个性状，所需时间太长，一般很少采用。

②独立淘汰法。对每个选择性状规定一个最低标准，如果候选个体各性状都符合标准，就可入选；如果其中某一个性状不能达到标准，尽管其他性状都超过标准，也不能入选，如图3-5所示。这个方法简便易行，在林木多性状选择中应用较多，但是会因某个性状没有达到标准，而将其他性状均优秀的个体淘汰。

③选择指数法。选择指数法是一种综合选择的指标。即把选择的目标性状扩大到与该主要性状有较密切关系的一些性状中，对每个性状都按其相对经济重要性、遗传力的大小和不同性状间的表型相关与遗传相关进行适当加权，形成如下的线性关系：

$$I=b_1x_1+b_2x_2+\cdots+b_nx_n \quad (3\text{-}1)$$

式中　x_1，x_2，…，x_n——各性状的表型值；

b_1，b_2，…，b_n——相应性状的加权系数；

I——选择指数。

选择时，要计算每个单株的选择指数，将其数值大小作为去留标准。从理论上讲，选择指数法综合了多个性状的信息，有助于使目标性状获得最大的改进，选择效果好。但要客观地确定经济权重比较难，如果选择指数中经济权重应用不当，就会影响选择效果。

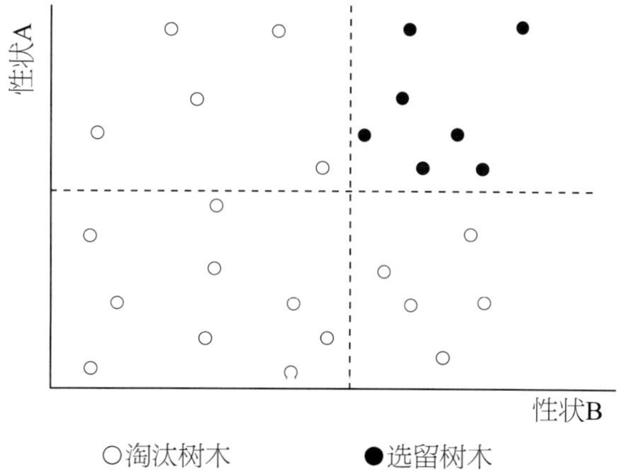

图3-5　两个性状的独立淘汰法示意图

（4）轮回选择

要实现预定的育种目标，往往要

经历多个世代的改良。轮回选择指在连续多个育种世代中，对选择个体进行交配，建立子代测定林，从测定林中选择优良家系中的优良个体，再交配制种，如此反复循环，使所需基因频率不断提高，遗传增益一代比一代高，其是多世代改良中通常采用的选择方法。轮回选择能提高遗传增益，但会使遗传基础变窄。

（5）直接选择和间接选择

直接选择是直接针对改良性状进行的选择。如速生性选择，则在群体中选择生长高大、粗壮的个体；抗病性选择，则选择不受病害感染的个体。间接选择是利用性状间的遗传相关，通过对另一个性状的选择来间接选择目标性状的选择方法。如根据树叶中酚类化合物的组成和含量挑选抗虫个体；按萌发晚，封顶早的性状挑选抗寒类型等。分子标记辅助育种技术也属于间接选择。只有当两个性状存在相关性，且相关系数趋近于1时，间接选择的效果才能接近于直接选择，但多数情况下目标性状和选择性状或指标间的相关系数 $r<0.5$，所以间接选择的遗传增益一般低于直接选择，间接选择效果可由下式表示：

$$R_x=i_y \cdot h_y \cdot \sigma_{Gx} \cdot r \tag{3-2}$$

式中 R_x——目标性状的选择响应；

i_y——间接选择性状的选择强度；

h_y——间接选择性状遗传力的平方根；

σ_{Gx}——改良性状遗传方差的平方根；

r——目标性状与间接性状间的遗传相关。

但是，当目标性状不容易测定，或需要等待比较长的时期才能得到结果时，间接选择仍不失为重要的方法。由于树木寿命长，个体大，采用间接选择对于缩短育种世代，简化选择过程，提高选择效率和单位时间的遗传增益是有意义的。

五、优树选择

无论是天然林，还是实生苗人工林，林分内单株间都存在遗传变异，既有长势好的个体，也有表现差的个体。在相同立地条件下的同种、同龄树木中，生长、干形、材性和抗逆性等性状表现特别优异的单株，在我国称为优树，在欧美国家称为正号树，在日本称为精英树。优树根据表型选择，需要通过遗传测定评价其优良程度。通过子代测定，证明遗传品质优良的优树，称为精选树。国外于20世纪40年代开始优树选择工作，我国于20世纪60年代初开展杉木、马尾松和油松等树种的选优工作，20世纪80年代初进展加快，现已扩大到40余个树种，共选出优树3万余株。各地优树子代测定表明，优树选择是有效的。

1. 选优林分条件

林分状况会影响对候选优树的评价，从而影响选优的质量。因此确定选优林分时，应考虑以下条件。

（1）林分起源

选优最好在实生起源的林分，特别是天然林分中进行。因为，绝大多数树木是异花授粉植物，由于不同基因型的配子结合，其后代遗传分化较大。所以，在实生起源的林分中选优，潜力较大，效果较好。而无性系人工林，如插条林，由于同一无性系不同单株具有相同的基因型，尽管单株之间有差异，但是这种差异是环境造成的，选择是无效的。另外，如果在天然林分中选优，要注意候选优树之间的亲缘关系。在同一个林分中，最好只选择1~2株优树，不宜过多，而且候选优树之间距离要大。

（2）林分立地条件

选优林分立地条件应当与优树供种地区或优良无性系推广地区的立地条件相适应。一般认为，优树的优良特性只有在立地条件好的地段上才能充分表现，所以大多在Ⅰ、Ⅱ地位级林分中选优。但是在中等或较差的立地条件上，如有较突出的优树，也不能漏选，因为它可能具有较强的适应性。

（3）林分年龄

优树选择以中龄林分较为理想，林龄过大或过小都不适宜。年龄过小，部分性状没有充分表现出来，选择可靠性差。但年龄过大，生长差异小，也影响评选。据北京林业大学对油松选优年龄的研究发现，油松生长较慢，3~9年生是林分内个体间分化最剧烈的时期，选优年龄宜在15年后。选优年龄因树种生长速度而异。落叶松选优年龄最好在15年生以上；杨树、柳树、榆树、槐树和泡桐为10年生左右；桉树在南方5~7年生可采伐利用，在3~4年生时就可以选优。

（4）林分郁闭度

林分郁闭度在0.6~0.8为宜，太密或太稀都影响树冠的发育，会给评选工作带来困难。选优林分的林相要求整齐，以避免不同的光照条件造成的差异。林缘木、林窗木和孤立木等一般不宜作为候选优树，除非是特别出类拔萃的单株。

（5）林分结构

优树选择应尽可能在纯林中进行。由于树种间生长速度有差异，不同树种的竞争可能影响候选优树的评定。在同龄林中选优，可比性强，若在异龄林中选优，需要根据树种生长进程来评价候选优树。

（6）其他

避免在经过“拔大毛”择伐过的林分中选优。

2. 优树评定方法

在选优的林分中，按拟定的调查方法和标准，沿一定的线路调查。凡发现符合要求的单株可作为候选树，对候选树可用下列方法评定。

（1）生长量评定

①标准地法。以候选优树为中心，逐步向四周散开，实测30~50株树木的树高和胸径，计算材积，再计算各指标的平均值。把候选优树与平均值相比较，符合标准的即可入选。陈伯望曾分析了大（30m×30m）、中（20m×20m）、小（10m×10m）3种面积标准地对选优指标的影响，结果表明：大、中型标准地法的选优结果相仿，小型标准地法的误差较大，不宜采用。但是，即使采取中型标准地法，由于标准地法需要实测30余株树木的树高和胸径等性状，工作量仍很大。所以，目前多采用优势木对比法。

②优势木对比法。以候选优树为中心，以10~25m为半径，其中包括30株以上的树木，选出仅次于候选优树的3~5株优势木，实测并计算平均树高、胸径和材积。如果候选优树生长指标超过规定标准，即可入选。

如在异龄林中选优，候选优树和优势木年龄不一致，相差的树龄必须校正后才能比较，校正可按生长过程表或按下式进行：

$$校正值=候选优树材积-(年生长量\times相差树龄) \qquad (3\text{-}3)$$

关于优势木多少为宜的问题，国内在油松、樟子松、落叶松和马尾松等树种上进行了研究。如据北京林业大学和西北农林科技大学对油松选优的研究，1~5株优势木对比法之间存在紧密相关。王奉吉等对樟子松优树选择方法的研究结果表明：胸径、树高和材积三者比较指数的变动幅度和变动系数均以3株优势木对比法为最小，比较指数最集中，5株优势木对比法次之，小型标准地法最为离散，见表3-5。蔡邦平等在天然马尾松采脂林中进行高产脂优树选择，应用1~5株5种优势木对比法进行比较分析，认为3株优势木对比法的调查性状变动系数小、精度高，主要产量指标精度均可超过83%，选择效果好。综合各树种和各方面的研究，从准确性和工作量两方面考虑，3株优势木对比法比较适宜。

表3-5 樟子松优树选择方法比较

统计量	胸径			树高			材积		
	3株	5株	小型标准地	3株	5株	小型标准地	3株	5株	小型标准地
对比率/%	114	125	168	106	108	119	136	164	335
变动幅度/%	97~140	102~162	131~222	96~117	97~112	107~104	93~203	103~263	178~650
标准差/%	10.4	13.4	23.4	6.7	6.8	210.0	27.9	39.6	112.6
变动系数/%	9.1	10.7	13.9	6.3	6.3	8.4	20.5	24.1	33.6

③绝对值评选法。在异龄混交林选优中经常会遇到候选优树临近没有与该树种同龄树木的情况，在这种情况下，可以采用绝对值评选法。绝对值评选法可利用生长过程表评选优树。将生长过程表中各龄级平均木的树高和胸径分别乘一个系数所得的值，作为该地位级条件下优树的最低标准。也可以采用树龄与生长量回归的方法评选优树。通过在某一特定立地条件下随机抽50余株树木作为样木，对样木的生长性状进行测量，然后根据这些性状与年龄的关系绘制相关曲线，如图3-6所示。不同的立地条件需要建立不同的回归曲线。如果候选优树性状值落在回归线上方（A），则入选；落在回归线下方（C），则淘汰；恰好落在线上（B），则依据其他性状而定。

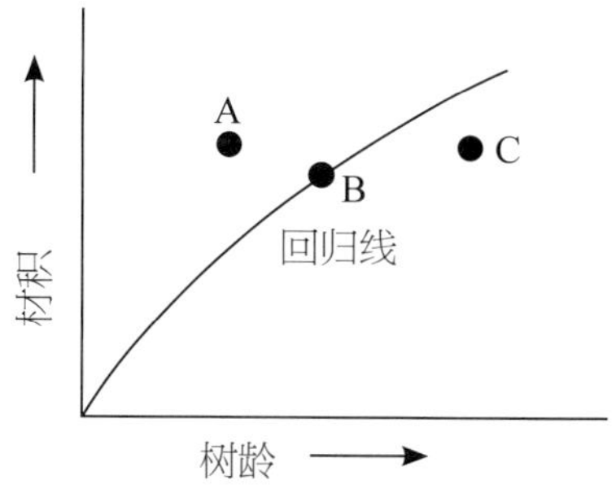

图3-6　树龄与材积相关曲线

（2）数量指标评定

优树的生长指标没有统一的标准，应根据实际情况制定。不同树种的优树标准差异较大，表3-6列出了部分树种的优势木对比法和标准地法的优树评定标准，可供参考。

表3-6　部分树种优树生长量与对照的优势比　　单位：%

树种	选优方法	指标		
		胸径	树高	材积
樟子松	3株优势木	110~120	105~110	130~150
刺槐	5株优势木	115	110	165
楠木	小型标准地	140	30	240
华北落叶松	4株优势木	115	100	140
华北落叶松	小型标准地	150	105	250
华山松	5株优势木	117	105	130
华山松	小型标准地	20	60	160
火炬松	3株优势木	106~110	106~110	121~131
杉木	5株优势木	122	100	150
杉木	小型标准地	160	120	150
侧柏	5株优势木	120	110	160
侧柏	小型标准地	180	120	300
马尾松	5株优势木	115	110	145
白榆	5株优势木	115	—	160
白榆	小型标准地	150	110	250
油松	5株优势木	120	—	150

确定优树标准还需要考虑种源和立地条件等因素。如北京林业大学根据各地选择的3183株油松优树档案，按油松种子区划，计算了各种子区内优树生长量的平均值。从中得出，不同种子区、同一种子区的不同县份间以及县内不同林分选出的优树在生长量指标上有较大的差异。由于各种子区的自然生态条件不同，树木生长速度有差异；在不同年龄阶段，树木生长速度也不相同。因此，优树生长量标准也应有所差异。四川省林业科学研究院在马尾松优树资源区划的基础上，利用优树档案，分区域统计优树年均生长量的分布特点，制定出四川各区域、各年龄组优树的绝对指标标准，见表3-7。中国科学院沈阳应用生态研究所为了确定日本落叶松3株优势木对比法不同树龄的优树标准，建立了树龄与树高、胸径、材积优势比的指数回归方程。

表3-7　马尾松优树树高、胸径年均生长量绝对指标标准

区域	性状	年龄/年		
		20~25	26~30	31~40
Ⅰ类优树区	胸径/cm	≥1.00	≥0.90	≥0.80
	树高/m	≥0.80	≥0.70	≥0.60
Ⅱ类优树区	胸径/cm	≥0.90	≥0.80	≥0.70
	树高/m	≥0.70	≥0.60	≥0.50
Ⅲ类优树区	胸径/cm	≥0.80	≥0.70	≥0.60
	树高/m	≥0.70	≥0.60	≥0.50

（3）形态指标评定

主要考虑对木材品质有影响的指标，或有利于提高单位面积产量和能反映树木生长势的形态指标。对于用材树种，一般有下列要求：

①树干通直、圆满。树干通直度根据树干弯的数量以及弯曲程度来确定；圆满度可由胸高形率（中央直径与胸径之比）或高径比（树高与胸径之比）来反映。

②树冠窄。衡量指标为冠径比，即树冠直径与胸径之比。

③自然整枝良好。衡量指标为自然整枝强度，即枝下高与树高之比。

④侧枝细。衡量指标为枝粗指数，即树冠各轮枝中最粗枝的基径与胸径之比。

⑤树皮薄。衡量指标为树皮指数，即树皮厚度与树干去皮胸径之比。

⑥树干纹理通直，不扭曲。可用木材纹理扭曲偏差与胸围之比来反映。

⑦树木健壮，无严重病虫害。

⑧木材相对密度大，管胞长。

此外，由于针叶优树主要用于建立种子园，应当考虑候选优树雌、雄球花和球果的产量，以保证今后种子园的种子产量。

（4）综合评定

优树选择属于多性状选择，一般情况下要有多个性状符合要求的候选优树才能入选。综合评定方法包括独立标准法、评分法和指数法等。此外，也采用主分量分析法和聚类分析法等多元统计技术评选候选优树。

评分法是目前最常用的一种方法。按这一方法，把树木各选择性状的表型值划分为不同级别，并根据性状的重要性给予分值，累加各性状的评分，就可以对候选优树作出评定。评分法具有指数选择的含义，在考虑多性状综合评定时引进权重，因而比较合理。

项目实施

训练任务　优树选择

【任务背景】

选择是植物进化、育种和良种繁育工作的基本途径之一。选择不仅是独立培育良种的手段，也是其他育种方式，如杂交育种、引种、辐射育种、单倍体育种、多倍体育种和良种繁育中不可缺少的重要环节之一。选择贯穿于育种工作的始终，如原材料的选择、杂交亲本的选择和杂种后代的选择等。没有选择，不去劣留优，就不可能培育出符合人们要求的优良品种。优树选择就是从天然林或人工林群体中，按选种目标和优树标准进行表型个体的选择，从入选的优良单株上采种、采穗，进行遗传测定，建立种子园或采穗圃，从而繁育良种。因此，优树选择是树木改良的基本手段。

假设你是一名林业技术人员，你所在的工作小组接到了一项任务：在某林分中进行优树选择。你的部门领导要求你们在工作过程中制订工作计划和方案，并按计划实施方案，认真记录工作过程，并提交任务报告，最后他将对你所在工作小组的每一位成员进行考核。

【任务思考】

①提高选择效果的途径有哪些？

②优树评定方法有哪些？

③在进行优树选择时，应考虑哪些条件？

【实验器材】

1. 材料

松、杨等林分。

2. 仪器

放大镜、游标卡尺或量径尺、钢卷尺、挂牌、记录本、铅笔、毛笔、种子袋，罗盘仪、生长锥、测高器、轮尺、油漆、记载簿、调查员手册、计算器、照相机等。

【实验方法】

1. 踏查

（1）选林分

根据某林场或某地区的林相图和地形图（或平面图），全面进行踏查，了解林分生长状况，选择符合下列条件的林分：实生林（包括天然林和人工林），不选多代萌生林和大径材择伐林；同一龄级、同一立地条件的林分；郁闭度为0.7~0.8的林分，不选插花混交林；中龄林或近熟林，不选成熟林和过熟林。

（2）候选优树

①根据优树的标准（随树种和地区而异），在适合选树工作的林分中，目测预选。在中选的林木上做好临时标记，以便于识别和实测候选优树。

②候选优树必须是林中木，尽量不要选择林缘木和孤立木。有时在疏林中亦可能出现干型端直、整枝良好和树冠窄的优良个体，其也应考虑作为选择的对象。

③优树所处立地条件必须与其他林木相同，或者略低于其他林木。

2. 初选

根据踏查结果，实地选树评比。凡符合优树标准的个体林木给予登记、编号，并在候选优树树干1.3~1.5m处涂上油漆标记，便于采集种子和种条，具体方法如下。

（1）设置标准地

以候选优树为中心，用罗盘仪测量，沿水平带状设置长方形标准地，大小30m×10m（长×宽）；或者以候选优树为中心做一个以10~15m为半径的圆形标准地；或利用株数控制标准地大小，即在候选林分周围选测200~250株林木作为标准地范围。

（2）林木生长调查

在标准地内将所有林木进行临时编号，并测量胸径；按径阶测量树高，绘制树高曲线图，求出林分平均树高；测量候选优树、优势木（3~5株）和候选优树周围20~30株林木的树高、胸径枝下高和冠幅，见表3-8。

（3）林木形质调查

候选优树、优势木和候选优树周围20~30株林木按树干性质（通直度、圆满度和自然整枝）、树皮性质、树冠性质（冠幅和侧枝粗细）、当前生长势和健康状况等形质指标进行目测评分。暂以5分制记分评比，即5分最好，3分中等，1分最差，见表3-9。

（4）计算与登记

按各种选择方法的要求和公式计算各项调查测量数据，见表3-10至表3-12。根据计算结果，按优树标准评定入选与否。凡选中的林木，将其各项计算数据填入优树登记表，见表3-13和表3-14。

3. 复选

①审核初选调查材料和计算数据。

②将所选的优树再按优树标准相互评比，优中选优，凡不符合条件的优树，坚决淘汰。

表3-8 林木调查表

编号	胸径/cm	树高/m	枝下高/m	冠幅/m		
				上下	左右	平均
1						
2						
3						
…						
平均						

表3-9 形质评分登记表

编号	树干性质			树皮性质	树冠性质		当前生长势	健康状况	总计
	通直度	圆满度	自然整枝		冠幅	侧枝粗细			
优树									
1									
2									
3									
…									
平均									

表3-10　生长效率计算表

编号	冠长/m	冠径/m	冠长×冠径（x）/m	材积生长量（y）/m^3	生长效率（y/x）
1					
2					
3					
…					
平均					

表3-11　指数法计算表1

编号	材积（V）			形质（N）			指数（I）		
	V	$V-\bar{V}$	$(V-\bar{V})^2$	总分	$N-\bar{N}$	$(N-\bar{N})^2$	I	$I-\bar{I}$	$(I-\bar{I})^2$
1									
2									
3									
…									
平均									

表3-12　指数法计算表2

项目	$(X-\bar{X})^2$	$\frac{(X-\bar{X})^2}{n-1}$	$s=\sqrt{\frac{(X-\bar{X})^2}{n-1}}$	$\sigma=\frac{s}{\sqrt{n}}$
材积				
形质				
指数				

表3-13 优树登记表1

调查日期：　　　　　　　　　　　　　　　　　　　　　　编号：

<table>
<tr><th>地点</th><th colspan="8">省、县（局）、乡（林场）、村（工区）</th></tr>
<tr><td>小区名</td><td colspan="8"></td></tr>
<tr><td rowspan="6">优树特征</td><td>树龄</td><td></td><td>树高</td><td></td><td>胸径</td><td></td><td>中央直径</td><td></td></tr>
<tr><td>形率</td><td></td><td>体积</td><td></td><td>胸高皮厚</td><td></td><td>长势</td><td></td></tr>
<tr><td colspan="2">干形</td><td colspan="3"></td><td>冠形</td><td colspan="2"></td></tr>
<tr><td colspan="2" rowspan="3">冠幅</td><td>东西</td><td></td><td>树皮特征</td><td colspan="3"></td></tr>
<tr><td>南北</td><td></td><td>结实情况</td><td colspan="3"></td></tr>
<tr><td>平均</td><td></td><td>健康状况</td><td colspan="3"></td></tr>
<tr><td rowspan="3">立地条件</td><td>海拔</td><td></td><td>坡度</td><td></td><td>坡向</td><td></td><td>坡位</td><td></td></tr>
<tr><td colspan="2">土壤名称</td><td colspan="2"></td><td>母岩</td><td></td><td>土层厚度</td><td></td></tr>
<tr><td colspan="2">腐殖质层厚度</td><td colspan="2"></td><td>石砾含量</td><td></td><td>pH</td><td></td></tr>
<tr><td rowspan="4">林分状况</td><td colspan="2">起源</td><td colspan="2"></td><td>树龄</td><td></td><td>密度</td><td></td></tr>
<tr><td colspan="2">组成</td><td colspan="2"></td><td>郁闭度</td><td></td><td>种源</td><td></td></tr>
<tr><td colspan="3">抚育年份和强度</td><td colspan="5"></td></tr>
<tr><td colspan="3">下木、地被物种类、数量和总盖度</td><td colspan="5"></td></tr>
</table>

表3-14　优树登记表2

优树评定方法	标准地法	树高/m		胸径/cm		材积/m^3	
	优势木对比法	树高/m		胸径/cm		材积/m^3	
	绝对值评选法	树高/m		胸径/cm		材积/m^3	

【结果展示】

①原始记录和计算材料。

②优树选择的各种登记表格。

考核评价

1. 考评结构

态度纪律20分；工作过程60分；任务结果20分。

2. 考评标准

①态度纪律。积极主动、速度快、质量好且有创新等优秀表现得20分；有迟到、早退、开小差等违纪现象得10分；缺席得0分。

②工作过程。搜集资料、设计方案、观察、测定、计算和总结等环节完整、操作规范、结论正确、表述流畅得60分；环节完整、操作较规范、结论正确、表述流畅得50分；环节完整、操作欠规范、结论不正确、表述较流畅得40分；环节不完整、操作不规范、结论不正确、表述不流畅得30分。

③任务结果。数据详实、报告完整得20分；数据详实、报告较完整得16分；数据存疑、报告不及时得12分。

3. 评价表

任务名称：　　　　　　　　　　　　　　　　　　　　填写时间：

姓名	态度纪律（20分）	资料搜集（10分）	制订方案（10分）	操作过程（30分）	表述答辩（10分）	任务结果（20分）	总分（100分）

自我总结

完成任务后，进行自我分析与总结。

思考题

①各种人工选择的方法适用哪些条件？

②选育方法为什么与树种的繁殖方法有关？阐明其理由。

③简述单株选择的概念及其特点。

④简述优树的选择与评分方法。

项目四

杂交育种

项目介绍

1. 项目相关背景

杂交育种是林木育种的有效途径。在自然界中，同一属不同的种通过相互传粉而产生天然杂种，天然杂种广泛存在于自然界中，变异十分丰富，经历过自然选择，是遗传变异的主要来源。人工杂交可以通过亲本选配，将不同树种或同一树种的两个或多个优良性状集中在一个新品种中，还可以产生杂种优势，获得比亲本品种表现更好的新品种。

2. 项目任务描述

训练任务一　花粉贮藏和生活力测定

训练任务二　植物有性杂交技术

训练任务三　杂种特征分析和描述

学习目标

1. 能力目标

①完成文献资料的查询和搜集工作。

②与他人分工协作，并进行有效的沟通。

③设计植物有性杂交、花粉贮藏和生活力测定的方案，并做出相应计划。

④完成植物有性杂交、花粉贮藏和生活力测定、杂种特征分析和描述工作，说明注意事项。

⑤通过文字、口述或实物展示学习成果。

2. 知识目标

①简述杂种优势表现的特点。

②简述杂交育种的步骤。

③阐述亲本选择需要考虑的因素。

④总结杂交技术包括的内容和关键技术。

⑤阐述树上杂交和切枝杂交的异同及适用的树种。

⑥阐述提高杂交可配性的方法。

背景知识

一、杂种优势

1. 杂种优势的概念与特点

杂交是指通过不同基因型个体之间的交配而产生后代的过程，是育种常用的方法。根据杂交亲本双方亲缘关系的远近，可分为种内杂交、种间杂交和属间杂交。种间杂交和属间杂交统称远缘杂交。

杂种优势是指两个基因型不同的亲本杂交所产生的杂种一代在生长势、生活力、繁殖力、抗逆性、产量和品质等方面比双亲优异的现象。杂种优势按其性状表现的性质可分为三种类型：一是营养型，杂种营养体发育旺盛，但它的生存和繁殖能力并没有提高，这类杂种优势又称为杂种旺势；二是生殖型，杂种生殖器官发育旺盛，主要应用于以果实和种子为主要生产目的的作物，如果数和粒重等；三是适应型，杂种对外界不良环境适应能力较强，生存能力提高，如抗逆性。后两种杂种优势有进化上的适应意义，被看成真正的杂种优势。

杂种优势的表现具有以下特点：

①杂种优势不是一两个性状单独地表现优势，而是多个性状的综合表现。如梁彦和黄东森采用美洲黑杨I-69与美洲黑杨I-63进行种内有性杂交，杂种一代表现出显著杂种优势。不仅生长量超过双亲，而且树干通直圆满，抗虫又抗寒，木材密度提高。这说明杂种优势是双亲基因型的异质结合和综合作用的结果。

②杂种优势的大小取决于双亲性状间的相对差异和相互补充。在一定范围内，双亲的基因型差异越大，亲缘关系越远，杂种优势越强。这可能是因为亲缘关系远，双亲性状的优缺点彼此互补，其优势就强，反之则弱。

③杂种优势的大小与双亲基因型的纯合度有关。双亲基因型的纯合程度越高，杂种优势越强。这是因为双亲高度纯合时，杂种一代的杂合性一致，没有分离，群体优势强。如玉米自交系间杂种的优势远比品种间杂种的优势高。

④杂种优势的大小与环境条件有关。由于种植的条件不同，同一种杂种一代的产量差距较大。若种植的环境条件好，杂种优势就可充分表现。但若在同样不良的环境条件下，杂种比其双亲具有更强的适应能力。

⑤杂种优势一般只表现在杂种一代群体内。根据性状遗传的基本规律，在杂种二代群体内必然出现性状的分离和重组。因此，杂种二代与杂种一代相比，生长势、生活力、繁殖力、抗逆性、产量和品质等方面都会下降，这种现象称为近交衰退，所以生产上要年年制种。此外，两个亲本的纯合程度越高，性状差异越大，杂种一代的杂种优势

表现越大，杂种二代的衰退现象也就越明显。

2. 杂种优势的度量方法

为了评价杂种优势的强弱，为亲本选择提供依据，可以通过计算配合力来估计，也可以采取比较简便的方法来度量。比较常用的方法有超中亲值法和超优亲值法。

（1）超中亲值法

以某个性状双亲平均值为标准的计算方法。设H为杂种优势度量值，F_1为杂种一代表型值，P_1和P_2分别为两个亲本的表型值。即：

$$H=\frac{F_1-\frac{1}{2}(P_1+P_2)}{\frac{1}{2}(P_1+P_2)} \tag{4-1}$$

（2）超优亲值法

以双亲中最优亲本表型值（P_S）为标准计算杂种优势度量值（H_S）的方法。即：

$$H_S=\frac{F_1-P_S}{P_S} \tag{4-2}$$

杂种优势只能在其发育的某个阶段表现，而不是在任何阶段都能显示出优势。如Zobel曾列举火炬松和长叶松的杂种，该杂种在苗床上的优势往往比任何亲本都高。然而移栽后，火炬松生长超过杂种，40年后长叶松生长量可能最大。

二、天然杂种与人工杂种

1. 天然杂种

由于同一属不同的树种自然分布区重叠，或树种发生迁移，只要花期相遇，就有可能产生天然杂种。因此，林木的天然杂种是常见的。如在北美洲110个科的北方植物区系中，发现了465个天然杂种。

在自然界中，同一属不同的种通过相互传粉而产生天然杂种。杂种随之与其亲本回交，使一个种的基因逐步渗透到另一个种之中，这种现象称为种质渐渗。种质渐渗可以分为3个时期：开始形成杂种一代；杂种一代与亲本树种之一回交，或与双亲回交；通过自然选择，选出一定的有利的重组类型，如图4-1所示。如美国火炬松分布区的西部种源对锈病的抗性比其他地方的种源强，可能是由于分布区内短叶松种质渐渗的结果。在日本，赤松与黑松的花期相差1周左右，虽然两个树种之间有隔离，仍时常发生天然杂交，而且这种天然杂种比其双亲赤松和黑松的表现都好。

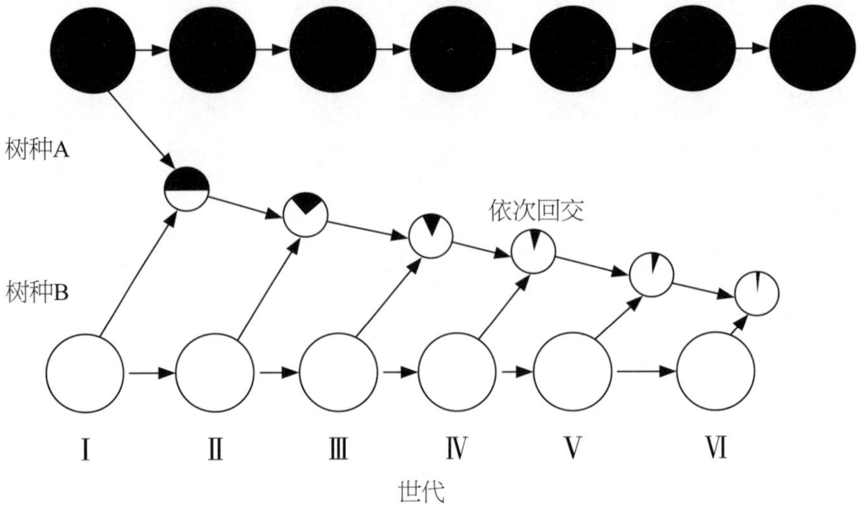

图4-1　树种种质渐渗示意图

天然杂交经常发生在两个种的接壤地带。油松、云南松、马尾松、黄山松和高山松等树种接壤处，由于相互传粉，容易发生种质渐渗，出现天然杂种。吴中伦在我国松属研究中首次提出高山松可能是油松和云南松的天然杂种。王晓茹等利用RFLP标记（限制性片段长度多态性）和cpDNA（叶绿体基因组）异源探针证明了高山松种群内有油松和云南松的叶绿体基因组，RFLP标记分析证实了高山松是油松和云南松的渐渗杂种。

天然杂交也经常发生在生境遭到干扰的地带，如耕种、放牧和火灾地带。生境遭到干扰的地区会产生另一种生境，在这种生境中，原来亲本种不能较好适应，而杂种却生长良好。这种生境称为“杂种生境”，通常是建立大规模杂种或衍生种的先决条件。

松属、落叶松属、杨属、柳属、栎属、桉属和泡桐属等树种中多见天然杂种。由于天然杂种广泛存在于自然界中，变异十分丰富，又经历了自然选择，是遗传变异的主要来源，应重视对它们的选择和利用。如美洲黑杨于18世纪引进欧洲作为绿化树种，与欧洲黑杨栽在一起，由于没有地理隔离，两者又容易杂交，由此产生了许多天然杂种。1819年记载的第一个天然杂种，由Monch于1889年定名为加杨。在自然状态下，这些杂种与其亲本回交，或与杂种交配，产生了一系列新杂种。著名的I-214杨是1929年由美洲黑杨的栽培种与欧洲黑杨的天然杂交实生苗选育得到。我国杨树的天然林分和栽培群体中，蕴藏着很多优良的天然杂种，并具有显著的杂交优势。如银灰杨是银白杨与欧洲山杨的天然杂种，在我国新疆大面积天然分布；白城杨是小叶杨与钻天杨的天然杂种，白城铁路林场的21年生树高达19m，胸径达37.1cm，材积达0.84124m^3，分别是小青杨的147.4%、167.1%和394.1%；赤峰杨是赤峰地区选出的小叶杨与钻天杨的天然杂种，在水分条件好的平地，赤峰杨的生长量超过小叶杨的40%，在干旱瘠薄的沙地，赤峰杨的生长速度比小叶杨快1~3倍。

2. 人工杂种

杂交导致基因重组，并可能由此产生两种效应：一是集中父母双方的有利基因，利用基因重组产生的加性效应达到优势互补的目的；二是等位基因间和非等位基因间的互作，利用基因重组产生的非加性效应产生显性效应和超显性效应。人工杂交的目的是通过综合双亲的优良性状，并利用杂种优势，提高树种的生长量，改进产品质量，增强林木抗逆性。国内外关于树木人工杂交方面的工作开展的较多。其中，杨属、桉属、松属和落叶松属等树种的杂交育种成效比较显著。

（1）杨属

1912年，英国学者Henry首次在世界上进行了杨树种间杂交试验，证明可以通过杂交综合父母的性状，显示出杂种优势。从此，种间杂交一直作为各国杨树育种采取的主要手段。我国的林木杂交育种以杨树为起点。1946年，叶培忠教授在甘肃天水开展了白杨派杂交工作。1954年，徐纬英教授等采用多亲本、多组合进行大规模、有计划的杨树杂交育种工作。20世纪70年代，全国已培育出一批速生、优质、抗病的杨树新杂种及其优良无性系。如以钻天杨为母本、青杨为父本进行人工杂交培育出的北京杨；以小叶杨为母本、钻天杨和旱柳的混合花粉（1：8）为父本杂交培育出的群众杨；以小叶杨为母本、钻天杨为父本进行人工杂交选育出的合作杨等杨树杂交品种。1982年，国家科技攻关项目开展了以黑杨派杨树为中心的杂交育种工作，选育出中林46号杨、中林“三北”1号杨和南林-80121号杨等无性系。

（2）桉属

桉属包括700余个种和变种，遗传基础极为广泛，种间杂交产生杂种优势的潜力巨大。国外20世纪70年代就有目的、有计划地开展桉树杂交育种工作，杂交育种作为桉树遗传改良的主要途径，一直受到广泛的重视，并且取得了显著的成效。如巴西Aracruz 公司培育的巨桉和尾叶桉杂种，不仅生长快，无性系人工林年均材积达到55m^3/hm^2，而且萌芽力和树干溃疡病抗性优于巨桉纯种。又如南非培育的巨桉和赤桉杂种的速生性、抗旱性和造纸性能显著优于种内改良繁殖材料。

我国桉树的杂交育种始于20世纪60年代，但早期引种工作因种质资源有限，杂交育种工作进展较慢。中国林业科学研究院热带林业研究所于1985年开始与澳大利亚农业研究中心合作，开展桉属树种、种源和家系试验，引进63个树种的258个种源和572个半同胞家系，并在此基础上，开展杂交育种工作。据吴坤明报道，广东新会的桉树杂种试验林中，4年生尾叶桉和细叶桉优良杂种组合的平均单株材积比母本自由授粉子代高251.56%，8年生时最优单株高近30m，胸径36.8cm。

（3）松属

20世纪20—50年代，松属杂交研究较为热门。1924年起，美国加利福尼亚州的林木遗传研究所陆续用近80个种做了4500多个组合的杂交试验。1980—1982年，苏联在乌克兰林业研究所也做了近200个组合的松属种间杂交试验。20世纪50年代开始，联邦德国、比利时、希腊和南斯拉夫等国也以当地乡土松树为主，以外来松树为父本进行了大量种间杂交试验。日本从1955年开始，也开展了东西两半球双维管束亚属多种温带松树间的杂交试验。澳大利亚为提高外来松树的生产力，进行了热带和亚热带松类种间杂交试验，已得到147个种间杂种，其中不少品种表现出杂种优势和所需优良特征。但由于生产杂种困难，所以在生产中应用有限。韩国于20世纪50年代中期，大量通过人工控制授粉生产刚松和火炬松杂种，生长量接近火炬松，为刚松的2倍多，现该杂种造林已占全国造林总面积的20%。此外，松属杂交育种成功的实例还有火炬松和短叶松、欧洲赤松和欧洲黑松、日本黑松和马尾松等。

我国于20世纪60年代开展松属杂交育种工作。自1961年起，南京林业大学在油松和南方松各派间做了约30个组合的杂交试验。在刚松×火炬松、黑松×长叶松和黑松×云南松等的杂种中都出现了杂种优势。在70年代中期至80年代，广东的湿地松×古巴的加勒比松的杂交试验研究结果表明：杂交育种可取得较高的经济效益。1991年，广东省林业科学研究所（现广东省林业科学研究院）国外松项目组系统开展了以湿地松为母本、加勒比松为父本的杂交育种研究，年配制及生产杂交组合100多个，获得有明显杂种优势的优良杂种后代，通过扦插繁殖手段，大量推广湿加松优良组合。2007年，中国林业科学研究院林业研究所在广东遂溪、阳江和湛江对加勒比松杂种松的22个杂交组合进行了生长性状调查，其中遂溪和阳江的试验林为13年生，湛江的试验林为11年生，结果表明：有多个杂交组合在生长上超过加勒比松古巴变种，加勒比松与湿地松的种间杂交品种、加勒比松的种内杂交品种均可在生长性状上表现出一定的杂种优势。

（4）落叶松属

1900年，欧洲落叶松和日本落叶松的杂种在苏格兰被发现，自此落叶松杂交育种便在很多国家和地区开展。1926年，丹麦发现日本落叶松×欧洲落叶松杂种10年生时的生长量显著高于日本落叶松。日本落叶松和兴安落叶松的杂种在日本最北的岛屿北海道表现良好，杂种一代的生长速度与日本落叶松相近，但抗寒性及抗鼠害能力较强。联邦德国1954年栽培的欧洲落叶松×日本落叶松杂种，在1987年的生长量仍然超过双亲平均值，树高超过12%~14%，胸径超过9.0%。

20世纪70年代初，我国开展了落叶松杂交工作。东北林业大学、中国科学院林业土壤研究所（现中国科学院沈阳应用生态研究所）和黑龙江省林业科学院先后得到了日本落叶松和兴安落叶松正反交、日本落叶松×长白落叶松等的杂种，并对杂种生长、材性和抗逆性等性状进行了研究。如黑龙江省林业科学院自1979年建立第一批落叶松杂种试验林以来，以日本落叶松、兴安落叶松和长白落叶松为对象，开展落叶松杂种优势的研究，生产了大量落叶松种间杂种，建立起一大批杂种试验林。

此外，我国在泡桐、榆树、柳树、刺槐、鹅掌楸和银杏等树种中开展了不少的杂交育种工作。其中，杂种鹅掌楸是叶培忠教授于1963年首次以鹅掌楸属的中国鹅掌楸和北美鹅掌楸为亲本培育的种间杂种。30多年的栽培试验表明，该杂种不仅在生长和适应性等性状上表现出强大的杂种优势，而且具有树形美观、枝叶浓密、生长期长和花色鲜艳等特点，已成为中国南方地区重要的庭院绿化优良树种。

三、杂交方式与亲本选择

1. 杂交方式

杂交时，供应花粉的植株称作父本，以符号“♂”表示；接受花粉，发育成果实和种子的植株称作母本，以符号“♀”表示；字母“P”表示亲本；符号“×”表示有性杂交；母本写在前面，父本写在后面。如杂交组合钻天杨×青杨，即表示钻天杨为母本，青杨为父本。杂交所得的种子及其长出的植株为杂种一代，用“F_1”表示。

在杂交育种中，为了得到预期效果，常常采用不同的杂交方式。最常见的是选配两个亲本进行一次杂交。当一次杂交不能达到育种目标时，还可以采用回交和复式杂交以达到育种目标。

（1）单交

单交指两个亲本进行的一次杂交。如北京杨由钻天杨×青杨杂交培育得到。单交可采用正交和反交。如果A×B为正交，则B×A为反交。在细胞质不参与遗传的情况下，正交和反交杂种后代应当一致。但是，如果细胞质参与遗传，杂种性状倾向于母本。如以黑杨派为母本，毛白杨为父本，生长速度与母本相似，甚至优于母本；而反交，则杂种苗一般生长较慢。毛白杨插条不易生根，若作母本进行派内种间杂交，则多数杂种插条生根困难；若作父本，与插条生根容易的杨树进行杂交，则杂种插条较容易生根。在育种工作中，通常用花期较晚，优良性状多的乡土树种作为母本。此外，还应根据杂交亲本的花粉生活力和胚败育等情况，确定两个亲本中哪个作父本或母本。

（2）回交

回交指两个亲本产生的杂种一代与其中一个亲本进行的杂交。林木杂交育种运用回交方法的两个用途：第一，使轮回亲本的优良性状在后代中得以恢复或加强。根据遗传学理论和实践，随着回交次数增加，后代的轮回亲本性状逐代加强。如刚松×火炬松的杂种一代生长优于母本，但是抗寒性不如母本，通过杂种一代与母本回交，杂种二代抗寒性提高。又如，Frage等将火炬松×萌芽松杂种与火炬松回交，得到杂种的生长情况等于或优于火炬松，且比火炬松更抗锈病。第二，克服远缘杂交不可配性。远缘杂交常出现杂交不可配的问题，通过用亲本之一作轮回亲本回交，可以逐代提高远缘杂种的结实性。如毛白杨不易交配结实，特别是毛白杨作母本时尤其困难；北京林业大学用毛白杨与新疆杨的杂种作母本，用毛白杨回交，显著提高每个蒴果所含种子数和发芽率。

回交和自交一样，随着世代增进，后代中纯合体的比例增加。即：

$$f=(1-\frac{1}{2^r})^n \tag{4-3}$$

式中 f——纯合体频率；

r——回交世代数；

n——独立遗传的杂合基因对数。

（3）复式杂交

复式杂交指用两个以上的品种经过两次以上的杂交。复式杂交的优点为：聚集多个亲本的优点和丰富杂种的遗传基础。其目的是创造具有遗传基础宽，变异幅度大的后代群体，从中选育出更优良的品种。根据第二次杂交使用的亲本遗传组成，可分为三亲杂交和四亲杂交，其中四亲杂交又称为双杂交。

①三亲杂交。三亲杂交指两个种杂交后，再与另外一个种杂交的方式。南林杨杂交育种过程如图4-2所示。

河北杨×毛白杨
↓
杂交种×响叶杨
↓
南林杨

图4-2　南林杨杂交育种过程图

②四亲杂交。四亲杂交指四个种先配成两个单交杂种，然后两个单交杂种再进行杂交的方式。四亲杂种杂交育种过程如图4-3所示。

毛白杨×新疆杨　　银白杨×腺杨
↓　　↓
毛新杨　×　银腺杨
↓
四亲杂种

图4-3　四亲杂种杂交育种过程图

由于生产水平不断地提高，对育种目标性状的要求越来越多，在要求高产、优质的同时，还要求适应性强。要将这些优良性状集中在一个新品种中，仅靠单交难以成功。只有用多个亲本，通过多次杂交，才有可能获得理想的结果。正因如此，复式杂交成为目前杨树育种中主要的杂交方式之一。此外，复式杂交对于提高远缘杂交可配性也有一定作用。张金凤等对8个白杨派基因型和5个黑杨派基因型组成的21个杂交组合进行了黑杨派和白杨派间杂交试验，结果表明：单交组合没有得到苗木，20%的三亲杂交组合和67%的四亲杂交组合得到了苗木，其中有的四亲杂交组合的杂种苗生长旺盛。

2. 杂交亲本的选择和选配

亲本选择是指根据选育目标，从育种资源中选用性状优良的植株作为杂交亲本。亲本选配是指从入选亲本中选用哪两个亲本作杂交，是一个合理搭配的问题。正确选择和选配亲本是杂交工作的关键。

（1）杂交亲本植株的选择

在确定杂交组合后，要选择优良的植株作亲本。一般来说，应选择优树作为杂交亲本。现在各地已建立优树收集区和种子园，可以利用种子园的无性系进行杂交。若在未选优的用材树种中进行杂交，对亲本植株的要求如下：

①树木通直、圆满，尖削度小，树冠完整，枝叶茂盛，生长快，材质优良。

②抗逆性好，生长健壮，无病虫害。

③达到正常开花结实年龄。

④冠形较窄，均匀对称，分枝角度小，自然整枝好。

⑤扦插繁殖树种的亲本植株的插条容易生根。

（2）亲本选配的原则

①根据育种目标选择亲本。如果育种目标是速生丰产，则应选择速生丰产树种为亲本。同样，如果育种目标是抗病，则应选择抗病性强的树种为亲本。如1904年美国板栗普遍发生严重的栗疫病，几乎整个板栗林被毁，后来用中国板栗与美国板栗杂交，获得的杂种栗生长快且抗病性强。

②选择地理起源、生态类型差异较大的种源，或亲缘关系较远的树种作亲本。这类亲本杂交，遗传基础较宽，能达到性状互补，还常常会出现一些超过双亲的优异后代。如杨树杂交育种经验表明，用两个起源于高纬度的种在中纬度地区培育不出生长期长的速生类型；两个起源于低纬度的种在中纬度地区不能培育出适时封顶、适时木质化的类型；用起源于低纬度的种与起源于高纬度的种杂交，在中纬度地区可能形成最适应的类型。

③选择性状互补的材料作亲本。亲本双方的优缺点能够互补，亲本优良性状突出，容易达到育种目标。如澳大利亚在引种中发现湿地松树干通直圆满、林相整齐、抗风力强、耐水湿，而加勒比松生长快、抗风力差、树干扭曲、变异大、木材均匀一致。1955年，用两个树种进行杂交试验，结果表明：湿地松和加勒比松的杂种一代具有明显的杂种优势。在所有立地上，其生长速度、木材和纸浆产量、抗旱性、分枝习性和木材品质均优于其母本湿地松；其树干通直度、抗风性、耐水渍能力、抗寒性、木材密度和强度均优于其父本加勒比松，且商品林材积比亲本增加30%以上。

④选用配合力高的材料作亲本。首先根据一般配合力选择亲本，但由于一般配合力高的亲本杂交，不一定能产生优势的杂种，因此需进一步根据特殊配合力选配杂交组

合。如澳大利亚昆士兰州总结过去30多年的湿地松和加勒比松等松树杂交育种经验，认为不同的树种、种源、家系和无性系间杂种的生长表现差异呈极显著。

⑤根据亲本性状遗传力和正反交的可配性选配亲本。了解已知各树种重要性状的遗传参数，将有助于合理选配亲本组合。如小叶杨的抗寒性、抗旱性和钻天杨的窄冠性状遗传力较高，如果以培育抗旱、抗寒和窄冠品种为目标，可考虑将两者作为杂交组合。在林木杂交试验中，经常出现杂交组合正反交的可配性不同的现象。如毛榆×榔榆能产生杂种，但反交却失败了；欧洲白榆×榔榆杂交未成功，但反交能产生种子。张金凤的杨树杂交试验表明，黑杨果实成熟期长达两个多月，尽管采用了靠接雌花枝的措施，但大多数用黑杨作母本的组合仍由于营养不足和杂交障碍，导致果序提前脱落，未能得到种子，而白杨作母本的组合大多得到种子。

⑥利用种内遗传变异选配亲本。国内外许多研究表明，树种在种源、家系和无性系等水平存在丰富的遗传变异，并且这些变异显著影响杂交育种效果。Cellerino从美国引种了18个种源52个家系的美洲黑杨种子，每一家系测20个无性系，内容包括各树种对褐斑病、锈病、疮痂病和早春低温的反应，结果表明：南方种源对上述3种病害有抵抗性，并把其与南方型欧洲黑杨杂交，培育成适应南欧的南方型欧美杨。宗亦臣等在广东遂溪、阳江和湛江的试验结果表明：在11年生和13年生的杂种松中，以加勒比松古巴变种优良家系为父母本进行种内杂交获得的优良杂种松，以及与湿地松优良家系进行种间杂交而获得的杂种松组合，均在胸径、树高和单株材积方面明显超过对照加勒比松古巴变种的组合。

四、人工杂交技术

1. 开花生物学

杂交前要了解亲本树种花的构造情况。阔叶树种大多数为双子叶被子植物。被子植物花的构造变异较大，有两性花和单性花之分。例如，泡桐、刺槐、榆树、桉树、楸树、油茶和鹅掌楸等在同一朵花中有雌蕊和雄蕊，属两性花。单性花有两种情况：一种如杨树和柳树等树种，雌、雄花分别着生在不同植株上，有雄株和雌株之分；另一种如胡桃类和壳斗科等树种，雌、雄花在同一植株的相同枝条上。两性花杂交前要先去雄蕊。被子植物柱头分泌黏液，固着花粉，花粉在柱头上膨大，花粉管穿透花柱组织，到达胚珠，释放出两个精核，一个与卵结合，发育成胚（二倍体），另一个与极核结合，发育成胚乳（三倍体）。针叶树雌、雄球花不少着生在同一枝条上，松属树种头年春末夏初开花，到第二年秋才能收获种子，从传粉到结实需1年以上。

观察开花物候，准确掌握杂交亲本的开花期，以便不失时机地收集花粉和适时进行人工授粉，是杂交育种的重要环节。雌雄同株的树木，常有雌雄异熟现象。即在雌蕊尚未成熟前，花药已经开放散粉，这类植物称为雄花先熟型，反之称为雌花先熟型。不同树种、同一树种的不同种源、同一种源的不同个体、同一个体在不同年份，其开花物候期不尽相同。如在广东省，尾叶桉的盛花期在9月中下旬至10月中下旬，少数植株在11月至翌年1月；窿缘桉的盛花期在6月中旬至7月上旬；巨桉和粗皮桉在8—9月开花；柳桉在5—6月开花。

杂交要求两个亲本的花期一致，否则将给杂交工作造成困难。调整花期的目的，就是使亲本双方花期相遇。花期可用人工方法调整。例如，为了使杨树和柳树等树种提前开花，可把杂交用的花枝放入温室，插在水瓶中培养，控制温度和光照；为了推迟开花，可把它放在低温阴暗处。凡花期相差几天到1个月的杂交组合，如白杨×胡杨、柳杉×杉木等组合，因父本的花期比母本的花期晚，可以预先对父本进行催花，或抑制母本使之延期开花。但有的树种花期相隔太远，如榔榆与白榆，前者在秋天开花，后者在春天开花，这就无法用上述措施来调整，只能用贮藏的花粉进行杂交。在通常情况下，如果杂交双亲的花期相同，也要把雄花枝提前2~5天放在较温暖的地方，使之先开花，以便及时收集花粉备用。

2. 花粉技术

（1）花粉采集

为保证杂交工作正常进行，必须在雌花开放前准备足够的花粉。花粉按授粉方式有风媒花和虫媒花两种。风媒花树种的花粉数量多，质轻且干，可从树上直接采集，或采集花枝收集花粉。为了提前得到花粉，可以提前切取花枝到温室培养。杨树、柳树、榆树和白蜡等树种常常采用这种方法杂交育种。切取花枝的时间因树种而异，通常情况下，在花粉母细胞减数分裂以前采集花枝培养，花粉发育受到抑制。所以，杨树在自然散粉前10~15天采条水培，能得到正常花粉。虫媒花树种的花粉数量少，粒大且黏，可于开花前数日，采集即将开放的花蕾，取出花药（勿带花丝），放进培养皿或其他容器内，贮藏备用。不同花期的花粉质量有明显差异。李周岐等研究了鹅掌楸属花期与花粉质量的关系，结果表明：同一单株的花粉品质随开花时期不同而呈规律性变化，盛花期花粉萌发率最高。姜景民研究了木兰科木兰属、含笑属树种花粉品质与花开放周期的关系，结果表明：花半开期的花粉萌发率最高，此时花瓣初张，花药近于开裂或开始散粉，易于采集处理。当父母本花期重合时，可直接采盛开期花粉授粉，而贮藏花粉则应在半开期采集花药，室内处理。

（2）花粉贮藏

在自然条件下，花粉容易丧失生活力。因此，暂时不用的花粉要立即贮藏，妥善保存。花粉的寿命随树种而异。有些树种的花粉在自然条件下数天就失去发芽力，而有些树种的花粉在适当的温度和干燥条件下可保存数年。花粉寿命的长短，对杂交育种很重要。如果能延长花粉的寿命，则开花晚的亲本也可以和开花早的亲本杂交。如杉木的花期虽比柳杉晚1个月，但可使用头年贮藏花粉杂交。

花粉贮藏期的长短与花粉壁的性质以及贮藏期间花粉的原生质代谢有关。贮藏期间可溶性糖类和有机酸消耗较少的花粉，保持生活力的时间长。此外，温度和湿度等条件对延长花粉的寿命有重要影响。低温、干燥、黑暗有利于保存花粉的生活力。一些松树的花粉贮藏条件、贮藏期和发芽率见表4-1。多数树种的研究结果表明：控制温度更为关键。如许多桉树花粉可在室温贮藏35天，但在−16℃条件下，贮藏1年仍保持高活力。

表4-1　松树花粉贮藏条件、贮藏期和发芽率

树种	贮藏条件		贮藏期/天	发芽率/%	
	温度/℃	相对湿度/%		贮藏前	贮藏后
班克松	2	25.75	365	90	90
欧洲黑松	5	0	920	80	20
欧洲黑松	5	60~80	378	80	10
美国白松	18	25	413	93	20
美国白松	18	15~35	365	90	70
美加红松	4	25	413	93	70
美加红松	0	50	413	93	91
欧洲赤松	2	25~75	365	90	90

据Ahlgren等实验，白松花粉在硅胶中冷冻干燥48h，抽气20~30min，当水银柱高为2mm时，密封于安瓿瓶中，在5℃下贮藏8年，用贮藏花粉进行控制授粉，所得有生活力的种子数并不减少。据吴坤明等报道，经干燥处理的桉树花粉，装入小玻璃瓶内，用医用注射器抽去瓶内的空气，置冰箱冰冻室内，保持在−22~−18℃的低温下，贮藏42个月的细叶桉和窿缘桉的花粉发芽率仍分别为66.4%和60.4%。

收集的花粉去杂质后，进行干燥。多数针叶树种最适宜的贮藏含水量为8%~10%。当干燥到这个程度时，花粉松散，不黏附培养皿壁，倾倒时能像水一般流动，可分装到指形管或其他小容器中。干燥后可把花粉装在器皿内。不论盛在何种容器中，都不宜过满。为了使花粉保持干燥，常采用干燥器。若干燥器内放置氯化钙，0℃条件下可将相对湿度控制为32%；若用相对密度为1.45的硫酸，4℃条件下可将相对湿度控制为30%；若用硅胶，室温条件下可将相对湿度控制为5%；若用醋酸钾饱和溶液，室温条件下可使相对湿度保持在22%；若用石灰，室温条件下可控制相对湿度在25%。

（3）花粉生活力测定

为了保证成功杂交，对经过长期贮藏或从外地寄来的花粉，授粉前需要测定花粉的生活力。测定花粉生活力的方法有直接测定法和间接测定法两种。对于部分阔叶树种可采用直接测定法。先把花粉直接授在植株的柱头上，隔2~3天采集已授过粉的柱头，用固定液固定，染色，在显微镜下观察。若花粉具有生活力，可看到染过色的花粉管伸入柱头组织。间接测定是人为创造特定条件，鉴别花粉生活力的方法。将花粉置于培养基，有生活力的花粉能长出花粉管，以此判断花粉生活力，这种测定方法称为培养基法；有些酶能使有生活力的花粉产生氧化-还原作用而着色，通过检测花粉是否因酶的作用而着色的方法，称为染色法。与培养基法相比，染色法更简便，但检测出有生活力的花粉偏低。

五、杂交方法

树木杂交主要有两种方法，即树上杂交和切枝杂交。

1. 树上杂交

松、杉和落叶松等开花结实过程长的树种，都属于树上杂交。控制授粉的操作过程介绍如下。

（1）去雄

雌雄异株或雌雄同株异花的树种，只需分别套袋而不必去雄。两性花在杂交前必须除去雄蕊，以免自花授粉。去雄要在花粉成熟前进行，最适当的时期是花朵张开，花粉呈绿色还未成熟时。但对于刺槐这类在开花前就已散粉的树种而言，可在花瓣初裂时，取出花内的花药。完成一个亲本的去雄后，用95%乙醇消毒干净后再对下一个亲本去雄。已确知自花不孕的树种，或自交不亲和的树种，不必去雄，开花前套袋即可。

（2）套袋隔离

为防止其他花粉的侵入，人工授粉前必须对雌花套袋隔离。凡从外部形态能清楚识别雌花芽的单性花，在雌球花突破芽鳞时，可套袋隔离。雌雄异株的树种，如果附近没有同种雄株，可以不套袋。隔离袋的大小，因树种而异。如松树雌球花生在当年生嫩枝的顶端，并随着嫩枝伸长，因此要用5cm×28cm或7.5cm×30cm的隔离袋；杉木控制授粉常用15cm×25cm的隔离袋。隔离袋的材料必须能防水、透光、透气，一般可采用薄而透明、坚韧的材料制成。如杉木和松树等风媒花树种，可用羊皮纸或硫酸纸做的袋子作为隔离袋，这种袋子透明、透气，又便于授粉和观察雌花的发育。虫媒花可用细纱布或细麻布作为隔离袋，袋子的两端都开口，顶端向下卷折，用回形针夹住，下端缚在老枝上。因为当年生嫩枝脆弱易断，扎缚处要用棉花裹衬，以免风折或机械损伤，并防止昆虫潜入传粉。

（3）授粉

要事先调查雌花开放的时期和雌蕊最适合接受花粉的时间。阔叶树种一般用棉花球或毛笔蘸着花粉授粉；针叶树使用授粉器，或用改装的喉头喷雾器授粉。授粉1~3天后，柱头开始变干，雌球花的胚珠变色、萎缩，说明授粉良好。若柱头仍膨大、湿润，应重新授粉。为了保证充足授粉，可隔日再授一次粉。不同杂交组合的授粉应更换授粉器，防止花粉污染。授粉后，必须在着生授粉雌花的枝条上挂牌标记，并进行记录。在正常情况下，授粉3~10天后，柱头因已受精而干枯，雌球花珠鳞增厚闭合，这时应拆除隔离袋，以免妨碍杂种果实的发育。为防虫、鸟危害，可改套网袋。

2. 切枝杂交

杨树、柳树和榆树等树种，由于种子小，成熟期短，从开花到种子成熟仅需要1~2个月，可以将花枝剪下，在室内杂交，因此该方法又称室内杂交。该方法通过控制室内温度和调节枝条进入温室的时间，可以克服双亲花期不遇，便于隔离和操作管理，也可减少外界不利因素，如晚霜和风雨等影响，比树上杂交更方便。切枝杂交包括花枝采集和修剪、花枝水培管理、去雄、隔离和授粉、果实发育期的管理、收获种子等若干过程。

六、克服远缘杂交不亲和性的方法

树木远缘杂交不像种内杂交那么容易，可能出现杂交不亲和、杂种不育现象。杂交不亲和性是指由于亲缘关系较远，在漫长的进化过程中，形成了各种隔离机制，主要表现如下：

①由于双亲亲缘关系较远，柱头环境和柱头分泌物差别太大，导致花粉不能在对方柱头上发芽。

②花粉管生长缓慢，或花粉管太短，不能达到胚囊。

③花粉管虽然能达到胚囊，但受精不正常。

④胚停止发育、落果等。亲缘关系越远，不亲和现象越明显。杂种不育性是指远缘杂交所得种子不能发芽或幼苗夭折，一些杂种虽能成活，但不能开花结实，或虽能开花结实，但配子败育，不能繁衍后代。

下面简要介绍一些克服远缘杂交不亲和性的方法。

1. 正确选择亲本和杂交组合

选择亲本时，除根据育种目标，选择优良性状多的类型作为杂交亲本外，还要考虑远缘杂交的可配性。如黑杨派、青杨派为母本与白杨派为父本杂交容易，但若白杨派为母本，则杂交困难。

杂种起源的亲本杂交容易成功。如杨属中胡杨是难以杂交的树种，南京林业大学用响叶杨×毛白杨的杂种与胡杨杂交，得到了杂种苗。新疆农业大学用苦杨×钻天杨的杂种与胡杨杂交也得到了杂种。

2. 中介亲本法

如果两个种杂交不亲和，可先由其中一个种与第三者杂交，杂种再与另一个种杂交，这种方法称为中介亲本法，有可能获得杂种。如黑杨派与白杨派直接杂交，由于两者的亲缘关系较远，杂交亲和性很差。张金凤等发现用各派内杂种进行黑杨与白杨的杂交可提高成功率，而利用黑杨×青杨的杂种作为中介亲本，进行杂交，杂交亲和性更高。以中介亲本作为桥梁，克服了杂交障碍，实现了黑杨与白杨派间杂交。

3. 喷父本柱头液和花粉提取液处理柱头

远缘杂交不孕的原因之一是父本花粉不能在母本柱头上发芽。而柱头分泌的液体，通常能刺激母本柱头上亲缘关系近的花粉发芽。因此，可在授粉前采集一些父本的柱头，研碎后涂抹在母本的柱头上，或将父本的柱头移植到母本柱头上，然后授粉。胡杨与杨属其他派树种杂交具有严重的不亲和性。李驹等用小叶杨花粉提取液处理胡杨的柱头，获得小叶杨×胡杨杂种。彭儒胜等用美洲黑杨花粉提取液处理胡杨的柱头，也有效克服了美洲黑杨与胡杨杂交受精障碍。

4. 特殊授粉方法

（1）蒙导花粉授粉

据研究，成熟花粉粒壁上的蛋白质根据存在的部位分为内壁蛋白和外壁蛋白。外壁蛋白是由花药绒毡层合成的一种特异蛋白质，贮存在花粉粒的外壁中，对柱头与花粉的识别起主要作用。将有亲和性的花粉用放射线等方法杀死，但花粉壁蛋白没有发生变化，然后与不亲和性的花粉混合。没有生活力的亲和性花粉，称为蒙导花粉，其蛋白质作为“认亲”物质，可以“蒙骗”柱头接受不亲和性花粉，达到受精的目的。Knox等在克服美洲黑杨×银白杨杂交不亲和的试验中，把亲和的花粉用γ射线杀死后，作为识别花粉与不亲和的花粉混合，授于柱头上，识别花粉扩散出的粉壁蛋白布满柱头，而不亲和的花粉可借此识别物质进入柱头，得到杂交种子。

（2）混合花粉授粉

混合花粉能突破远缘杂交不亲和性的障碍，是由于不同花粉相互影响，改变了授粉的生理环境，解除母本柱头上分泌的某些有碍异种花粉发芽的特殊物质的影响，有助于花粉发芽和使花粉管迅速而顺利地穿过花柱组织。李毅等以箭杆杨为母本，用胡杨花粉和辐射处理的毛白杨花粉混合授粉，经强度筛选得到箭胡毛杨，该品种既保持了箭杆杨的窄冠、速生特点，也拥有胡杨抗旱、抗寒、抗盐碱和抗虫的特点。

（3）重复授粉

不同发育时期同一母本柱头的成熟度和生理状况存在差异。所以，在不同发育时期进行重复授粉可能会遇到最有利的受精条件，以提高结实率。西北农林科技大学曾利用此方法得到葡萄与番茄的远缘杂交种。

（4）提前或延迟授粉

一般而言，母本柱头对花粉的识别或选择能力在未成熟和过熟时最低。所以，在开花前1~5天或开花数天后授粉，可以提高结实率。此方法在小麦、红三叶草、烟草和甘蓝等远缘杂交中，已有成功的报道。

（5）预先无性系渐近法

把两个不易杂交的树种嫁接在一起，由于砧木与接穗营养物质相互同化，使之生理上逐渐接近，然后进行杂交，这种方法称为预先无性系渐近法。如花楸和梨是不同的属，两者不能交配，而苏联米丘林曾将普通花楸与黑色花楸先行杂交，将杂种幼龄实生苗嫁接到成年的梨树上，经6年砧木的影响，两者在生理上逐渐接近，当杂种花楸开花时授以梨的花粉，成功获得了梨与花楸的远缘杂种。

对于杂种不育的问题，可根据具体原因，采用胚胎离体培养、杂种染色体加倍和杂种回交等方法加以克服。

七、杂种的测定、选择和推广

杂交是基因重组的过程，是创造遗传变异的手段。但杂交不等于杂交育种，因为并不是所有杂种都表现优良，而是需要对其进一步选择。杂交育种包括通过杂交获得杂种，对杂种进行遗传测定和选择，以获得优良品种的过程。

1. 杂种苗木的培育

杂种种子的育苗原则上与常规育苗相同。但由于杂种种子数量少，育苗工作应特别仔细。杨树、柳树和泡桐等小粒种子可在温室盆播，幼苗移至杂种圃；松类可采用营养杯育苗。杂种种群越大，选择具备所需性状的杂种的可能性也越大。因此，要做到以下三点：第一，采取有效的育苗措施，以生产最多的杂种苗；第二，保证培育条件的一致性，只有条件一致，才有可能进行客观的评定和选择；第三，注意防止混淆，应及时做好挂牌、观测和登记等工作。

2. 杂种的测定和选择

杂交产生的子代，个体间有遗传差异，只有通过选择才有可能把具有优良遗传基础的个体挑选出来。选择应贯穿于杂交育种的全过程。从杂种萌发到品种试验，都要对繁殖材料进行观测和鉴别，并根据育种目标进行选择和淘汰。

杂种选择的时期不一，可以在苗期进行，也可以在幼龄时或成龄后选择。抗寒性、抗旱性和抗虫性在苗期或幼龄期一般能够表现出来，短轮伐期速生树种也能在该时期鉴定生长性状。

不同树种因繁殖方式不同，选择和鉴定的程序也有所不同。下面以中国林业科学研究院选育的北京杨和意大利选育的欧美杨为例来说明。

中国林业科学研究院选育北京杨的工作始于1956年，2年杂交共得种子10538粒，育成杂种苗506株。这些杂种苗在1年生时的高生长就有很大差别，叶形有倾向于父本的，也有偏向母本的。苗木在苗圃生长2年后，开始第一次选择。淘汰侏儒个体，选择高生长在平均值以上的苗木。第一次中选苗木213株，于秋天平茬。次年秋，开始第二次选择，共选出苗木33株，分别编号，作插条繁殖。由33株苗木繁殖成的混合群体称北京杨。1963年起，又从这33株苗木中，根据生长、物候和抗叶部病害等特性选出了13株作为原种，并繁育成13个无性系。

我国在杨树、柳树和泡桐等杂交育种工作中，基本上采用了上述选择程序，能在短期内取得一定成效。但是，由于杂种的性状不可能在苗期完全表现出来，在没有掌握早期鉴定技术之前，苗期选择不可避免会产生错选或漏选现象。因此，选择应分阶段进行，经较长时期的观测后逐步推广。

意大利的黑杨派树种资源并不丰富，天然林少，对残存为数不多的黑杨天然林进行了仔细调查和搜集。一方面，积极从邻国引进野生植株，由120株雌株和120株雄株组成未经遗传改良的黑杨良种群体；另一方面，系统地从北美引进不同种源的美洲黑杨，特别是南方种源的棱枝杨，也由雌、雄各120株组成初选改良的美洲黑杨良种群体。对育种群体分两条线工作，同时测定配合力和杂种优势。一是以美洲黑杨为母本，欧洲黑杨为父本，进行种间杂交，取得杂种，经无性系测定后，选择杂种优势明显的植株，繁殖成无性系；二是分别在美洲黑杨和欧洲黑杨育种群体内进行控制授粉，通过子代测定配合力，从中挑选雌、雄各40株组成改良群体。对改良群体，重复上一阶段的工作内容，如此循环，使育种群体和杂种无性系的遗传品质不断提高。

杨树无性系的推广遵循严格的评选程序，评选分3个阶段：

①初选阶段。将每株杂种苗繁殖成15株扦插苗，按50cm×200cm栽植，并栽植当地主栽品种2株为对照，第2年按抗病性和生长量，选出25%的无性系。

②复选阶段。将初选无性系按5m×5m定植，仍以当地主栽品种为对照，第2年或第3年从中挑选40%的无性系。中选无性系各繁殖500株，营造无性系对比林，从中选出20%的无性系。

③终选阶段。将中选的20%无性系繁殖出2000~3000株扦插苗，分别在2~4个地点营造试验林，第5年，终选出速生和抗病的无性系。最后经意大利杨树委员会鉴定，并提交国家无性系审定委员会审核和注册登记。一个无性系只有通过多个阶段、多个地点的试验，并经注册之后，才可以在生产中推广，这个过程历时25年以上。

意大利选育杨树无性系的工作特点可以归纳为：调查和搜集双亲的育种资源，建立育种群体；研究育种群体的配合力，科学地选择杂交亲本进行组配；重视杂交亲本改良，制订长期育种计划，使育种工作随着世代前进而持续高效地螺旋式上升；制定并执行严格的无性系评选和测定程序标准。

3. 杂交品种的繁殖、推广和命名

（1）杂交品种的繁殖与推广

由于数量有限，经过遗传鉴定并确认具有优良性状的杂种，不能在生产上推广，还需要经过良种繁育。目前主要依靠种子繁殖的树种，为取得大量的杂种种子，一般采用如下途径：

①利用具有杂种优势的亲本建立杂种种子园，主要有三种方式：一是自由授粉种子园。即把花期相遇的双亲无性系或从杂种一代群体中选出的优良单株无性系，混植建立种子园，每年采收自由授粉种子。这种方式成本低，所需种子量可通过种子园面积来调控。但花期相遇无性系产生的种子不一定都是杂种，且杂种不一定都优良。如在兴安落叶松和日本落叶松种子园中，4年间兴安落叶松母树种子中杂种率变动在21.3%~74.7%。日本落叶松母树种子中杂种率相应变动在18.5%~36.0%。二是人工控制授粉制种园。澳大利亚采用篱式单系种子园生产湿地松×加勒比松杂种。即把入选的母本按无性系在隔离地段建园，同时营建父本无性系采粉区。前1~2年母本无性系雄花少时，可不去雄进行人工授粉，3年后，要先去雄再授粉。为方便去雄操作，采用化学去雄。1988年已可生产性提供杂种种子。但这类种子园的最大缺点是结实受气候影响。三是温室杂交制种。把双亲都栽在容器内，在温室培育，通过调节温室的温度、湿度和控制容器土壤水肥条件，控制双亲球花的发育阶段。

②利用杂种第一代衍生的各种种子，包括杂种一代×杂种一代，杂种一代与亲本回交等获得的种子。韩国刚松×火炬松的实践证明，这类杂种比较容易取得，且杂种的经济性状与杂种一代相仿，这类杂种虽有分离，但可以利用。然而，Zobel 发现，巴西生长优势明显的巨桉杂种自由授粉产生的子代，生长矮小、品质低劣。因此，利用杂种一代衍生种子的观点仍有待考究。

人工控制授粉生产杂种存在种子昂贵的问题，为降低苗木成本，对能无性繁殖的杂种常采用幼龄杂种苗建采穗圃，大量生产扦插苗。这在松、云杉和落叶松上已普遍采用，但同一杂种不同亲本形成的杂种家系及家系内个体扦插生根率有很广泛的变异，需要进一步选育。在一个新品种大量推广之前，应根据新品种推广地区的自然地理条件类型，选择有代表性的地点作为区域化栽培试验点。试验点的数量取决于品种推广范围及自然条件的复杂程度，一般应有2个以上的试验点。试验应包括当地主要树种，采用完全一致的栽培管理措施，并为当地生产单位所接受，以便将来推广。最后，根据试验结果，提出新品种的推广地区和适当的栽培技术措施。

（2）杂种的命名

现在主要有三种命名方式。一是自然杂种常在属名之后加“×”，如*Populus*×

canadensis（加拿大杨）；二是写出杂种的组合，如*P.rigida*×*P.teada*（刚松×火炬松）；三是用品种名称，如*Populus euramericana* cv. I-214（欧美杨I-214）。

项目实施

训练任务一 花粉贮藏和生活力测定

【任务背景】

遗传育种中，花期不遇会给杂交工作造成困难。有的植物可通过调整花期解决，有的则不得不进行花粉贮藏，或者从外地寄运花粉。通过花粉贮藏，可以使一些迟开花的植物和早开花的植物进行杂交，或到较远的地方给母本授粉。花粉贮藏就是创造一定的条件，降低花粉代谢强度，延长花粉寿命。花粉贮藏与运输可以打破杂交育种中双亲时间上和空间上的隔离，扩大育种的范围。为了避免杂交工作失误，在使用外来花粉或贮藏花粉之前，要先测定花粉的生活力。如果花粉生活力已经极弱（发芽率低于5%）或丧失，则不采用。此外，在杂交之前了解花粉生活力，也有利于杂交成果的分析与研究。

假设你是一名林业技术人员，你所在的工作小组接到了一项任务：贮藏花粉及测定花粉生活力。你的部门领导要求你们在工作过程中制订工作计划和方案，并按计划实施方案，认真记录工作过程，并提交任务报告，最后他将对你所在工作小组的每一位成员进行考核。

【任务思考】

①如何收集花粉？如何贮藏花粉？

②花粉生活力的测定方法有哪些？其原理是什么？

③哪些因素影响花粉发芽率？

④在操作中有哪些注意事项？

【实验器材】

1. 材料

杨树、柳树、马尾松等植物的花粉。

2. 仪器

修枝剪、不锈钢药筛、解剖针、载玻片、盖玻片、毛笔、指形管或小玻璃瓶、脱脂棉或纱布、标签、玻璃铅笔、显微镜、干燥器、大广口瓶等。

3. 试剂

硫酸、氯化钙、蔗糖、葡萄糖、蒸馏水、稀硼酸（1∶100000）、凡士林、联苯胺、苯酚、乙醇、碳酸钠、过氧化氢、琼脂、2,3,5-三苯基氯化四氮唑、愈创木酚、苯胺蓝等。

【实验方法】

1. 花粉收集

(1)树上收集

花粉量多、散粉期较长的植物均可采用此法。植物一般于09:00左右开始散粉，11:00~14:00是雄花盛开时间，可预先把雄花用袋子套上，当花粉散出时，即落入袋中收集。

(2)摘下花序(花穗)收集

不便于上树收集花粉的植物，如杨树、榆树、栎类、杉木和松树等，可以直接采集即将散粉的雄花穗，在室内摊在纸上阴干，待花粉自然开裂后收集。

(3)培养花枝收集

柏木、水杉、榆树和杨树等，可以在雄花散粉的前几天，剪下花枝在室内用水培养，在水瓶下面铺一张干净的白纸或塑料布，当雄花开放，花药自然开裂时，花粉落于纸上收集。此法效果好，由于水分供应充足，可以利用枝条内的养分正常生活，花药开裂完全，所以花粉量多。收粉时可把已开始吐粉的花枝从水瓶中取出(不要把水滴在纸上)，敲打花枝，花粉即大量落于纸上。花粉可以一次收集或分数次收集。因为同一枝条上的不同花序，甚至同一花序前后部分的花药，开裂时间有先后。凡散粉量少或花枝不多时，可用干净的毛笔收集。如果同时收集几种花粉时，要采取隔离措施，可分别在不同室内进行，以免花粉混杂。

2. 花粉贮藏

花粉寿命的长短因植物种类而异，一般风媒花花粉的生活力在干燥、冷凉的室温下可保持一两周甚至几年。但是，许多被子植物的花粉保存时间都不到一周。通常情况下，杂交授粉都是用当年的花粉，只有杂交双方的花期不一致，或进行远距离杂交时，才用贮藏花粉。

除植物本身的遗传特性外，温度和湿度条件也是影响花粉寿命的因素。温度和湿度间有一定相关性，高温高湿使花粉很快丧失生命，而极干燥的条件也不利于花粉保存。因此，人工贮藏花粉就在于创造低温、干燥和黑暗的条件，降低花粉代谢强度，以延长寿命。花粉收集后，需要进行干燥、去杂和冷藏等程序。

(1)干燥

把花粉放在散光下晾干、阴干，或放在盛有氯化钙的干燥器中初步干燥，一般以花粉由相互黏结至极易分散为度(即不黏附在玻璃容器壁上)，这种状态的花粉，其含水量在10%左右。

(2)去杂

花粉在贮藏前要过筛去杂，花粉筛的孔径不可过大，以50~70μm为宜。操作时轻轻摇动筛子，使花粉落下，夹杂物留于筛上，不能用毛笔、刷子等用劲在筛上扫刷，因为花丝及花粉壁碎片会通过筛孔混入花粉，影响贮藏和发芽试验。

（3）冷藏

处理好的花粉分别装入指形管或小玻璃瓶中，不要装满，以占1/5或更少些为宜，以免发热长霉。瓶口用双层纱布或棉花包扎，不可用橡皮塞或软木塞，否则瓶内与瓶外隔绝，无法控制湿度。瓶外贴上标签，注明花粉名称和贮藏周期，然后把小瓶花粉放在干燥器中。干燥器的底腔可放置一些控制湿度的化合物，如硫酸、氯化钙和醋酸钾饱和溶液等。最后，把干燥器放在冰箱中，保持在0~2℃，这样可以贮藏较长时间。如果没有这些设备，可把装有花粉的小瓶子放在盛有石灰的箱子中，置于阴凉干燥的黑暗处，也可起到短期的贮藏作用。

3. 花粉生活力测定

测定方法分为直接测定法和间接测定法。

（1）直接测定法

将花粉直接授在清洁的同种植株的柱头上，并做好隔离工作，然后观察其雌花的发育情况。如果胚珠能够正常地发育成种子，则说明该花粉具有生活力，否则没有生活力。具体操作方法如下：

①将花粉直接授在清洁的同种另一植株的花柱头上，并做好隔离工作。隔1~3天采集已授过粉的柱头，固定于60℃温水中或F.A.A固定液（50%乙醇85mL，冰醋酸5mL，甲醛5mL）15min。

②染色制片。配制1%苯胺蓝溶液（将1g苯胺蓝溶于100mL的蒸馏水中）或配制0.5%苯胺蓝乳酸酚（将1份酚溶解在1份蒸馏水内，然后加入甘油、乳酸各1份）。将取出的花柱放在1%苯胺蓝溶液或0.5%苯胺蓝乳酸酚中染色24h，撕开花柱，盖上盖玻片，用大拇指轻压，在显微镜下观察。若花粉具有生活力，即可观察到花粉管伸入柱头组织（花粉管染成蓝色）；若花粉不具生活力，即无花粉管伸入柱头组织。此法适用于多数植物，特别是阔叶树。

（2）间接测定法

间接测定法通过人为创造特定条件使花粉发芽，以鉴别是否有生活力。具体方法分为两种：

①培养基法。

a.配制培养基。将100mL蒸馏水倒在烧杯中，加入0.5~1g琼脂使之溶解，然后加入定量蔗糖（或葡萄糖）制成5%、10%、15%、20%（即100mL水加5g、10g、15g、20g糖）的琼脂。为了促进花粉发芽，可用约1/10000的硼酸溶液代替蒸馏水。加热时，为了防止杯中水分蒸发影响浓度，可预先在杯上做记号，待琼脂全部溶解后，把水加至标记处。

b.制片。趁热用吸管取少量配好的培养基溶液，滴到悬滴载玻片上的凹槽内，放置片刻，使其冷凝。

c.播种花粉。用解剖针蘸取少量花粉，均匀地撒在培养基上，花粉不可撒太多，以免给观察带来困难。

d.观察。在显微镜下观察制备成功的片子是否合乎要求。如果合乎要求，则放在预先垫有湿润吸水纸的培养皿内，然后盖上盖，并放在20~22℃的温箱中，经24h（有的花粉需要3~5天），待花粉萌发后取出，在显微镜下观察发芽情况。

e.鉴定生活力（以发芽率代表）。为了保证结果的代表性，应该随机在显微镜下取5个视野，计算花粉发芽数、总数和平均发芽率。

②染色法。

染色有许多方法，见表4-2，不同方法对不同植物的效果不一样，常见的方法如下：

表4-2　能用于测定花粉生活力的一些氧化还原染料

试剂	分子式	颜色反应	包含的酶
2,3,5-三苯基氯化四氮唑	$C_{19}H_{15}ClN_4$	无色到红色	还原酶
联苯胺	$NH_2C_6H_4C_6H_4NH_2$	淡红色到蓝色	过氧化物酶
愈创木酚	$OHC_6H_4OCH_3$	无色到红棕色	过氧化物酶

a.采用2,3,5-三苯基氯化四氮唑（TTC）。该试剂有几百个衍生物，通称四唑盐。该盐结晶体呈白色或黄白色，退光还原成红色，应装入带色的玻璃瓶内，置暗处保存，易溶于水，对酸碱敏感。使用四唑盐测定花粉生活力的原理是：无色药液进入花粉遇到活组织里的脱氢酶，还原成红色的三苯甲腊（TTF），有生命的花粉被染上红色，无生命的花粉不着色；花粉生活力强弱有异，染色深浅也有不同。

具体方法是：配制1% 2,3,5-三苯基氯化四氮唑溶液，调整溶液pH为6.5~7.0，倒入盛有待测花粉的容器内，于28~30℃的温度下置暗处2h以上（随植物种类不同，染色时间也不同），取出后在显微镜下观察。具有生活力的花粉被染上红色，无生活力的花粉无色，计算发芽率的方法同上。

b.利用脱氧化酶反应。把花粉置于载玻片上，滴入一滴0.025%的次甲基蓝，盖上盖玻片，数分钟后在显微镜下检查。无生活力的花粉被染成淡蓝色，有生活力的花粉褪为不同程度的淡蓝色或灰色，褪色能力的强弱与生活力的强弱呈正相关。次甲基蓝的浓度可以任意调节，以获得最明晰的结果。此法对裸子植物效果良好。

填表，完成花粉生活力测定结果的记载，见表4-3。

表4-3 花粉生活力测定表

测定日期：

花粉名称：

花粉采收方法：

测定前花粉保存方法：

显微镜倍数：

载玻片号	花粉发芽环境	刺激物	视野中花粉发芽数/总数					平均发芽率	花粉管平均长
			1	2	3	4	5		

【结果展示】

①花粉生活力测定表，花粉发芽率高或低的原因。

②花粉粒发芽形态图（注明放大倍数）。

训练任务二 植物有性杂交技术

【任务背景】

植物杂交育种是应用遗传性不同的植物或同一植物的不同类型，在开花时进行人工控制授粉，以获得杂种的手段。由于基因的重新组合，杂种后代往往出现杂种优势，人工杂交目的，在于取得和利用杂种优势。

假设你是一名林业技术人员，你所在的工作小组接到了一项任务：选取某一林木进行人工杂交。你的部门领导要求你们在工作过程中制订工作计划和方案，并按计划实施方案，认真记录工作过程，并提交任务报告，最后他将对你所在工作小组的每一位成员进行考核。

【任务思考】

①有性杂交的基本方法。

②选择杂交亲本的原则是什么？怎样选择杂交母株？

③人工杂交为什么要去雄？哪些情况下不需要去雄？

④哪些植物适合于切枝杂交？切枝杂交有什么优势？

【实验器材】

1. 材料

不同品种的杨树或柳树的雌、雄花枝和已达到开花年龄的杉、松等植株。

2. 仪器

修枝剪、硫酸纸袋、纱布、细绳、棉花、标签、铁牌、回形别针、毛笔、授粉器、记载簿、梯子、铅笔等。

【实验方法】

1. 切枝杂交

种子小而成熟期短的某些植物（如杨树、柳树和榆树），可从树上剪下枝条培养，在室内进行杂交。这种方法可避免到高大树梢上进行杂交工作的困难，克服花期和产地不一的困难，操作、管理和观察也较方便。

（1）枝条的采集和修剪

从已选好的母树树冠的中上部，选1~2年生无病虫害的、基部直径为1.5~2.0cm、长70cm以上的雌花或雄花枝条。采回来的枝条，或从远地寄来的枝条，入室前进行修剪。雄花枝修剪生长不良的花枝、生长过密的小枝、无花芽的徒长枝和带有病虫害的枝条，尽量保留全部花芽，以便收集到大量花粉。雌花每枝留1~2个叶芽和3~5个花芽，其他全部去掉。

（2）水培和管理

①将已修理好的枝条，在水中将基部剪成斜面，插于盛有清水的大号玻璃广口瓶或瓦罐中，放在温室下，每隔2~3天换一次水，隔一定时间基部修剪一次。天热时应勤换水，并同时洗去枝条基部的分泌物。

②温室的气温应保持在15~18℃，相对湿度以70%为宜，并保持室内空气流通，防止病虫害的发生。

③在每个雌花枝上挂一标签，注明植物名称、采枝日期和花序数量，并按需要项目进行观察记载。

（3）调节花期

为了在雌花开放前准备好必需的花粉，要注意花期的调节。如果杂交亲本花期相同，则应将雄花枝提前2~5天放入温室；如雌花先熟，则必须周密考虑，或者更早些培育雄花枝，或者对雌花枝加以低温控制以保证雄花早开，否则会使实训失败。

（4）隔离

为了达到杂交的预期目的，必须防止自然授粉，应在所有雌、雄花枝没有开花之前先行隔离。可把同一组合的雌、雄花枝放在同一室内，或同一父本的雌花枝放在同一室内，而不同组合或不同父本的花枝，则要分别放在不同的室内，必要时也可以在雌花枝上套袋。

（5）去雄、授粉

榆树是两性花，开花前要去雄，杨树、柳树是单性花，可不去雄。具体注意事项如下：

①当雌花柱头明亮且有透明汁液时，即可进行授粉。一般用毛笔蘸取花粉轻轻撒在柱头上。如果雌花以套袋法隔离，则授粉时要打开袋口，授粉后再把袋扣用回形针别住。

②由于同一花序内的各个小花盛开的时间不同，往往基部先开，先端后开，前后可差2~3天，所以授粉工作应该在两三天内连续进行几次。授粉的最好时间是盛花期内每天的08:00~11:00，因为此时柱头上的汁液较多。

③授粉后，在标签的反面注明父本的名称和授粉期。

（6）管理、观察和记载

果实发育期内，温室内的温度会受季节的影响显著提高，微生物的繁殖加快，虫卵开始孵化。这时应注意防治病虫害，经常换水和通风。将温度控制在18~22℃，湿度保持在65%以上。为了积累资料，应对杂种后代进一步分析研究，对果实发育情况进行观察，并详细记录，见表4-4。

（7）收获种子

为了避免种子飞散，当果实即将成熟时要套上硫酸纸袋，待成熟时连同袋子一起取下，按组合分别保存，并附上标签，注明杂交组合、授粉期和采种期，以备播种。

（8）播种

种子可以直接播种于苗圃，或先室内盆播，然后移植。

①准备播种盆。盆播时，将播种盆的排水孔用碎瓦片盖上，加营养土（3/5的塘泥土、1/5的草灰和1/5腐殖质），加定量的细石，用板压紧，再覆以过细孔筛的细土（厚1cm），将盆高的4/5浸入水中，使水从盆底慢慢透入，避免破坏土壤结构。

②播种。在浸透的盆土上播种，播种距离为1cm×1cm，不必覆土，但要盖上玻璃，以保持湿度并移到阴凉处，1~2天后即可发芽。

③管理种子发芽3~4天后，除去玻璃盖，并置于阳光处，每天下午用喷雾器喷一次水，一周左右进行一次浸盆，并随时注意覆土（帮助幼草扎根入土）。此外，要注意防治病虫害。

（9）幼苗移栽

当幼苗长出2~3片真叶时，应将苗箱移到室外荫棚下，在其长出3~4片真叶后，可移栽在事先准备好的苗床上。带土移栽，不可损伤任何部分，尤其是根系。移栽后及时灌水、遮阴。

2. 树上杂交

（1）去雄和隔离

两性花杂交之前需将选作母本的花去雄，即除去花中的雄蕊；单性花只需隔离。在花粉成熟之前进行去雄，一般用镊子或尖头剪刀直接剔除花中的雄蕊。去雄时要仔细、彻底，不要损伤雌蕊，更不能刺破花药，否则会引起自花授粉。此外，去雄时所用的镊子和剪刀等工具要常浸在乙醇中消毒，以杀死黏附的花粉。

去雄后要及时套袋隔离。为使雌花有良好的发育条件，隔离袋应选用薄而透明、坚韧的材料。风媒花常采用半透明的玻璃纸制作隔离袋；在南方地区，为防止雨水浸湿破坏，多数还使用蘸根粉糊粘贴，并涂上桐油；虫煤花植物多采用细纱布或细麻布制作隔离袋。

隔离袋的大小视植物而异。套袋时袋口最好扎在木质的老枝上，扎缚处用棉花或废纸裹衬，以免因风吹枝摇而受到机械损伤，并防止外来花粉入侵。

（2）授粉

待雌花开放、柱头分泌黏液时，即可以授粉。授粉期因植物而异（白蜡为2~8天，松树为4~5天，冷杉和云杉为2~5天，鹅掌楸为0.5~5天，杨树和柳树为3~5天）。授粉最好在无风的早晨进行，一般采用喷粉器或用毛笔、棉花球等蘸着花粉涂抹在柱头上。授粉后要挂上标牌，注明杂交组合和授粉日期。

（3）管理

授粉3~7天后，当柱头已萎缩（针叶树苞鳞闭合）时，表示已失去再授粉能力，这时可除去隔离袋。但是，某些植物如蕨类在幼果发育至成熟时，为防止昆虫危害，要再次套袋。整个杂交过程要注意细心管理并观察记载，见表4-5至表4-6。特别注意杂种种子的采收、处理和贮藏等工作。杂种种子播种和管理等工作，与切枝杂交相同。

表4-4　切枝杂交记录表

母本名称	采枝日期	植株号	花芽开放日期	授粉植物	采收花粉日期	授粉日期	授粉花序数量	果实成熟日期		果实数量	种子数量
								最初	末尾		

表4-5　树上杂交记录表

植株号	套袋隔离去雄日期	隔离花果数量	授粉日期	授粉方式	授粉植物	取袋日期	采果日期	果实数量	种子数量	备注

表4-6 切枝杂交和树上杂交工作结束后记录表

植株号	杂交组合		授粉花果数量	采收果实、种子数量	杂交成功百分率/%
	♀	♂			

备注：分母表示年号，分子表示杂交组合编号。

3. 记载杂种苗木培育工作

①种子发芽的日期__________，发芽势__________，发芽率__________。

②移向营养钵的日期__________，小苗数量__________。

③从温室移向空旷处的日期__________。

④幼苗移向苗圃的日期__________，成活率__________，保成率__________，移植时高度__________，晚秋时高度__________。

【结果展示】

①杂交记录表。

②杂种苗木培育记录表。

训练任务三　杂种特征分析和描述

【任务背景】

杂种具有父母双方的遗传物质，其某种特征和特性发育的可能性，取决于父母双方遗传传递能力的大小和杂种后代的培育条件。因此，借助杂种后代形态特征分析，可以了解双亲形态特征遗传性质，为杂交时的亲本选择提供参考。

假设你是一名林业技术人员，你所在的工作小组接到了一项任务：分析杂种后代的形态特征。你的部门领导要求你们在工作过程中制订工作计划和方案，并按计划实施方案，认真记录工作过程，并提交任务报告，最后他将对你所在工作小组的每一位成员进行考核。

【任务思考】

①杂种后代的分析方法。

②什么是杂种优势？

【实验器材】

1. 材料

鹅掌楸、各种杨树及其种间杂种的新鲜或蜡叶标本。

2. 仪器

直尺、测径尺、放大镜、托盘天平、照相机、记录工具等。

【实验方法】

参观杨树、鹅掌楸杂种定植圃。按下列形态特征对比分析并描述双亲和杂种后代，列表比较，见表4-7。

①枝芽。枝条的粗度、形状、颜色、绒毛；芽的分布、着生状态、大小、颜色、绒毛。

②有无托叶和其他性质。

③叶。叶的着生状况、形状、大小；叶缘、叶基、叶脉和叶的颜色、绒毛（顶部与基部）；叶柄与叶片相应的比值长度、横断面形状、绒毛，是否具腺体（形状、颜色、大小）等。

④花。花的性质（双性、单性）、结构，是否有花被；花萼和花瓣的颜色、大小、绒毛等；雄蕊、雌蕊的数量；花柱的长度，柱头的形状和颜色；花的大小。

⑤花序的性质。

⑥果实。果实的性质、大小（长×宽）、形状、结构，果实数，每室种子数，每果种子数、质量。

⑦种子的数量、形状、颜色。

⑧生长势，幼茎的形状，树冠，分枝习性等。

⑨杂种优势，现以树高性状为准，按下列公式计算：

$$\text{杂种优势}=\frac{\text{杂种的平均数}-\text{双亲的平均数}}{\text{双亲的平均数}}\times 100\% \tag{4-4}$$

表4-7 杂种植物和亲本主要形态特征比较表

主要形态特征	母本植物名称（♀）	父本植物名称（♂）	杂交组合名称

【结果展示】

①杂种植物和亲本主要形态特征比较表。

②某些主要性状，如冠形、分枝习性、叶形、叶缘和叶基的草图。

③杂种优势百分数计算结果。

考核评价

1. 考评结构

态度纪律20分；工作过程60分；任务结果20分。

2. 考评标准

①态度纪律。积极主动、速度快、质量好且有创新等优秀表现得20分；有迟到、早退、开小差等违纪现象得10分；缺席得0分。

②工作过程。搜集资料、设计方案、观察、测定、计算和总结等环节完整、操作规范、结论正确、表述流畅得60分；环节完整、操作较规范、结论正确、表述流畅得50分；环节完整、操作欠规范、结论不正确、表述较流畅得40分；环节不完整、操作不规范、结论不正确、表述不流畅得30分。

③任务结果。数据详实、报告完整得20分；数据详实、报告较完整得16分；数据存疑、报告不及时得12分。

3. 评价表

任务名称：　　　　　　　　　　　　　　填写时间：

姓名	态度纪律（20分）	资料搜集（10分）	制订方案（10分）	操作过程（30分）	表述答辩（10分）	任务结果（20分）	总分（100分）

自我总结

完成任务后，进行自我分析与总结。

思考题

①杂交育种应包括哪些步骤？为什么说取得杂种只是杂交育种工作的起点？

②亲本选择应考虑哪些因素？理由是什么？

③花粉贮藏和杂交技术中包括哪些内容？每一内容中的技术关键是什么？

④简述树上杂交和切枝杂交的异同及适用树种。

⑤提高杂交可配性有哪些方法？

⑥树种繁殖方式不同，在鉴定、选择和推广等做法上有何异同？

项目五

无性系育种

项目介绍

1. 项目相关背景

无性繁殖，也称营养繁殖，是指采集植物的部分器官、组织或细胞，在适当条件下使其再生为完整植株的过程。基于细胞全能性的原理，植株上任何具有分生能力的细胞、组织或器官，在一定条件下均可以发育成为独立的完整植株。由于无性系是由原株的离体器官、组织或细胞经体细胞有丝分裂再分化发育而成的再生群体，没有通过有性生殖过程，不会发生基因分离与重组现象。因此，无性系分株与原株具有相同的基因型，可以保持原株的基本特性。

无性系选育是指从天然群体或人工杂交、诱变群体中，选择优良个体，通过无性繁殖形成无性系，经无性系测定，选育出优良无性系，并应用于生产的过程。

2. 项目任务描述

训练任务一　花药培养诱导单倍体

训练任务二　毛白杨茎尖培养及其快速繁殖

学习目标

1. 能力目标

①完成文献资料的查询和搜集工作。

②与他人分工协作，并进行有效的沟通。

③设计花药培养诱导单倍体和毛白杨茎尖培养的方案，并做出相应计划。

④完成花药培养诱导单倍体和毛白杨茎尖培养工作，说明注意事项。

⑤通过文字、口述或实物展示学习成果。

2. 知识目标

①简述提高林木扦插生根的方法。

②简述提高林木嫁接存活率的方法。

③简述利用组织培养技术进行林木快速繁殖的步骤。

④简述植物脱病毒的方法及技术。

⑤简述林木无性繁殖材料复壮的措施。

⑥简述林木无性系选育应注意的问题。

⑦简述林木无性系造林应注意的问题。

背景知识

一、传统无性繁殖技术

传统无性繁殖包括扦插、嫁接、根蘖和埋（压）条等方法。其中，扦插和嫁接繁殖简单，在无性系造林和种子园营建中应用普遍。

1. 扦插

扦插是利用植物器官的再生机能，从原株上切取一定大小的茎、枝条、叶或根等材料插入基质中，在适宜的外部环境条件下，通过自身遗传以及生理机能调节，再次形成完整植株的繁殖方法。按插条材料的性质可分为硬枝（冬枝）、嫩枝（春枝和夏枝）、根和针叶束（短枝）扦插等。扦插繁殖具有操作简单、效率高和成本低等优点。

插条生根能力受遗传和环境因素影响。其中，遗传因素起主导作用。不同树种，或同一树种不同种源、家系和无性系的插条生根能力不同。此外，采条原株的年龄、采条部位和采条季节对插条生根也有影响。一般从树龄小的树上，或从树干基部采条，或用根萌条作插条，扦插比较容易成功；反之，如果从树龄较大的树冠上采集枝条，插条生根率一般较低。硬枝插条多于秋末至春初采集，嫩枝扦插多采用半木质化枝条。根插可于深秋采根，沙藏越冬，或在春天随采随插。对于刺槐等根蘖能力极强的树种，可以将根截成1~2cm，采取播根的方式育苗。

插条生根率的高低与温度、湿度、光照和基质等有密切关系，应通过采取相关措施，提高扦插成功率。

（1）选择通气保湿的插床基质

黑杨、柳树和水杉等容易生根的树种对基质选择不甚严格，大田扦插也能成活。但对于难以生根的树种，如果插床基质的颗粒过粗，孔隙度大，会因为持水性差造成插条水分亏缺萎蔫；如果插床基质过于黏重，又会因通气性差甚至积水造成生根部位无氧呼吸，并引起病菌增殖，从而导致插条腐烂。此外，一些树种对扦插基质的pH要求较为严格，如雪松插条只有在微酸性的介质中成活率较高。

（2）保证足够的光照以及适宜的温度和湿度

在缺乏光照的情况下，由于植物不能制造生根活性物质，往往会导致扦插失败。而在充足的光照条件下，嫩枝的叶片或硬枝插条萌生的叶片光合作用正常，不仅能合成碳水化合物等生命活动的能源和形态建成的组分，而且还会合成促进生根的生长素等，从而缩短生根时间，提高扦插成活率。扦插基质温度较高，地面气温较低，有利于减少蒸腾，加速插条基部愈伤组织的形成和生根物质的合成，从而提高扦插成功率。插条在尚未生根前，主要通过被动吸水维持地上部分的蒸腾，在这期间，必须保证空气湿度，减少蒸腾失水，维持水分平衡，这一点对嫩枝扦插尤为重要。

20世纪70年代以来，全光照自动喷雾扦插育苗技术迅速发展。该技术以间歇喷雾或恒定湿度控制喷雾的方式为插条提供水分，同时起到调节插床和空气温度、湿度的作用，具有生根迅速、育苗周期短和操作简单等优点，值得推广应用。

（3）采用生长素等方法处理插条，促进插条生根

植物的生根能力同自身所含生根促进物质与抑制物质的比例有关。采取人工措施增加插条促进生根物质的比例，或降低插条抑制生根物质的含量，可以提高扦插的成活率。最常采用的方法是用生长素处理插条，通过补充外源激素，加速内源激素合成，促进插条不定根形成。此外，还可以采取插条沙藏越冬催根和插条流水冲洗等方法提高扦插生根率。

2. 嫁接

嫁接是将一个植株的芽或枝条与另一植株的茎段或带根系植株适当部位的形成层对接，愈合生长，并发育成新植株的方法。其中，前者称为接穗，后者称为砧木。嫁接的方法很多，按材料的来源，可分为枝接、芽接和针叶束（短枝）嫁接；按取材的时间，可分为冬枝接、嫩枝接；按嫁接的方式，可分为劈接、舌接、切接、袋接、靠接和髓心形成层对接等。嫁接在树木种质资源搜集保存、无性系种子园营建、树冠矮化、提早开花结实、增强树种适应能力、繁殖材料返幼复壮和良种扩繁等方面具有重要的作用。

嫁接成败主要取决于砧木与接穗的亲和力，即砧木与接穗嫁接愈合及进一步生长发育的能力。嫁接不亲和，或亲和力低的主要表现为：

①嫁接不愈合，接穗逐渐干枯，或虽不干枯，但不发芽，或萌芽后生长极弱，最后死亡。

②接口愈合差，出现断裂、结瘤或流胶流脂等现象，嫁接结合部位上下不一致，形成砧木细或砧木粗的现象。

③接穗生长缓慢，叶片变小，叶色变黄，或大量开花。

④接口虽愈合良好，但若干年后接穗生长缓慢，树势衰退甚至死亡等。嫁接亲和力的高低主要取决于砧木与接穗内部组织结构、遗传和生理特性的相似程度。

一般接穗与砧木亲缘关系越近，亲和力越强。同品种或同树种的植株间嫁接，即本砧嫁接，亲和力最强；不同树种间嫁接，即异砧嫁接，亲和力因树种而异。同科异属的树种嫁接，亲和力一般较小，但也有嫁接成活并在生产上广泛应用的实例，如核桃嫁接在枫杨上。

此外，嫁接的成败还取决于砧木与接穗的活力、嫁接方法、嫁接季节、嫁接环境条件、嫁接技术和嫁接后管理等。一般而言，生长健壮，营养器官发育良好，体内储藏的营养物质较多的植物，嫁接容易成活。植物的生长发育会影响不同嫁接方法的实施时

间。如枝接一般在冬季或早春树木萌发前实施，而芽接大多在生长季节砧木与接穗的韧皮部与木质部分离阶段进行。在室外嫁接时应注意天气条件，低温、阴雨和大风等天气不宜于嫁接。嫁接后要及时进行截砧、松绑、抹芽和培土等常规管理。下面列举两类树种的嫁接技术。

（1）针叶树嫁接

①髓心形成层对接。该方法是针叶树种子园常用的嫁接方法，如图5-1所示。接穗长8~10cm，具有完整的顶芽。保留顶端10束左右的针叶，去除其余针叶。先将接穗的一面削一段斜面，然后在其背面从顶芽针叶附近逐渐切至髓心，顺着髓心纵向削去半边接穗。一般砧木为2~3年生的移植苗，嫁接部位比接穗稍粗，切面长度同接穗一致，将接穗切面贴在砧木的切面上，形成层相互对正，用塑料薄膜从上往下缠绕，绑紧。1个月后检查成活情况，如果确认嫁接已成活，随即将砧木顶梢剪除，半年后松绑。

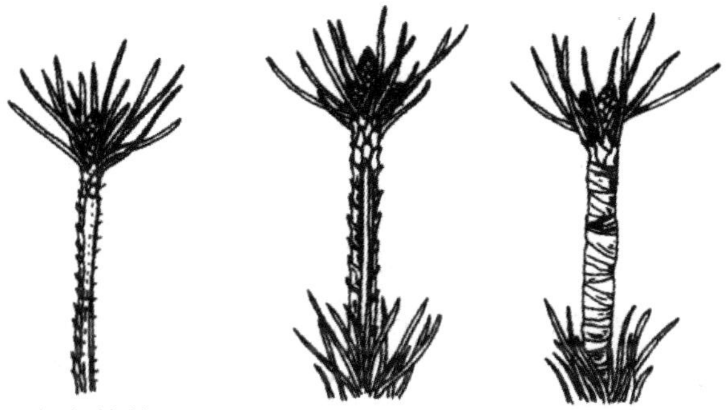

（a）接穗　（b）砧木　（c）嫁接植株

图5-1　针叶树髓心形成层对接示意图

接穗一般采用木质化枝条，但有的树种也采用嫩枝作接穗。如20世纪80年代以前，马尾松种子园多采用老枝嫁接，生产性嫁接成活率为20%~30%；后来采用嫩枝嫁接，生产性嫁接成活率超过80%。嫩枝木质化程度低，从采穗到嫁接管理整个过程容易失水，会影响成活率。因此，采集后要注意保湿、保鲜。

②短枝嫁接。20世纪80年代中期以来，短枝嫁接在湿地松、马尾松、火炬松和油松等树种上的应用获得成功，较常规嫁接技术接穗利用率提高40~60倍，突破了松树嫁接繁殖系数低的难关。北京林业大学分别于1989年和1991年在河南省辉县林场和河北省山海关林场的油松种子园营建中，应用短枝嫁接，累计繁殖苗木2万株，解决了短期内提供大量接穗的困难。短枝嫁接可采用贴接法（图5-2）、嵌接法、T字形接法等多种方法。贴接法具有砧木和接穗形成层接触面积大的特点，该方法愈合快，成活率高。砧木为2~3年生实生苗，地径大于1.0cm。在第二年秋季和第三年春季剪去最上层轮枝，加强水肥管理，促进主梢生长。由枝条下部往上部取接穗，在所取短枝的四周各切一刀，深达木质部，呈长方形，再从右侧切口轻轻掀起，取下带有一枚短枝的韧皮块，韧皮块长0.6~1.0cm、宽6~8cm，取穗时宜将短枝的枝痕连同取下。在砧木当年生幼茎或上年生幼茎的中上部，先摘除6~8cm的针叶束，然后切下大小和形状与接穗相同的韧皮块。将接穗贴入砧木的去皮处，贴合、绑扎，使针叶外露。必要时，套塑料袋保湿，1个月后去袋，50~60天松绑。

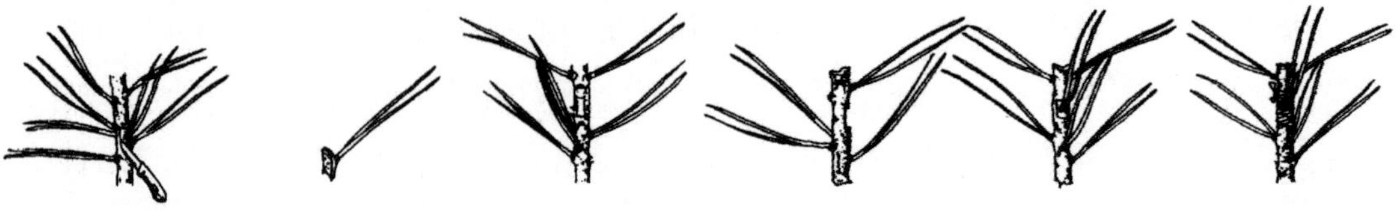

图5-2 针叶树短枝嫁接（贴接）示意图

（2）阔叶树嫁接

一般认为，阔叶树嫁接的工序复杂且成本高，主要用于经济价值较高的树种繁殖和无性系种子园营建等，很难在其他树种育苗中大规模应用。但实际上，如果嫁接经过科学的组配，可以用于林木规模繁殖。如北京林业大学通过“一条鞭”嫁接，解决了毛白杨三倍体品种生根难、扦插成活率低的难题，具有方法简便、繁育快和成活率高等特点。在具体操作过程中应掌握好以下几点：

①砧木的选择。一般选1年生，粗1~2cm的加杨、大官杨、大青杨等苗木作为砧木。

②掌握好嫁接时间。早接易萌发，冬季受冻害，生长不旺；晚接接口皮层不好剥离，愈合慢。华北等地一般在立秋前后10天嫁接。

③嫁接方法。采取T字形芽接（贴皮接）。在当年生已木质化的苗干上，每隔16~18cm嫁接一个芽，注意不要在同一个方向上接，要螺旋上升嫁接，这有利于愈合。取接芽时，从芽下部向上削，接芽内的小突起保留，以免造成假活。过嫩的部分不宜嫁接。接后绑紧，嫁接3天后用手触叶柄脱落为成活，成活后及时解绑。可以在母条上越冬，明春边剪边插，当年苗高3~5m。

④扦插时采用沟插。插条上的接芽低于地面3~5cm，当苗高15cm左右时及时培土，促进毛白杨接芽苗木基部产生新根。出圃时，去掉砧木后再造林，否则容易产生“小脚”现象，影响苗木生长。

二、组织培养技术

通过组织培养技术可以将一个外植体在一定的时间内，繁殖出比常规繁殖多几百倍，甚至千万倍与母体遗传性状相同的健壮小植株，达到大田苗的标准。由于组培具有增殖快、易于工厂化生产等特点，因而被用于林木、花卉和药用植物等工厂化生产，也用于种质资源长期保存和珍稀濒危植物的繁殖。但组培过程中易出现污染、褐化和玻璃化等问题，导致组培的成本加大。因此，迄今也只有桉树、杨树和相思等少数树种实现工业化生产。

1. 培养基的配制和无菌培养体系的建立

（1）培养基的配制

培养基是植物组织培养的物质基础，也是植物组织培养能否获得成功的重要因素之一。培养基可分为两类：一类是基本培养基。包括大量元素和微量元素（无机盐类）、维生素、氨基酸、糖和水等。常用的基本培养基有MS、改良MS、White、Nitsch、N6、B5等。第二类是完全培养基。即在基本培养基的基础上，添加一些植物生长调节物质，如6-苄基腺嘌呤（6-BA）、玉米素（ZT）、激动素（KT）、2,4-二氯苯氧乙酸（2,4-D）、萘乙酸（NAA）、吲哚乙酸（IAA）、吲哚丁酸（IBA）和赤霉素（GA_3）等以及其他的复杂有机附加物，包括有些成分尚不完全清楚的天然提取物，如椰乳、香蕉汁、番茄汁、酵母提取物和麦芽膏等。一般分别配成大量元素、微量元素、铁盐、有机物质（除蔗糖）和植物生长调节剂等不同浓缩母液。配制培养基时要计算和量取各种母液所需量，添加蔗糖、琼脂和蒸馏水，混合并加热融化琼脂，煮沸后定容，调节pH，分装，灭菌。

（2）无菌培养体系的建立

尽管所有的植物细胞都具有重新形成植株的能力，但不是任何细胞都能表现出来，所以要选择在培养时容易进行再分化产生植株的部位作为外植体材料。在同一植物不同部位的组织、器官中，其形态发生的能力，因植株年龄、采集季节、外植体大小及着生部位和生理状态而不同。因此，外植体的选择对离体快速繁殖十分重要。一般选择生长健壮的优良植株，在春季取幼年树体较基部的材料为宜。

首先清理材料，将需要的部分用软毛刷、毛笔等在流水下刷洗干净，也可用毛笔蘸少量洗衣粉或肥皂水刷洗，把材料切割到适当大小，用流水冲洗几分钟。然后用灭菌剂（如70%乙醇、10%过氧化氢、84消毒液、0.1%升汞）对材料表面灭菌。在超净工作台上将外植体置入一个无菌的三角瓶或广口瓶内，用70%乙醇处理较短时间，至少用无菌水冲洗一次；用无菌的镊子将外植体移入另一无菌瓶内；倒入灭菌液处理一定时间，加入表面活性剂（如吐温-80）数滴，轻轻摇动灭菌器皿；到预定时间后倒出灭菌溶液，立即用无菌水冲洗3~5次，即可接种。

有些外植体在启动培养过程中常常会发生褐变。褐变是由于外植体在培养过程中，体内的多酚氧化酶被激活，使细胞里的酚类物质氧化成棕褐色的醌类物质。这种致死性的褐化物不断向外扩散，致使培养基逐渐变成褐色，且抑制其他酶的活性，严重影响外植体的脱分化和器官分化，最后可能导致外植体变褐而死亡。影响褐变的因素极其复杂，由于植物种类、基因型、外植体的部位和生理状况等不同，褐变的程度也有所不同。选择适当的外植体并建立最佳的培养条件是克服褐化的主要手段。改善培养条件，如连续转接，勤换新鲜培养基，利用液体培养，在培养基中加入活性炭、抗氧化剂，或用抗氧化剂进行材料的预处理或预培养等方式均可抑制褐化。

2. 外植体的分化、芽的增殖和继代培养

启动培养阶段所获得的芽、苗和胚状体等数量不多，还需要增殖培养。试管苗增殖是快速繁殖的重要环节，是提供大量遗传性稳定种苗的手段，增殖过程受外植体的部位与生理状态、培养基种类、外源激素浓度与配比、温度、湿度、光照和通气状况等影响。

（1）无菌短枝型

即无菌短枝扦插，又称节培法或微型扦插法。将微小短枝扦插在试管的培养基上，促使其基部分化出根而成为完整植株。该方法一次成苗，遗传性状稳定。

（2）丛生芽增殖型

在适宜的培养基上不断诱导腋芽，以形成丛生芽，后转入生根培养基，诱导生根成苗。该方法遗传性状稳定，繁殖速度快，是目前快速繁殖中采用的主要方法。

（3）器官发生型

由植物器官诱导愈伤组织，再诱导不定芽。切割不定芽诱导发根形成植株，也可以直接从离体器官和组织上诱导不定芽产生小植株。这种方法可能会发生不良变异，用于良种繁殖时应注意。

（4）胚状体发生型

植物器官、细胞或愈伤组织通过胚状体途径，经原胚期、心形胚期、鱼雷形胚期及子叶期发育成植株。该方法的特点是数量多，结构完整，易成苗，繁殖速度快，受到国内外普遍重视。

3. 增殖培养注意事项

保持试管苗的继代和增殖培养能力，是获得大量试管苗并用于生产的关键问题。一般认为分化再生能力衰退由多种原因引起。如在培养过程中，一些组织逐渐消耗了母体中原有的与器官形成有关的特殊物质；一些组织经长期继代培养后发生了变化。不同植物保持再生的能力有很大差异。植物不同种类、同种不同品种、同一植株不同器官和部位的继代增殖能力不同。一般被子植物大于裸子植物，幼年材料大于老年材料，刚分离组织大于已继代的组织，芽大于胚状体并大于愈伤组织。此外，培养基及培养条件适当与否对继代培养影响颇大，因此常改变培养基和培养条件来保持继代培养。有研究表明，在原来培养过程中丧失分化能力的一些组织中，加入腺嘌呤、酵母汁和酪蛋白等物质后，器官分化能力又可得到一定的恢复。

在植物组织与细胞培养过程中，细胞、组织和再生植株以及后代会出现各种变异，这种变异具有普遍性。影响遗传稳定性的因素有培养材料的基因型、试管苗继代培养次数和离体器官发生方式等。在培养过程中，应尽量采用不易发生体细胞变异的增殖途径，缩短继代时间，限制继代次数，取幼年的外植体材料，采用适当的生长调节物质种类和较低的浓度，减少或不使用在培养基中容易引起诱变的化学物质，定期检测，及时剔除异常苗，多年跟踪检测，调查再生植株开花结实特性，以确定其生物学性状和经济性状是否稳定。

玻璃化现象是茎尖脱毒、工厂化育苗和材料保存中的严重障碍。玻璃化的具体表现为：试管苗叶、嫩梢呈水晶状透明或半透明，整株矮小肿胀、失绿，叶片皱缩成纵向卷曲，脆弱易碎。玻璃苗的分化能力下降，生根困难，移栽难以成活，危害严重。细胞分裂素浓度和培养温度与玻璃化呈正相关，琼脂和蔗糖浓度与玻璃化苗的比例呈负相关。此外，液体培养和密闭的封瓶口材料也是导致玻璃化的主要原因。增加培养基中Ca、Mg、Mn、K、P、Fe、Cu元素含量，降低N和Cl元素比例，特别是降低铵态氮浓度，提高硝态氮含量，增加自然光照强度和时间，可在一定程度上减轻玻璃化现象。

4. 完整植株的获得、试管苗炼苗和出瓶移栽

外植体通过大量增殖后，多数情况下形成无根的芽苗。绝大部分离体繁殖产生的芽、嫩梢需要生根培养才能得到完整的植株。生根的难易程度与母株的年龄和所处的生理状态有关，同时也与取材季节和外植体所处的环境条件有关。对于难生根的植物，不仅要从培养条件中去找原因，同时也应从取材上考虑。一般木本植物比草本植物难生根，成年树比幼年树难生根，乔木比灌木难生根。

植物生长调节物质对不定根形成起着决定性作用，生长素促进生根，而赤霉素、细胞分裂素和乙烯通常不利于生根。降低培养基的无机盐浓度，有利于根的分化。生根需要适量的磷和钾；多数情况下钙离子有利于根的形成和生长；硼、铁等微量元素对生根有利。生根培养时通常使用低浓度的蔗糖。由于植物根系形成与生长具有向暗性的特点，添加活性炭也可促进试管苗生根。

试管苗长期在弱光、恒温和高湿的特殊环境下生长，适应性较差，在移植之前必须进行锻炼，增强小苗抗逆性，以提高移苗成活率。目前较为成功的炼苗方法是采用“封口”在阳光下炼苗，这种方式可在较长的炼苗时间内保持试管苗不被污染。在炼苗过程中，温度和光强度要适宜。

试管苗移栽时，从瓶中取出小苗，清洗干净，迅速栽在已经过消毒处理的基质中，喷淋透水，放在干净、排水良好的温室或塑料保温棚中，保持较高的空气湿度，20天左右可定植到大田。基质以疏松、排水性和透气性良好者为宜，如珍珠岩、蛭石、河沙、过筛炉灰渣和椰糠等。

三、体细胞胚胎发生和人工种子

1. 体细胞胚胎发生

体细胞胚胎发生是指不通过配子受精，但经胚胎发育形成胚的类似物，即胚状体，再进一步生长发育成完整植株的过程。在20世纪50年代末，Steward和Reinert几乎同时在胡萝卜根组织培养中观察到了体细胞胚胎的形成。林木体细胞胚胎发生的研究始于20世纪70年代后期，到90年代初迅速发展。目前，在已成功诱导出体细胞胚胎的100多种植物

中，有40多种是木本植物。在落叶松、云杉、松等属和黄杉、北美红杉等针叶树种中，至少有20个种成功地研制了体细胞胚胎。其中，火炬松、欧洲云杉、花旗松和辐射松等树种的体细胞胚胎诱导和植株再生已应用于生产实践。如新西兰一家公司已形成了年产200万株辐射松体细胞胚胎再生植株的能力。新西兰林业研究所在辐射松良种繁育过程中，将种子园、采穗圃等常规繁育技术与基因工程、组织培养和体细胞胚胎发生等技术相结合，加速了辐射松良种无性系繁殖与推广的进程，如图5-3所示。在杨树、柳树和鹅掌楸等阔叶树种中，有20多个种观察到体细胞胚胎发生或获得了再生植株。我国已在鹅掌楸、云杉属、火炬松、马尾松、桉树、桃树、枫香、杉木和马尾松等树种中开展了相关研究。

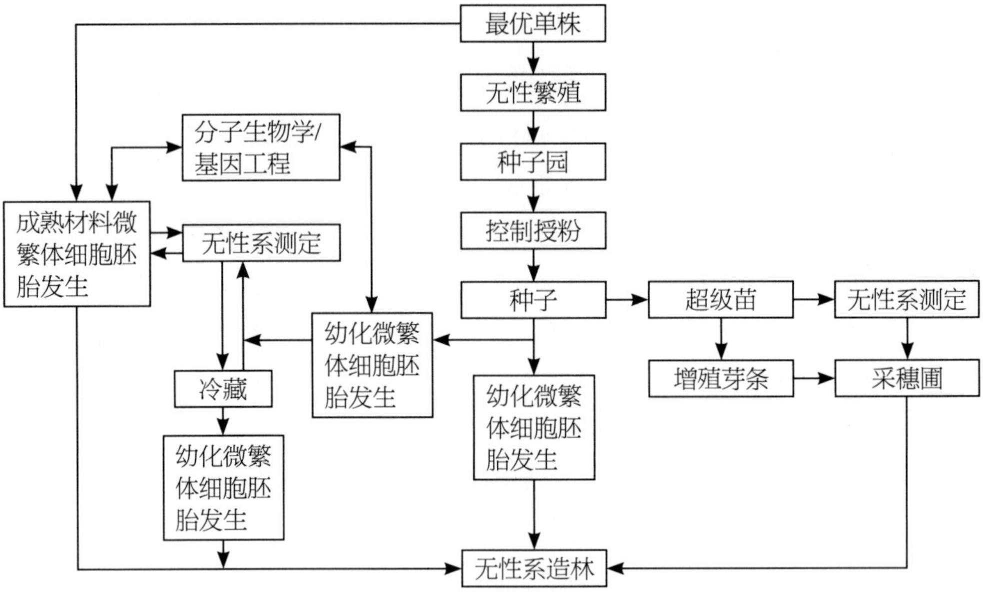

图5-3　新西兰林业研究所辐射松良种繁育过程

体细胞胚胎发生有三条途径：一是从外植体上直接发生；二是在固体培养基上，外植体先形成愈伤组织，再分化产生细胞胚；三是在悬浮培养中，先产生胚性细胞团，再形成体细胞胚胎。体细胞胚胎大多起源于一个胚性细胞，胚性细胞经过首次分裂形成二细胞原胚，之后经过细胞分裂形成多细胞原胚。原胚形成后，细胞分裂活跃，很快形成球形胚结构，进而完成胚胎繁育。

在植物体细胞胚胎的诱导过程中，影响诱导体细胞脱分化、再分化和发育过程的因素很多。选择适当的外植体是成功诱导体细胞胚胎的关键。目前松柏类植物几乎均以合子胚为外植体。幼化细胞系诱导体细胞胚胎的能力较强，老化细胞形成胚的能力明显下降。2,4-D是诱导体细胞胚胎发生的必需条件，是胚性感受态表达的重要因子。高浓度的2,4-D、BA和KT组合对快速诱导胚发生愈伤组织有利，而要形成后期原胚则必须将激素浓度降低。此外，也可采用NAA、BA和KT的组合，特别是在增殖培养阶段，用NAA代替2,4-D

更有利于体细胞胚胎的发生。在2,4-D的培养基上长时间培养易造成体细胞胚胎丧失成熟能力。ABA能抑制不正常胚的发育，促进体细胞胚胎的正常化，提高体细胞胚胎的发生频率。多胺抑制剂可抑制球形胚的形成，但不影响愈伤组织生长，胚细胞分化早期与多胺的生物合成关系较密切，在球形胚后期不再影响胚的发育，可以提高体细胞胚胎的质量。此外，影响体细胞胚胎发生的因素还包括培养基、碳源、渗透压、活性炭、光照、温度、微量元素、氮源成分、琼脂、蔗糖浓度以及pH等。

2. 人工种子

人工种子即人为制造的种子，是一种含有植物胚状体或芽、营养成分、激素以及其他成分的人工胶囊，又称合成种子。这一技术是20世纪80年代在植物离体繁殖的基础上发展起来的，人工种子的出现可以减少试管移苗、苗木包装运输等生产环节。人工种子由三部分构成：一是胚状体，即组织培养产生的有胚芽、胚根，类似天然种子胚的双极性结构，具有萌发长成植株的能力；二是人工胚乳，即保证胚状体生长发育需要的营养物质，一般以诱导胚状体的培养基为主要成分，或外加一定量的植物激素、抗生素、农药和除草剂等；三是人工种皮，即包裹在人工种子最外层的胶质薄膜，这层薄膜既要保证内外气体交换畅通，又要防止水分及各类营养物质的外渗，且具备一定的机械抗压力。人工种子研制大致包括：外植体的选择和消毒、愈伤组织的诱导、体细胞胚胎的诱导、体细胞胚胎的同步化、体细胞胚胎的分选、体细胞胚胎的包裹（人工胚乳）、包裹外膜、发芽成苗和体细胞胚胎变异等内容。

（1）人工胚乳和人工种皮

包裹胚的营养基质，称为人工胚乳。人工胚乳对营养的需求因种而异，与细胞、组织培养的培养基大体相仿，通常还要配加一定量的天然大分子碳水化合物（淀粉、糖类）以减少营养物泄漏。常用的人工胚乳有：MS（或SH、White）培养基+马铃薯淀粉水解物（1.5%）、1/2SH培养基+麦芽糖（1.5%）等。也可根据需要在上述培养基中添加适量激素、抗生素、农药或除草剂等。人工种皮是胚状体及其类似物以外部分的统称。人工种皮有多种类型。聚氯乙烯（商品名Polyox WSR-N750）适用于包制种子，它可直接溶于MS培养基中，干燥后可固化，再遇水又会溶解。多种水溶性胶适用于人工种子胞衣，其中以海藻酸钠、明胶、树胶和水晶洋菜为最佳。人工种子胞衣制作的方法主要为：干燥法、离子交换法和冷却法。其中，离子交换法较实用、方便。此法又以使用海藻酸钠最为常见，其价格低廉，使用方便，对胚状体基本无毒害作用，具有一定的保水、透气性能，经$CaCl_2$离子交换后，机械性能较好。为了克服人工种子易于蘸黏和变干的缺点，美国杜邦公司用Elvax 4260涂料对人工种子进行表面处理，效果较好。此外，用5% $CaCO_3$或滑石粉抗黏，也有一定效果。

（2）人工种子贮存

由于农林业生产的季节性限制，人工种子需要贮存一定时间。但人工种子含水量大，容易萌发，种球易失水干缩，贮存难度较大，目前技术尚不成熟。一般情况下，人工种子保存在温度为4~7℃、相对湿度<67%的条件下。

（3）人工种子的萌发与转换

转换指人工种子在一定条件下，萌发、生长和形成完整植株的过程。转换的方法可分为无菌条件下的转换和土壤条件下的转换。

无菌条件下的转换也称离体条件下的转换，是将新制成的人工种子播种在1/4MS培养基中，附加1.5%麦芽糖，0.8%的琼脂，培养后统计人工种子形成完整植株的数目，即人工种子的转换率。转换率主要取决于体细胞胚胎质量的培养基成分和转换条件。如麦芽糖代替蔗糖，有利于体细胞胚胎的萌发和转换。

土壤条件下的转换也称活体条件下的转换，即在活体条件下，使种子转换成功。目前，人工种子的土壤转换试验报道较少，其中以蛭石和珍珠岩试验较多。

附加低浓度无机盐有利于转换。若无机盐转换中没有硝酸钾、硫酸镁、氯化钙，就不会发生转换；若缺乏磷酸铵，转换率下降。0.75%麦芽糖有利于提高转换率。因而推测，碳源也是人工种子转换的制约因子。

人工种子有以下几方面的优点：可以使自然条件下不结实、结实率低或种子昂贵的植物得以繁殖；固定杂种优势；不受季节限制，快捷高效；制作人工种子时加入的菌肥、微生物、农药，方便后期管理工作；能够克服营养繁殖造成的病毒积累，可快速繁殖脱毒苗。然而，人工种子的研制工作涉及的问题较多，在技术上还需要进一步完善。迄今，林木人工种子仍处于实验研究阶段。

四、采穗圃营建与管理

采穗圃是提供优质无性繁殖材料的圃地，是实现无性繁殖材料规模生产的必要环节，与种子园一起构成林木良种繁殖的主要形式。经过遗传测定的优良品种营建的采穗圃称良种采穗圃。尚未经过遗传测定的材料也可营建采穗圃，如为营建初级无性系种子园提供接穗的优树采穗圃。20世纪30年代，意大利和法国等在杨树繁殖中较早采用了采穗圃技术。20世纪70年代以来，我国也开展了杨树、桉树、杉木、落叶松和湿加松（湿地松×加勒比松）等树种的采穗圃营建与管理技术研究，并积累了一定的经验。

采穗圃对种条生产进行集约经营管理，可以通过一定的技术措施保证穗条的遗传品质，提高穗条的产量，使品种的遗传潜力得到充分的发挥。采穗圃的优越性表现为：实行集约化经营，可大幅度提高繁殖系数，保证穗条的供应；采取幼化、复壮措施，可将成熟效应与位置效应的影响降到最低程度，通过采取修剪、施肥等措施，可保证穗条的质量，并提高繁殖成活率；采穗母树集中管理，便于病虫害防治和穗条采集；采穗圃与苗圃距离近，可避免穗条长途运输、保管，甚至可随采随用，有利于提高繁殖成活率。

1. 采穗圃营建与管理的基本原则

林木采穗圃经营的核心工作是幼化控制，同时还要采取积极有效的管理措施，满足母树的生长需求，最大限度地生产具有幼年性和一致性的无性繁殖材料。采穗圃营建应遵循如下原则：

①选择作业方便、条件优良的圃地。采穗圃应设置在苗圃附近，以便于采穗，避免穗条长途运输，最大限度地提高扦插或嫁接的成活率。圃地应选择土壤肥沃、光照充足、便于灌溉的农田或地势较平缓的坡地。

②适时整形修剪，将幼化控制贯穿于经营全过程。采穗母树的整形修剪是采穗圃营建与管理的基本工作。通过整形修剪，不但可以矮化树体，便于穗条采集，更重要的是可以促进幼年区域休眠芽与不定芽的萌发，以获得大量幼化的穗条。

③加强水肥管理，保证种条质量，延长采穗圃使用寿命。采穗圃的整地应精耕细作，施足基肥。在日常管理中应注意施肥、灌水、除草和病虫害防治工作，保证种条健壮生长。特别是在经过多年采穗后，更应该加强水肥管理，以免因地力过度消耗影响母树生长，造成树势衰退，甚至不能利用。

④合理密植，提高单位面积的穗条产量。无性系的定植密度因树种、整形修枝和立地条件不同而不同。合理密植可增加单位面积穗条的产量，从而充分利用土地资源，提高经济效益。

⑤块状定植，标识清楚，避免品种或无性系混杂。无性系以块状排列定植为最佳，以便于管理操作。对于根蘖能力强的树种，应考虑不同无性系小区之间的隔离，以防止因串根而造成品系混杂。最后要做好记录，画好定植图，标注清楚每个品系的位置和数量，并设置标牌，以免错采造成品系混淆。

2. 采穗圃营建与管理实例

在采穗圃营建和管理技术方面，阔叶树种与针叶树种差别较大。下面以毛白杨和湿加松为例，对采穗圃营建与管理技术进行简要介绍。

（1）毛白杨采穗圃的营建与管理

北京林业大学于20世纪末开展了三倍体毛白杨采穗圃的营建工作，方法如下：选择土壤条件较好的苗圃，于秋末冬初深耕，施足底肥。因毛白杨根萌能力强，为防止因串根造成品系混杂，可采取方块状定植，不同无性系间埋设水泥板阻隔根系，或通过路、渠隔离。母树的定植行向以南北向为佳，株行距一般为0.5m×1.2m，每亩（667m^2）约1110株，这样配置有利于采光、通风和田间作业。

建圃材料应是来源清楚且幼化的1年生实生苗、组培苗、根萌苗或嫁接苗等。其中，用1年生实生苗、组培苗建圃时，要求在苗木离地5~10cm处平茬，当萌条高达10cm时定苗，每株选留4~6根生长健壮、分布匀称的枝条；用嫁接插条建圃时，应在培土后苗木生长到60cm左右时截顶，每株保留4~6个休眠芽；用根萌苗建圃时，可利用毛白杨根萌能力强的特点，将繁殖圃转化为采穗圃，一般在春季繁殖圃起苗造林后，根萌苗长到20~30cm时，进行定苗培土，每亩保留根萌苗6000~7000株。对于原有繁殖圃转化而来的采穗圃，可于翌年通过分株调整株距，将定植密度保持为每亩1110株。之后每年于根颈处平茬，剪口逐年向上提高5cm左右，每株选留4~6根枝条。毛白杨采穗圃的使用年限根据母树生长和土地肥力状况确定，一般3~4年更新一次。

采穗圃的经营管理包括培土、施肥、灌水、除草、病虫害防治和保幼复壮等工作。若选用嫁接插条，应在毛白杨苗木生长到30~40cm时及时培土，以促进自生根形成及苗木生长。采穗圃为多年经营，连年采穗对树体营养消耗大，要加强水肥管理。用于夏季芽接的采穗圃，采穗时应保留一定的带叶枝条，增加采穗母树营养，防止烂根死亡。毛白杨采穗圃一般采取连年平茬，利用从根颈处萌发的幼态条。也可以在第3~4年时将老根挖除，或将繁殖圃转化为根萌采穗圃，利用根部不定芽萌条，达到幼化复壮的目的。平茬保幼、采穗圃与根萌采穗圃互换等经营措施是保证毛白杨穗条质量的关键。

（2）湿加松采穗圃营建与管理

根据广东省乐昌市龙山林场、华南农业大学林学院和广东省林业种苗与基地管理总站的经验总结，湿加松采穗圃营建与管理的技术要点如下：

①苗期管理与苗木定植。整地按坡地水平方向起宽1.2m，高25~30cm的苗床。采穗母株的苗木为秋季后期播种的健壮苗木，初植密度60cm×60cm。入冬前定植，植后苗床表面覆盖稻草或泥炭，以保温保湿。

②高强度有规律修剪。高强度修剪包括早剪和低剪两个方面。早剪指苗木定植后2个月左右，根系生长稳定即可修剪；低剪指初次修剪高度不高于10cm。有规律修剪指不论采收插穗与否，当枝条生长达到一定的生理状态（半木质化或更早）时，都要进行修剪。

③“矮干平台式”株型培育。“矮干平台式”株型具有母株长期保持幼化，植株受光均匀，插穗生长整齐且数量多等优点。这种株型的培育，关键在于修剪。除了早剪、低剪和有规律修剪外，在具体的修剪操作上，要注意两点。第一，“水平修剪法”，即将整个植株修成平面，且剪口基本保持在初次修剪的高度，每次采收插穗后都必须把植株表面修平；第二，“平均角度分枝法”，初次修剪且第1次采收插穗后第1年用此法修剪，尽量使各分枝间保持平均角度，控制第1级分枝的数量，为日后穗条的生长预留空间。经过1年的修剪，分枝级数达到3~4级，采穗平台已经形成，不再考虑分枝角度的均匀，直接以水平修剪法修剪即可。

④肥水管理。采穗修剪前3~5天和采穗修剪后均要施肥，两次修剪中间每隔7天左右

施肥1次，两次施肥均淋施兑水的有机肥或水溶处理的复合肥；若2次修剪之间相隔45天以上，则需要埋施有机肥或复合肥。

通过上述管理，广东省乐昌市龙山林场湿加松采穗圃第1年插穗产量可达50~70条/（株·年），2年生母株产量可达300~450条/（株·年），3年以后产量不断增加，最高可达750~900条/（株·年），使用寿命可达6~8年或更长。

五、无性繁殖材料退化与复壮

在林木无性繁殖过程中，经常会遇到同一无性系造林在生长表现等方面不完全一致的现象，如树势衰退、提前开花结实、苗期斜向生长、无顶端优势、形态畸变和抗逆性降低等。品种原有优良种性削弱的现象，称为品种退化。

1. 无性繁殖材料退化原因

无性繁殖材料退化主要与非遗传因素有关，包括成熟效应、位置效应以及病毒侵染等。

（1）成熟效应与位置效应

树木从一粒种子萌发开始，随着个体发育，在不同时期会表现出一定的生理、形态特征。以树木开花结实为界限，从加速生长到进入平缓生长阶段，标志树木结束幼年期而步入成熟期，经过一段稳定的生长时期，进入生长衰退阶段，直至死亡。从形态上看，随着树龄的增加，侧枝增多，分枝角增大，节间变短，树皮变粗增厚，叶形变小；从生理代谢方面看，分生组织活力降低，内部生长素含量减少，而生长抑制物质逐渐增多，从而导致植株生活力下降、器官再生能力降低等问题。一般而言，采穗母树年龄越大，生根率越低。树木无性繁殖能力随着树龄增加而下降的现象，称为成熟效应。侧枝扦插、嫁接繁殖、插穗和接穗会出现斜向生长，顶端优势减弱，提早开花结实等现象。树冠不同部位的穗条对无性繁殖效果的影响，称为位置效应。由于繁殖材料都是在一定年龄、一定部位上采集的，因此成熟效应与位置效应总是相伴发生，在树木无性繁殖中表现为综合效应。

（2）病毒侵染

病毒是一类没有细胞结构，但有遗传、复制等生命特征的寄生物。一个完整的病毒粒子由核酸（RNA或DNA）和蛋白质外壳组成。病毒只能在一定种类的活细胞中增殖，利用寄主细胞进行复制，并通过其核酸转移至其他寄主细胞。植物遭受病毒侵染后，会导致叶部产生病斑，叶片卷曲，根茎细胞增生，植株矮小畸变，生活力下降，甚至枯死等现象。病毒几乎分布在整个植物体内，能通过无性繁殖传递，并导致病毒积累。因此，随着无性繁殖代数的增加，危害程度逐渐加剧。由于病毒的复制增殖与植物的正常代谢密切相关，所以采用病毒抑制剂会造成严重药害。病毒病害与细菌、真菌病害不同，不能通过化学药剂进行防治。如柑橘的衰退病曾毁灭了巴西75%的柑橘，至今仍威胁着世界上的柑橘产业；番木瓜的环斑花叶病使番木瓜栽植1年后即行淘汰；葡萄扇叶病毒和卷叶病毒使葡萄减产10%~50%；枣疯病毁掉了北京密云的金丝小枣；苹果锈果病也是我国果树生产上亟待解决的问题。

2. 无性繁殖材料复壮及其方法

复壮是指针对品种退化而采取的恢复并维持树木幼龄状态的措施。无性繁殖因方式不同，衰退速度也有所不同。谭健晖等对桉树不同繁殖方法及繁殖代数衰退过程的研究结果表明：组培苗抗衰退能力强于扦插苗，组培1代抗衰退能力最强，组培8代次之，扦插苗的衰退速度显著大于组培苗。由于引起树木无性繁殖材料退化的机理不同，因此所采取的复壮措施也不同。对于与老化相关的成熟效应和位置效应而引起的退化，可直接通过种子更新复壮，或利用树木的幼态组织区域复壮；对于病毒引起的无性繁殖材料退化，可利用病毒复制与传递的弱点进行脱毒复壮。

无性繁殖复壮方法主要分为根萌条或干基萌条法、反复修剪法、幼砧嫁接法、连续扦插法和组织培养法。

（1）根萌条或干基萌条法

树干基部存在处于幼年阶段的休眠芽以及不定芽，通过挖根促萌可以促进根部处于幼化状态的不定芽等分化发育获得根萌条。该方法在生产上应用最为广泛。如桉树采取树干基部环割，进而利用环割愈合部位萌条扦插；山杨、毛白杨通过截根促萌或挖取根段沙藏促萌，再利用根萌条扦插繁殖；胡杨、刺槐采取根段直接扦插繁殖。

（2）反复修剪法

通过强度修剪使树干维持年轻阶段的生理状态，或对老枝扦插、嫁接获得的苗木连续平茬，促使不定芽萌条，利用萌条作穗条，可显著提高生根率，改善生长状况。如日本柳杉、辐射松和火炬松等均采用该方法获得了较高生根能力的穗条。

（3）幼砧嫁接法

通过将老龄接穗嫁接到幼龄砧木上，利用砧木幼年性的生理状态促进接穗返幼复壮，也能收到较好的效果。如欧洲云杉、红杉和桉树等曾采用该方法改善了插条的生根状况。

（4）连续扦插法

从老龄树上采取的枝条虽然生根率较低，但可对少数成活的植株再采取插条进行扦插，这样经过连续几年的反复扦插，可以明显地改善生根状况。如从80~120年的欧洲云杉大树上采条扦插生根率仅为6%，经过3轮连续扦插后，生根率可达到80%。栎树、山杨和桉树等也采用该方法获得成功。

（5）组织培养法

植物组织培养获得的再生植株，由于经过脱分化，可以达到返幼复壮的目的。此外，病毒侵染造成的品种退化，可通过组织培养脱除致病病毒。

虽然有关树木老化与复壮的研究较多，但对于无性复壮的生理基础研究还不够，其中一些无性复壮方法尚存在争议，但一般认为，从成熟植株的根部等幼态区获得材料进行复壮最为可靠。

六、苗木脱病毒技术

许多树种，特别是通过无性繁殖的树种，易受到一种或几种病原菌侵染。随着栽培时间的增加，病毒的种类越来越多，危害程度也越来越严重。据报道，1930年在核果类植物中只发现5种病毒，而1976年发现的病毒则达95种。长期以来，人们已意识到病毒对农林植物造成的危害，并探讨了各种解决的办法，但收效甚微。随着植物组织培养技术的进步，人们已将这一技术应用到植物脱病毒的生产实践中。植物脱病毒技术和组织培养快繁技术的有机结合，不仅解决了苗木病毒病的不治之症，同时也解决了脱毒苗的快速繁殖问题，而且获得了良好的经济效益。

1. 病毒特性及其侵染

病毒是在活体细胞内寄生增殖的不具细胞结构的生命体，只有在电子显微镜下才能观察到它的形状。病毒的主要特征表现为：结构简单和有复制机制。如病毒没有细胞结构，仅有蛋白质和核酸，在活细胞内寄生，不能进行独立的代谢活动，没有核糖体，必须依赖寄主合成蛋白质。所含核酸使病毒能利用寄主细胞进行复制，具有侵染力，能够将其核酸从一种寄主细胞转移到其他寄主细胞。

大多数病毒的“生活周期”分为两个阶段：一是细胞内阶段，病毒的核酸（DNA或RNA）进入细胞，进行复制，或以自身DNA结合到寄主DNA上，这是处于有生命的状态；二是细胞外阶段，以侵染性病毒粒子的形式存在，不能进行代谢和繁殖，处于惰性状态。

病毒不同于真菌，在寄主体外的存活期一般比较短，只能被动传播。自然界植物病毒侵染主要通过三种途径：农业操作时的机械损伤；昆虫、螨、线虫和真菌等造成的伤害；无性繁殖和嫁接。植株被病毒侵染后，因叶绿体被破坏或不能合成新的叶绿素而引起花叶、黄化或红化等症状，导致植株矮化、丛生或畸形等，出现枯斑、坏死或产量和品质下降等现象。

2. 脱病毒方法

脱病毒方法有多种，目前常见的方法分为热处理脱毒、微茎尖培养脱毒、茎尖培养与热处理结合的脱毒、珠心胚培养脱毒、愈伤组织脱毒和茎尖微体嫁接脱毒，具体介绍如下：

①热处理脱毒。热处理又称温热疗法。原理是植物组织处于高于正常温度的环境中，组织内部的病毒受热以后，部分或全部钝化，但寄主植物的组织很少或不会受到伤害。热处理的方法有两种：对于休眠器官等，在50℃左右的温水中浸渍数分钟至数小

时，该方法简便易行，但易致使材料受伤；对于试管苗或盆栽植株，移入温度为35~40℃的温热治疗室（箱）内，短则几十分钟，长可达数月。每一种植物均有其临界的温度范围，超出这一范围或处理时间过长，都会使寄主植物的组织受伤。并非所有的病毒对温度都敏感，热处理对球状病毒和类似纹状的病毒等所导致的病害有效，对杆状和线状病毒的作用不大。

②微茎尖培养脱毒。通过茎尖培养脱除病毒，后代遗传稳定。该方法是目前培育植物无病毒苗使用最广泛的一种方法。病毒在染病植株体内的分布并不均匀，病毒的数量随植株部位与年龄而异，越靠近茎顶端区域的病毒浓度越低，因分生区域内无维管束，病毒只能通过胞间连丝传递，所以生长点含有病毒的数量极其微少，几乎检测不出病毒，因此脱除病毒的效果与茎尖大小呈反比。采用茎尖培养脱毒法，必须统一考虑植物种类、病毒种类、剥离茎尖的大小和培养基营养组成四方面的内容，才能收到理想的脱毒效果。苹果、梨、枣树、桃树、葡萄、柑橘、甜樱桃、泡桐与桑树等均利用了该方法进行脱毒。

③茎尖培养与热处理结合的脱毒。将休眠茎段在恒温水浴锅内40~50℃下处理几十分钟到几小时，或将材料放入30~38℃的人工气候箱中热处理1~2个月，可在一定程度上脱除病毒，减少茎尖部位的病毒含量，以便剥离较大的茎尖。也可以将试管苗进行热处理，然后从试管苗上切取较大的茎尖。利用热处理结合茎尖组织培养培育的无病毒枣树、苹果和梨的植株，不仅提高了果实产量，还改善了果实品质。

④珠心胚培养脱毒。柑橘类多胚品种中除一个受精胚外，尚有多个由珠心细胞形成的无性胚，称为珠心胚。因为珠心与维管束系统无联系，因此其产生的植株全部无病毒，但珠心胚大多不育，必须进行离体培养才能发育成正常的幼苗。这一方法对柑橘的主要病毒与类病毒的病原体，包括不能为热疗法除去的病毒，如银屑病叶脉突出症、柑橘裂皮病和柑橘速衰病均十分有效。

⑤愈伤组织脱毒。一些植物的愈伤组织经过反复继代培养后不再含病毒，从该愈伤组织上再生的不定芽也不含病毒，这可能是由于病毒的传播需要经过维管组织、输导组织以及胞间连丝，而愈伤组织之间无病毒传播的有利条件，因此从愈伤组织上诱导再生芽也是获得无病毒苗的途径之一。

⑥茎尖微体嫁接脱毒。一些木本植物茎尖培养难以生根，可将其砧木在人工培养基上培育成试管苗，再从成年无病树枝上切取0.14~1.0mm茎尖，在砧木切断面上进行试管内微体嫁接以获得无病毒幼苗。该方法已被西班牙用于培育柑橘无病毒苗，柑橘类嫁接成活率30%~50%，移植成活率95%，嫁接后2年即可结实。此外，在桃树和苹果等树种上应用茎尖微体嫁接脱毒也获得成功。

3. 脱毒苗检测与保存

所谓无病毒苗只是相对而言的。脱毒处理产生的幼苗经过鉴定后，仅仅脱除了造成主要危害的几种病毒，对于那些危害不严重的病毒则没被关注，因此应称脱毒苗为“无特定病毒”或“无特定病原菌”的苗木，亦可称为“检定苗”。这比泛称为“无病毒苗”更为合理。

（1）无病毒苗的鉴定

通过不同途径脱毒处理培育的植株，并非都能完全脱除病毒，必须对脱毒后的种苗体内的病毒做进一步定性、定量分析，进行病毒检测和鉴定。而且许多病毒具有延迟的恢复期，在最初18个月中，每隔一定时期仍必须对培养的植株进行鉴定。仅具有持续的负反应，则属于针对专一病毒的无病毒苗。无病毒苗仍易再感染，因此在繁殖的不同阶段仍要重复鉴定。脱毒效果的检测方法有以下几种：

①视觉观察法。视觉观察法即直接观察植株茎叶有无病毒可见的症状特征，是最简便的方法。然而寄主植物感染病毒后出现症状需要的时间较长，且有的寄主植物不表现可见的症状，因此还需要更敏感的测定方法。

②生物鉴定法（敏感植物或指示植物法）。有些植物对病毒极为敏感，一旦感染病毒就会在叶片乃至全株上表现特殊的病斑，这种植物称为敏感植物或指示植物，又称为鉴别寄主。指示植物接种后会出现的症状分两种类型：一种是接种后产生系统的症状，并扩张到非接种的部位；另一种是只在接种部位产生局部病斑，根据病毒的类型而出现坏死、褪绿或环状病斑。将被接种的指示植物置于防蚜虫网罩的温室（15~25℃）内，若接种的浆液内含有病毒，经数天至几周后，指示植物即出现可见的症状。这种方法简单、操作方便，所以自Holmes首创以来一直沿用至今。

③抗血清鉴定法。不同病毒产生的抗血清都有各自的特异性，用已知病毒的抗血清来鉴定未知病毒，将抗血清作为具有高度专一性特点的试剂，这种方法测定速率快，一般几小时甚至几分钟就可以完成鉴定。抗血清鉴定法是目前快速定量测定病毒的常规诊断以及建立病毒之间相互关系的方法。

④酶联免疫法。酶联免疫法是用酶标记抗原或抗体的微量测定法。该方法将抗原固定在支持物上，加入待检血清，然后加入酶（过氧化物酶或碱性磷酸酶）标记的抗体，使待检血清与对应抗原的特异性抗体结合，最后用分光光度计诊断。此法灵敏度极高，适用于检测大量样本，尤其适用于常规测定田间苹果花叶病毒、李皮疹病毒和李属坏死环斑病毒等。

⑤电子显微镜检查法。电子显微镜可以直接观察有无病毒微粒的存在以及微粒的大小、形态和结构，借以鉴定病毒的种类，既准确又科学，是病毒鉴定的一种重要方法。

⑥分光光度法。为了对病毒进行定量观测，可以采用分光光度法。把病毒的纯品经过干燥、称重，配成已知浓度的病毒悬浮液，在260nm波长下测光密度，并折算成消光系数。一般常见病毒的消光系数都可以从文献中查出来。

（2）无毒原种苗的保存和应用

无毒原原种和原种不易获得，如果保存不好会很快重新感染病毒，为防止再度感染，应在隔离的条件下保存，这项工作十分重要。一般脱毒试管苗出瓶移栽后的苗木，称为无毒原原种，其多在隔离网室中保存。无毒原原种繁殖的苗木，称为原种，其多在良种繁育基地保存。如果原种保存良好，无毒原原种可以利用5~10年，在生产上创造更高的经济效益。无毒原原种一般可采取离体保存，此外也可在隔离区或隔虫网室内进行隔离保存。隔离区可以为海滩、山地或未种植过该种植物（有时是属甚至科）的新区；隔虫网室以使用300目的网纱为好。种植圃的土壤也应该消毒，保证无毒原原种在与病毒严密隔离的条件下栽培。无毒原原种即使种植在隔离区内，仍有被重新感染的可能性。因此，还要定期进行重感病毒的检测。获得无毒原原种后，要尽快加速无毒苗木的繁殖和推广工作。

七、林木无性系选育及其应用

1. 无性系选育基本程序

因树种的生物学特性不同，无性系选育程序也各具特点。归纳起来，林木无性系选育程序主要包括种质资源搜集与保存、选择、人工诱变、杂交、无性繁殖、无性系测定、无性系选择和推广等环节。

（1）种质资源搜集与保存工作是无性系选育的物质基础

无性系遗传增益的利用一般只限于一个世代。当某一树种的一个或数个无性系的遗传增益被证实后，在经济利益驱动下，往往可能会在短期内形成数个无性系取代原有人工林的现象，由此导致树种遗传多样性降低，遗传基础窄化。为此必须注意广泛搜集和保存种质资源。

（2）变异是无性系选育的前提

只有经过选择并被证明生长或品质得到改善的品系，才有可能应用于林业生产。与作物相比，林木大多处于野生或半栽培状态，自然变异丰富，选育潜力很大。在选择利用自然变异的基础上，可以进一步通过杂交、染色体加倍或基因工程等创造人工变异，从而最大限度地挖掘树种的遗传潜力。

（3）无性繁殖与幼化技术的解决是无性系造林的前提条件

不管哪个树种，均可以通过选择获得遗传增益超出群体平均值的优良基因型（品系），但如果不能从技术方面解决树种的规模化无性繁殖问题，那么这些优良基因型的价值就难以在生产中得到体现。简单、实用和低成本是无性繁殖技术走向生产的关键，而优良无性系的可持续经营能力，则取决于幼化与保幼技术。

（4）测定是无性系选育的核心环节

无性系只有经过遗传测定才能判定其优劣，无性系测定的每一步都直接关系到最终的选择效果。其中，无性繁殖过程中的一般环境效应会影响优树基因型值的评价结果。对于材料来源存在差异的优树，在测定前必须进行幼化，以消除无性系内由于成熟效应与位置效应等引起的各种非遗传性偏差，满足无性系测定材料的一致性与可比性，并通过科学的试验设计与统计分析，取得准确、可靠的测定结果。

（5）“适地适无性系”是无性系造林成功的保证

不同的无性系处于不同的环境之中，其生长表现不尽相同。只有优良无性系与适宜的环境条件相配合，才可能取得最大限度的增产效果。因此，应充分利用无性系的基因型与环境互作效应，重视良种的适地适无性系栽培。必须通过多地点、多年度的无性系测定，为不同的生态环境条件选配适宜的无性系，或选择适生范围较宽、丰产且表现稳定的无性系。

2. 无性系造林的问题及对策

与农作物生产不同，林业生产存在周期较长、环境复杂、立地条件较差和经营管理比较粗放等问题。因此，森林经营更重视林分的稳定性和抵御自然灾害风险的能力。无性系选育导致遗传基础变窄，如果在大面积不同立地条件下栽培单一的无性系，多变的环境会造成林木生长不良，一旦病虫害袭击，会造成毁灭性的损失。

虽然在林业上因种植单一无性系造成损失的报道不多，但风险仍然存在。如1977—1979年，南斯拉夫杨树大斑溃疡病广泛流行，发展单一的无性系人工林被认为是造成新的病原生理小种发生侵染流行的原因。在日本，大面积日本柳杉单一无性系人工林容易发生干癌病和叶鳞病。鉴于单一无性系造林导致林分抗逆性降低，对于集约化程度低、采伐周期长和立地条件相对复杂的人工林经营，应避免大面积营造单一无性系林分，应采取多无性系造林。

如果单纯从林分的稳定性考虑，选用无性系的数量越多越好。但无性系数量多会降低遗传增益，同时还会造成生产与管理上的不便。巴西对桉树的研究表明，用100个无性系造林的遗传增益比用600个增产1倍。德国和瑞典为保证云杉无性系林业的安全性，颁布了无性系林业法规，规定在混合繁殖时，母树至少要来自亲缘不同的20个全同胞家系。德国规定欧洲云杉造林使用的无性系数目下限为100个，瑞典规定一个人工林应保证有29~67个无性系。而Libby则认为无性系造林使用7~30个无性系是安全的。对于一个特定树种，以及在一个特定造林地点而言，选用多少无性系较为适宜，应该根据树种特性、无性系的遗传变异大小、无性系测定等级、造林规模、采伐周期、经营管理强度和造林地点的立地条件、气候特点、病虫害等情况确定。一般而言，对于乡土树种、短周期树种，或在立地条件好、造林规模小且集约化程度高的条件下，可以适当减少无性系数量；反之，应采取多无性系造林。

多无性系造林有三种方式，即无性系混合繁殖、无性系行栽和无性系块状混栽等。

其中无性系混合繁植是指将用于推广的无性系插条随机混合在一起育苗，用多个无性系的混合苗木造林。这种方式防范风险能力最强，且具有操作简单、造林成本低等优点。但该方式要求各无性系在生长势、冠幅、根幅和立地条件等方面相对一致，否则造林后，由于不同无性系在竞争力以及与环境互作效应方面的差异，会导致无性系生长参差不齐，从而影响营林及收益。无性系行栽是指在造林时分无性系隔行间作，每一行或数行只栽植一个无性系。该方式可从行向上控制无性系之间的竞争，降低优势无性系对生长相对较慢无性系的影响，降低根部传染病害的传播等。但该方式仍难以体现无性系的生产优势，且因造林操作麻烦而较难实施。无性系块状混栽在无性系造林中被广泛采用，该方式是指将造林地划块作业（$10\sim20hm^2$），每块只栽植一个无性系。无性系块状混栽具有如下优点：林分整齐一致，可避免无性系之间的竞争，保证产品质量与效益；适合集约经营，育苗、造林和抚育管理过程简单且费用相对较低；可为不同的林地条件选用适宜的无性系，充分利用基因型与环境的互作效应；当某一个无性系发生问题时，利于集中采取措施，甚至可皆伐重建，从而保持林地的利用效率等。

项目实施

训练任务一　花药培养诱导单倍体

【任务背景】

花药培养是一种植物组织培养技术，该技术将一定发育阶段的花药，通过无菌操作接种在人工培养基上进行离体培养，诱导其中的花粉发育为完整的植株。植物的花粉由花粉母细胞经过减数分裂形成，其染色体是单倍性的。用离体培养花药的方法，可以使其中的花粉发育成一个完整的植株，这个植株就是单倍体植物。单倍体育种的理论是通过诱发单性生殖（花药培养），使植物或其杂交后代的异质配子长成单倍体植株，再经染色体加倍成纯系，然后选育新品种。这种方法能够加快育种速度，提高选择效率。此外，利用单倍体研究植物个体形态发生、遗传及变异规律等一系列问题，都具有重大意义。

假设你是一名林业技术人员，你所在的工作小组接到了一项任务：利用花药培养繁殖杨树。你的部门领导要求你们在工作过程中制订工作计划和方案，并按计划实施方案，认真记录工作过程，并提交任务报告，最后他将对你所在工作小组的每一位成员进行考核。

【任务思考】

①花药培养的原理和方法。

②影响花药培养成败的主要因素。

【实验器材】

1. 材料

杨树的雄花蕾。

2. 仪器

显微镜、高压锅、电炉、接种箱或超净工作台、恒温箱、三角瓶（50mL、100mL、200mL）、烧杯（250mL、500mL）、量筒（100mL、250mL、500mL）、吸管（1mL、2mL、5mL、90mL）、容量瓶（1L）、磨口瓶、棉塞、接种针、镊子、酒精灯、培养皿等。

3. 试剂

MS培养基（表5-1）、乙醇、2,4-二氯苯氧乙酸、吲哚乙酸或萘乙酸、动力精、6-苄基腺嘌呤、福尔马林、高锰酸钾、漂白粉等。

表5-1　MS培养基成分表

化合物浓度/（mg/L）		化合物浓度/（mg/L）	
$CaCl_2 \cdot 2H_2O$	440	$CuSO_4 \cdot 5H_2O$	0.025
KNO_3	1900	$CoCl_2 \cdot 6H_2O$	0.025
$MgSO_4 \cdot 7H_2O$	370	甘氨酸	2
NH_4NO_3	1650	盐酸硫胺素	0.4
KH_2PO_4	170	盐酸吡哆素	0.5
铁盐	（另配）	烟酸	0.5
$MnSO_4 \cdot 4H_2O$	22.3	肌醇	100
$ZnSO_4 \cdot 7H_2O$	8.6	蔗糖	30000
H_3BO_3	6.2	琼脂	10000
KI	0.83	pH	5.8
$Na_2MoO_4 \cdot 2H_2O$	0.25	—	—

【实验方法】

1. 培养基的配制

（1）大量元素母液

按培养基10倍用量，称取各种大量元素，用蒸馏水分别溶解，逐个加入（使Ca^{2+}、SO_4^{2-}、PO_4^{3-}错开，以免产生沉淀），再定容至1L。此溶液为培养基90倍浓度母液。在应用时，每配1L培养基，从母液中取1/10，即100mL，可按下列公式计算：

$$母液体积 \times \frac{需配培养基体积}{称量扩大的倍数} = 吸取量 \quad (5\text{-}1)$$

（2）微量元素母液

硼、锌、锰、铜、钴等，用量极少，可按培养基1000倍用量称取，溶解后混合，再定容至1L。

（3）铁盐及各有机成分的母液

①铁盐。称取5.57g $FeSO_4 \cdot 7H_2O$和7.45g Na_2-EDTA溶于1L蒸馏水中，每配1L培养基取此液5mL。

②有机成分母液。此类药品用量极少，久放容易变质，可分别配制0.2~1mg/mL的母液，有些物质不溶于水，如2,4-二氯苯氧乙酸、萘乙酸、吲哚乙酸可用少量95%乙醇溶解，动力精和6-苄基腺嘌呤可用少量1mol/L盐酸溶解，再分别加入蒸馏水，配成一定浓度的母液。

按一定比例取出母液，混合后加蒸馏水定容至1L，加琼脂0.6%~1%（视琼脂质量而定），煮沸至溶解，离火前加蔗糖及有机成分，再用1mol/L氢氧化钠或1mol/L盐酸调节pH为5.8~6.0，然后装入三角瓶，用1.lkg/cm^2的压力灭菌20min。

杨树花药培养采用MS培养基较合适，各培养阶段稍有改动并加入不同的附加物。

愈伤组织诱导培养基：MS培养基+2,4-二氯苯氧乙酸2mg/L+动力精2mg/L+蔗糖2%。

分化培养基：MS培养基+6-苄基腺嘌呤1~2mg/L+萘乙酸0.2~0.8mg/L。

生根培养基：1/2MS培养基+萘乙酸0.8mg/L+吲哚乙酸0.2mg/L。

2. 实验步骤

（1）玻璃器皿的清洗

所用的玻璃器皿用肥皂水洗净后用洗液浸泡，然后反复冲洗、烘干。

（2）接种箱和接种室的消毒

花药培养工作始终在无菌条件下进行。长久未用的接种室或接种箱，在使用前3~4天，用福尔马林加上适量的高锰酸钾熏蒸灭菌。实训前，用70%乙醇喷洒接种室，然后用紫外灯再照射20min，熄灯0.5h后使用。

（3）花粉发育时期的镜检和消毒

当预先采来水培的杨树雄花枝芽上的芽鳞刚开裂时，开始检查，选取正处于单核期的花芽，剥去芽鳞，摘净苞片，浸入10%漂白粉的上清液内，浸泡10min，再用水冲洗2~3次。

（4）接种和培养

用镊子从已消毒的花序上摘取花药，播种在愈伤组织诱导培养基上，每个三角瓶内播100~200 个花药，然后放入23~28℃恒温箱中培养。

（5）单倍体植株的诱导

接种培养10~20天后，花药陆续开裂，长出愈伤组织，有坚硬的、松软的。当其长到2~3mm时，选择坚硬的愈伤组织，转移到分化培养基上，放在培养室培养。每天给予8~9h照明，强度2000lx左右，夜间温度不低于16℃。

（6）诱导单倍体植株生根

当单倍体小苗经过2~3次转移后，展现出生长健壮态势，并且茎部开始木质化时，转入生根培养基使其生根。80天后开始出根，再过15~20天，即可形成完整根系。

（7）花粉植株幼苗移栽

当根系尚处于生长旺盛状态时，即要准备移入盆内土壤中生长。移前要打开三角瓶的棉塞锻炼3~5天，洗去生根培养基，栽入消过毒的土壤中，此时要特别注意管理，否则苗木很容易死亡。

（8）染色体检查

在小苗移栽的同时采取根尖，按训练任务“花粉母细胞减数分裂观察”的压片步骤检查染色体数量。

【结果展示】

接种花药后的三角瓶。

训练任务二　毛白杨茎尖培养及其快速繁殖

【任务背景】

利用植物体的器官、组织或细胞乃至原生质体，通过无菌操作接种在人工培养基上，在适宜的光照和温度条件下，使之分化、生长、发育形成完整植株的技术，称为植物组织培养技术。由于培养物脱离了植物母体，在试管或其他容器中进行培养，所以也叫离体培养。植物组织培养技术是快速繁殖植物新品种的重要方法，技术配套成熟，应用广泛。

假设你是一名林业技术人员，你所在的工作小组接到了一项任务：利用植物组织培养技术繁殖毛白杨。你的部门领导要求你们在工作过程中制订工作计划和方案，并按计划实施方案，认真记录工作过程，并提交任务报告，最后他将对你所在工作小组的每一位成员进行考核。

【任务思考】

①培养基的组成。

②配制培养基的一般步骤。

③植物组织培养技术的关键点。

④植物组织培养时，培养材料到小苗的诱导过程。

⑤操作时的注意事项。

【实验器材】

1. 材料

毛白杨茎尖。

2. 仪器

植物组织培养实训室全套设备。

【实验方法】

1. 毛白杨休眠芽茎尖的培养

从毛白杨成年树上取当年形成的直径约0.5cm的枝条，用解剖刀切成长1.5~2.0cm的切段，每段带一个休眠芽。切段先用自来水冲洗干净，再用70%乙醇消毒30s，倾倒出乙醇后，立即用无菌水冲洗一遍，然后放入盛有5%次氯酸钠溶液的无菌杯内，消毒7~8min，最后用无菌水冲洗3~4次。移入垫有干滤纸的高压灭菌的培养皿内，吸去切段上残留的水分。在超净工作台内或无菌室中剥取茎尖。操作时可用左手持切段尾部，悬空伸到解剖镜下，右手持解剖针依次剥去休眠芽外部鳞片和大部分幼叶，将具2~3片幼叶的茎尖接种到由琼脂固化的培养基上。

毛白杨茎尖最适合的培养基为：MS培养基+6-苄基腺嘌呤0.5mg/L+萘乙酸0.02mg/L+赖氨酸100mg/L。为了防止部分茎叶发生污染而影响其他茎尖，可以将单个茎尖接种到装有少量（几毫升）MS培养基+6-苄基腺嘌呤0.5mg/L+水解乳蛋白100mg/L的小锥形瓶（或小试管）内。4~6天后选择没有污染的数个茎尖，转移到正式诱导分化的培养基上。将已接种的培养容器放置在25~27℃条件下，24h连续光照，光照强度为1000lx。2~3个月后，部分茎尖可分化出嫩枝。

2. 用茎切段进行扩大繁殖

将茎长出的嫩枝从基部切下，转移到生根培养基上，生根培养基为：MS培养基+吲哚丁酸0.25mg/L，维生素B_1提高到10mg/L，蔗糖1.5%。其中约有10%的嫩枝可以生根，地上部分也可以连续生长，一个半月后可以生成带有6~7片叶的完整小植物。选择其中一株进行切段繁殖，建立无性系。顶芽连同2~3片叶为顶段，下面各段每段带一片叶，接到上述相同的培养基上。6~7天后可见到有根长出，10天根长可达1~1.5cm。待腋芽伸长的嫩枝长到一定长度，可从基部切下，再次生根。待其茎上长有6~7片叶时，又可再次切段繁殖。以此方法循环重复，以便获取足够数量的小植株。此后，每次将顶段留做再次繁殖使用，下部的切段则用于移栽。如果一个切段经培养一个月左右即长成小植株，按切成5段计算，每年繁殖率可达6万株。

3. 通过外植体上芽的分化进行繁殖

利用叶外植体产生不定芽的方法，比切段繁殖法的繁殖速度更快，并且由于植株小型化，可节省大量的培养容器和培养基。下面将介绍具体操作方法。

先用切段繁殖法繁殖一定数量的带6~7片叶的小植株。截取带2~3片叶的顶段，仍接种到切段培养基上，长大后可作为获得叶外植体的来源。其余的叶切成1cm的方块，接种到补加玉米素0.25mg/L、6-苄基腺嘌呤0.25mg/L、吲哚乙酸0.25mg/L、蔗糖3%、琼脂0.7%的MS培养基上，使叶背与培养基接触。约10天后，从叶柄的切口处可观察到有芽出现，之后逐渐增多形成一簇，每个叶外植体可得到20多个嫩枝，将这些嫩枝移出再转移到新配制的培养基上生根。每个100mL锥形瓶至少可接种10余株，使用的培养基和茎切段繁殖培养基相同。再过约10天后，当根的生长长度达1~1.5cm时即可移栽。由于某些接入的植物材料较小，也可以多培养一段时间，待地上部分长到一定高度再进行移栽。粗略计算，1株毛白杨小植物，如果切取5个叶外植体，至少可得到50多株由不定芽长成的幼苗（长得过小的芽未计算在内）。用此方法比切段繁殖法的繁殖速度快10倍。

4. 小植物的移栽

应用切段繁殖法或叶外植体分化不定芽获得的小植物，当根的长度达0.5~1cm或稍长时，从培养容器中取出。洗净残留在植株上的琼脂，移栽至温室内装有蛭石的苗床上，或装有细沙的花盆内。开始时都要罩以塑料薄膜，以保持湿度，但是每天应定时掀开部分塑料薄膜以利通气，10~15天后可去掉塑料薄膜。待植株又长出1~2片新叶后，再移至按3：1比例混合的草木灰和沙土中。夏季因气温高，植株成活率较低，其他季节的移栽成活率超过90%。为了降低占用温室的时间，在冬季可考虑在温室生长一段时间后，移至温度不低于0℃的冷室或阳畦内越冬。春季移栽到苗圃后，应加强田间管理。幼苗当年株高超过2m。

【结果展示】

生长健壮的组培苗。

考核评价

1. 考评结构

态度纪律20分；工作过程60分；任务结果20分。

2. 考评标准

①态度纪律。积极主动、速度快、质量好且有创新等优秀表现得20分；有迟到、早退、开小差等违纪现象得10分；缺席得0分。

②工作过程。搜集资料、设计方案、观察、测定、计算和总结等环节完整、操作规范、结论正确、表述流畅得60分；环节完整、操作较规范、结论正确、表述流畅得50分；环节完整、操作欠规范、结论不正确和表述较流畅得40分；环节不完整、操作不规范、结论不正确和表述不流畅得30分。

③任务结果。数据详实、报告完整得20分；数据详实、报告较完整得16分；数据存疑、报告不及时得12分。

3. 评价表

任务名称：　　　　　　　　　　　　　　　　　　　　填写时间：

姓名	态度纪律（20分）	资料搜集（10分）	制订方案（10分）	操作过程（30分）	表述答辩（10分）	任务结果（20分）	总分（100分）

自我总结

完成任务后，进行自我分析与总结。

思考题

①如何提高林木扦插的生根率和嫁接的存活率？

②利用组织培养技术进行树木的快速繁殖有何优点？包括哪些步骤？

③脱除植物病毒的方法有哪些？如何对经过脱除病毒处理的植株进行病毒含量检测？

④简述体细胞胚胎发生与人工种子的意义和制作程序。

⑤林木无性繁殖材料复壮有哪些措施？

⑥分析杉木等树种采穗圃营建技术的特点和进一步提高繁殖系数的条件。

⑦林木无性系选育中应注意哪些问题？

⑧无性系造林应注意哪些问题？如何解决这些问题？

项目六

倍性育种

项目介绍

1. 项目相关背景

与农作物相比，林木的变异更为丰富多彩，具有明显的层次性，同一树种种源间、同一种源林分间、同一林分个体间、个体内组织和细胞间都有可能存在变异。了解一个树种各个层次的变异情况和变异大小，对正确制订育种方案，充分利用各个层次的变异，有效地开展遗传改良十分必要。

染色体是基因的载体，其结构发生变异可能改变基因的剂量或基因的位置关系，从而导致生物性状发生变异。

任何物种都会发生基因突变。生物的基因发生改变之后，由于自身的防护和修复机制，并不都表现变异。生物界的基因自然突变率很低，可以通过物理或化学方法诱发突变，并可以根据需要选育出优良品种。

2. 项目任务描述

训练任务一　秋水仙碱诱导植物多倍体

训练任务二　植物多倍体鉴定

学习目标

1. 能力目标

①完成文献资料的查询和搜集工作。

②与他人分工协作，并进行有效的沟通。

③设计植物染色体组型分析、植物多倍体诱导与鉴定的方案，并做出相应计划。

④完成植物染色体组型分析、秋水仙碱诱导植物多倍体、多倍体鉴定工作，说明注意事项。

⑤通过文字、口述或实物展示学习成果。

2. 知识目标

①阐述染色体结构变异类型及其细胞学鉴定依据。

②阐述染色体组的基本特征。

③简述人工诱导三倍体和四倍体杨树的方法。

④简述诱导生物发生基因突变的方法。

⑤从分子水平上阐述突变的含义。

背景知识

一、多倍体产生的途径

1. 体细胞染色体加倍

体细胞染色体加倍的方法有机械损伤、高温、低温、辐射和化学试剂处理等。然而，由于细胞分裂的不同步性，难以使所有处理的细胞染色体都能加倍，最终获得的大多是混倍体或嵌合体。迄今，只有四倍体刺槐等几个品种在生产上应用，大多植株因生长等表现欠佳，主要用作育种的研究材料。

2. 不同倍性体间杂交

利用不同倍性体间杂交可获取新的异源多倍体或同源多倍体。Nilsson最早用欧洲山杨三倍体与二倍体杂交，获得了一些三倍体、四倍体和混倍体植株。Einspahr等和Weisgerber等利用四倍体欧洲山杨与二倍体美洲山杨杂交获得了异源三倍体山杨。通过不同倍性体间杂交，成功获得多倍体的树种有：杨树、桑树、桦木、刺槐、枸杞等。

3. 未减数配子杂交

人工诱导配子染色体加倍是林木多倍体诱导最快捷的途径。Johnsson最早采用秋水仙碱处理欧洲山杨和美洲山杨雄花枝，取得了2*n*花粉，然后给雌花授粉，均得到了三倍体植株。之后在欧洲山杨、美洲山杨、美洲黑杨、香脂杨、银白杨、毛新杨、银腺杨、橡胶和桑树等树种中，通过秋水仙碱或高温诱导2*n*雌、雄配子，并与正常异性配子杂交，得到了三倍体植株。自然界存在细胞分裂染色体未减数的2*n*配子，如在灰杨、香脂杨和黑杨杂种等杨树中均发现有天然2*n*花粉，并用这些花粉授粉得到了三倍体。但这种2*n*花粉由于受树种自身的遗传因素和外部环境的双重影响，多具有偶然性和多变性，且2*n*花粉比率较低，因此其利用也受到限制。

4. 胚乳培养

在大多数被子植物中，一个精核与两个极核融合完成双受精过程，从而产生三倍性的胚乳，因此通过某一树种的胚乳培养也可以获得三倍体植株。1973年，Srivastava首次从罗氏核实木的成熟胚乳培养中获得了三倍体胚乳再生植株，此后胚乳培养研究进展迅速。林木胚乳培养的研究主要集中在猕猴桃、枸杞和枣等经济树种，这些研究已经培养出了三倍体苗木。由于愈伤组织继代培养往往会产生染色体变异，使再生植株多为非整倍体、混倍体，甚至恢复为二倍体，这是目前胚乳培养的主要问题。

5. 细胞融合

细胞融合能够获得同源、异源多倍体以及双倍体，是克服植物远缘杂交障碍和创造多倍体的又一条新途径。1960年，Cocking发明了用酶去除植物细胞壁获得原生质体的方法，为植物细胞杂交奠定了基础。此后，随着原生质体化学融合和电融合技术的发展，已有近百种种内、种间和属间原生质体融合获得了再生植株，甚至可以实现体细胞融合与再生。林木中的细胞融合主要集中于杨树等树种，有关研究仍处于实验室探讨阶段。

二、林木染色体加倍的方法

1. 化学诱导法

化学诱导法是指利用生物碱等化学试剂处理细胞分裂中的植物器官、组织或细胞，从而诱导细胞染色体加倍的方法。植物细胞在分裂过程中，秋水仙碱等化学物质能抑制或破坏细胞纺锤丝和初生壁的形成。当细胞分裂时，染色体已经复制并准备分裂，但由于没有纺锤丝把染色体拉向两极，故其仍留在细胞中央，成为一个重组核，同时细胞的初生壁不能形成，整个细胞没有分裂，而仅仅是染色体一分为二，便形成了染色体加倍。

采用化学诱导法时应根据育种目标选择适宜的处理材料。如果是为了取得同源偶数倍性体，可选择萌动的种子、幼苗、茎尖、幼胚、合子、愈伤组织等，其中以合子、幼胚和刚萌动的种子最佳。其主要原因是这些材料包含的分裂细胞较少，不易出现嵌合体，容易见效。如果是为了取得奇数倍性体，则应处理进入减数分裂中的雌、雄花芽，通过染色体加倍处理获得未减数配子，再与正常减数配子杂交选育多倍体。

染色体加倍诱导的化学品普遍选用秋水仙碱。处理方式有：

①浸渍法。用一定浓度的秋水仙碱等化学试剂浸渍萌发的种子、幼苗、茎尖、花芽等。

②注射法。用注射器将一定浓度的秋水仙碱等化学溶液直接注射到待处理的部位。一些树木的花芽适合用此方法。

③涂布法。将含一定浓度的秋水仙碱等化学溶液的羊毛脂软膏涂抹在生长点上。

④喷雾法。将配制好的秋水仙碱等化学试剂喷到要处理的分生部位。

⑤药剂-培养基法。将待处理材料接种到含一定浓度秋水仙碱等化学试剂的培养基上。幼胚、愈伤组织以及一些较小的种子适合采用该种方法。

许多的研究表明，在化学诱导染色体加倍过程中要重视如下几点：

①处理时期。由于秋水仙碱等化学药剂只影响正在分裂的细胞，所以在处理时要了解被处理植物的细胞分裂周期，保证在细胞分裂有效作用时期之前进行处理。掌握最适处理时期，可取得事半功倍的效果。据康向阳的研究，杨树花粉染色体加倍的最佳处理时期为减数分裂粗线期，此时施加0.5%秋水仙碱溶液处理，最高可以获得85%以上的$2n$花粉。

②试剂的最适浓度。试剂的最适浓度因处理的材料、选择的处理方法、处理的持续

时间和环境温度等而异。一般而言，敏感材料（如根）采取直接浸泡或注射的方法，处理持续时间长，环境温度高时，浓度宜较低；而相对不敏感的材料采取涂布、喷雾等方法，处理持续时间短或环境温度较低时，浓度宜较高。秋水仙碱化学诱导采用的浓度一般为0.01%~0.5%，处理时间在12~72h。

③处理持续时间。处理持续时间因处理的材料、选择的处理方法和环境温度等而异，一般在12~48h。处理的持续时间必须适度，如处理时间太短，则往往只有少数细胞染色体加倍，此时未加倍的细胞在生长和分裂速度方面比加倍细胞快，加倍细胞的生长增殖受到抑制，处理无效；反之，如处理时间过长，超过一个细胞分裂周期，则染色体数目增加不止一倍，形成更高的倍性细胞，或者因细胞受到秋水仙碱等化学试剂的毒害而引起细胞死亡，甚至导致组织或植物个体死亡。

④处理适宜温度。温度过高和过低均不利于多倍体诱导。温度低于10℃时，因低温能抑制细胞分裂，从而影响化学药剂的作用效果；温度高于25℃时，药剂对细胞的毒害作用加剧，导致细胞活力降低、甚至发生细胞裂解等。一般处理温度以15~20℃为宜。另外，处理温度与处理的溶液浓度、持续时间密切相关，一般温度低时浓度可稍大，处理时间可较长；温度高时要降低溶液浓度，缩短处理的持续时间。

除秋水仙碱外，萘嵌戊烷、有机杀菌剂富民隆、氧化亚氮、氨磺乐灵、氟乐灵等也可用于诱导多倍体。如氨磺乐灵处理梨、苹果、猕猴桃、北美杜鹃、紫荆和香蕉，均能有效诱导染色体加倍，并且可以有效提高外植体的存活率。如5~30μmol/L氨磺乐灵处理单倍体苹果小苗后染色体加倍效果要比0.25~1.25mmol/L秋水仙碱的处理效果更好。10~20μmol/L氨磺乐灵处理4个香蕉栽培种均可以有效诱导加倍，并且显著提高微芽数目，而使用秋水仙碱则需要用125~200倍的浓度诱导其产生染色体加倍的效果，并且还对生苗具有毒副作用。再如，在组织培养前18h用氟乐灵处理甘蓝型油菜小孢子可以诱导单倍体胚加倍，并且这些加倍的胚可以正常地发育和萌发。此外，用氟乐灵处理卷心菜、小麦小孢子培养物和月季分生组织均能有效诱导多倍体化。

2. 物理诱导法

物理诱导法是指利用温度、射线和机械损伤等物理因素处理植物材料，诱导细胞染色体加倍的方法。在树木中最成功的例证是Mashkina等的工作，他们将花粉母细胞处于不同发育阶段的欧洲赤松与几种杨树的雄花枝置于恒温箱中，高温处理诱导花粉染色体加倍，在杨树中取得了高达94.4%的2*n*花粉，并用2*n*花粉杂交得到了三倍体杨树。李云将银腺杨、银毛杨和毛新杨的雌性花芽置于极端温度下进行诱导，都获得了三倍体植株。虽然物理诱导在大多情况下的诱导率比较低，但由于其具有操作简单、费用低、一次可以处理大批材料等优点，仍被经常采用。

物理诱导法的对象包括萌动的种子、幼苗和雌、雄花芽等。其中，温度处理可采取连续高温、连续低温或高低温交替处理等方式。高温处理范围为38~45℃；低温处理范围为0~4℃。处理时间因植物材料而异，一般高温处理2~8h；低温处理12~72h。电离射线（如α射线、β射线、γ射线等）或非电离射线（如紫外线等）辐射处理因材料而异，处理以长时间、低剂量为宜。

三、林木多倍体的鉴定

植物材料在经过染色体加倍处理后，是否产生了多倍体，要经过倍性鉴定。鉴定方式可分为间接鉴定与直接鉴定两种，其中直接鉴定最为可靠。直接鉴定通过体细胞或花粉母细胞染色体压片，检查材料的染色体数目，如果染色体数目呈倍数增加，则可以判定获得了多倍体植株。然而，当处理材料很多时，对每株均进行染色体观察是一项费时又费力的工作，这时可先根据多倍体的巨大性特点，从形态和生理特性上判别，即间接鉴定。树木天然多倍体一般因为生长高大，叶片异常肥厚而被发现，然后通过新叶芽压片，检测染色体数目，最终断定是否为多倍体。当处理材料具有叶大而厚、叶色深、花大、气孔和花粉增大等特征时，可初步判定是倍性体植株。如三倍体毛白杨苗期叶巨大，当年生苗的叶片宽度最大可达53cm。Tang等对二倍体泡桐和四倍体泡桐叶表皮的观察结果表明：四倍体泡桐气孔密度比二倍体显著减小，气孔增大，气孔内的叶绿体显著增多。此外，流式细胞仪可以直接测定细胞的DNA含量，是目前最快速且有效的倍性鉴定方法。通过流式细胞分析仪对大量处于分裂间期染色体的DNA含量进行检测，然后经计算机自动统计分析，绘制出DNA含量（倍性）的分布曲线图。

四、多倍体育种存在的问题及其解决办法

由于秋水仙碱处理并非使所有细胞染色体都加倍，有一部分细胞染色体数量未变，甚至可能出现非整倍体，从而形成嵌合体。在嵌合体中，二倍体细胞一般生长较快，但如果二倍体细胞占优势，多倍体细胞在竞争中逐渐消失而使材料恢复为稳定的二倍体。由于嵌合体植株不能稳定遗传，因此需要对嵌合体进行分离。嵌合体分离通常采用组织连续切割分离法和叶片不定芽再生技术。李林光等利用叶片不定芽再生技术，从获得的苹果组培苗嵌合体中分离出同质多倍体。王娜等利用组织连续切割分离法对冬枣和酸枣嵌合体进行3~4次的继代分离，获得了同质多倍体，有效防止了回复突变。

嵌合体纯化费时费力，但采用分裂旺盛的愈伤组织或悬浮培养的单细胞为诱变材料，可以大幅度提高多倍体纯合体的比率。Dutt等通过秋水仙碱诱导柑橘原生质体，结合原生质体培养技术获得了柑橘的同质多倍体，且没有嵌合体产生。Yang等处理葡萄体细胞胚胎获得了四倍体，也无嵌合体出现。

人工获得的多倍体往往有不育的特性。如在通过花粉染色体加倍途径进行白杨三倍

体育种时，即使采用含量较高的2n花粉授粉，三倍体的实际获得率也很低。这主要是因为白杨2n花粉比正常花粉萌发慢，在参与受精过程中竞争力弱。为了提高2n花粉参与受精的竞争力，可对2n花粉进行纯化。如在毛白杨倍性育种中，曾使用600目金属网筛对混合花粉进行筛选。此外，可通过一定剂量的^{60}Co-γ射线辐射，刺激2n花粉萌发，同时抑制或杀死部分n花粉，增强2n花粉受精的竞争力，从而提高三倍体诱导的获得率。

项目实施

训练任务一　秋水仙碱诱导植物多倍体

【任务背景】

多倍体的诱发机理是由于药物抑制了纺锤丝的形成，使每个染色体纵裂为二，不能向两极分开，同时细胞也不能分裂成两个细胞，这样每个细胞染色体增加了一倍，便形成多倍体细胞。诱发多倍体的方法很多，但以秋水仙碱最为有效，应用也普遍。

假设你是一名林业技术人员，你所在的工作小组接到了一项任务：用秋水仙碱诱发多倍体。你的部门领导要求你们在工作过程中制订工作计划和方案，并按计划实施方案，认真记录工作过程，并提交任务报告，最后他将对你所在工作小组的每一位成员进行考核。

【任务思考】

①什么是多倍体？有何特点？

②常见诱导多倍体的方法有哪些？

③为什么绝大多数受处理的植物难产生多倍体？

④在操作中有哪些注意事项？

【实验器材】

1. 材料

几种树木的种子和幼苗。

2. 仪器

培养皿、指管、播种箱、木牌、记录本等。

3. 试剂

秋水仙碱，甘油等。

【实验方法】

1. 种子浸渍处理法

（1）药品配制

分别称取秋水仙碱粉剂0.5g、0.05g、0.005g，分别溶于50mL蒸馏水中，配成1%、0.1%和0.01% 3种不同浓度的秋水仙碱溶液备用。

（2）浸种催芽

选取饱满的种子1000粒，冲洗干净（或消毒），浸种催芽。处理的种子按100粒为一份，共10份，留一份作为对照，余9份浸在配好的3种不同浓度的秋水仙碱溶液内。处理时间为几小时至3天。

当做完上述处理后，准备好播种用的花盆或播种箱。把浸过的种子取出用水冲洗，冲洗时间与浸渍的时间呈正相关。浸渍过的秋水仙碱废液不倒掉，集中一处。处理过的种子或未处理（对照）的种子在相同条件下播种，以进行比较。播种花盆或播种箱都要插上标牌，注明植物种类、处理浓度、处理时间和播种日期。经常浇水、松土。发芽后立即进行观察记载，见表6-1。当幼苗长出3~4片真叶时，即可带土移栽。

表6-1　发芽后的观察记录表

编号：　　　　　　　　　　　　　　　　　　　　材料名称：

<table>
<tr><td>溶液浓度</td><td colspan="3">1%</td><td colspan="3">0.1%</td><td colspan="3">0.01%</td><td colspan="3" rowspan="2">对照</td><td rowspan="3">备注</td></tr>
<tr><td>处理天数</td><td colspan="3">1天</td><td colspan="3">2 天</td><td colspan="3">3 天</td></tr>
<tr><td>播种日期</td><td colspan="3">月　日</td><td colspan="3">月　日</td><td colspan="3">月　日</td><td colspan="3">月　日</td></tr>
<tr><td rowspan="2">观察日期</td><td colspan="2">总数</td><td rowspan="2">变异的形态及生长发育特点</td><td colspan="2">总数</td><td rowspan="2">变异的形态及生长发育特点</td><td colspan="2">总数</td><td rowspan="2">变异的形态及生长发育特点</td><td colspan="2">总数</td><td rowspan="2">生长发育特点</td><td rowspan="2">—</td></tr>
<tr><td>发芽率/%</td><td>高度/cm</td><td>发芽率/%</td><td>高度/cm</td><td>发芽率/%</td><td>高度/cm</td><td>发芽率/%</td><td>高度/cm</td></tr>
<tr><td></td><td></td><td></td><td></td><td></td><td></td><td></td><td></td><td></td><td></td><td></td><td></td><td></td><td></td></tr>
<tr><td></td><td></td><td></td><td></td><td></td><td></td><td></td><td></td><td></td><td></td><td></td><td></td><td></td><td></td></tr>
<tr><td></td><td></td><td></td><td></td><td></td><td></td><td></td><td></td><td></td><td></td><td></td><td></td><td></td><td></td></tr>
</table>

记录人：

2. 幼苗生长点处理法

（1）滴液法

在幼苗生长点的顶端放置脱脂棉球，然后滴入不同浓度的溶液，处理时间分为3天、4天和5天，每天滴3次，即每隔8h滴一下，每次1滴（根据具体情况适当增加）。处理结束后，用水冲洗几次，注意管理，经常观察记录，见表6-2。

表6-2　幼苗观察记录表1

编号：　　　　　　　　　　　　　　　　　　　　　　　　材料名称：

溶液浓度										对照（水）			备注
处理天数													
观察日期													
生长情况													

记录人：

（2）浸渍法

当出土幼苗子叶张开时，使其浸渍在秋水仙碱溶液中，浸渍时间为6h、12h、18h、24h和32h，处理后立即取出用水冲洗，移植并注意管理记录。

3. 幼苗茎基侧芽的处理

选1年生苗木，用不同浓度的秋水仙碱溶液和10%甘油水液混合，分别处理其茎基的侧芽。处理时间为3天、4天和5天，每天在每株茎基侧芽上滴2~3滴。处理结束后，用清水洗几次，使其正常生长。注意观察并记录，见表6-3。

表6-3　幼苗观察记录表2

编号：　　　　　　　　　　　　　　　　　　　　　　　　材料名称：

溶液浓度										对照（水）			备注
处理天数													
观察日期													
生长情况													

记录人：

【结果展示】

①发芽后的观察记录表。

②幼苗观察记录表。

③不同植物处理的最适时间和最有效浓度。

训练任务二　植物多倍体鉴定

【任务背景】

细胞中含有3个以上染色体组的生物体称为多倍体。多倍体可自然发生，也可人工诱发，但其染色体数是否发生倍数性变异必须经过鉴定。鉴定方法有两种：直接鉴定根尖细胞或花粉母细胞染色体数目；间接鉴定叶片气孔保卫细胞、花蕾、果实、种子的形态和花粉粒大小等外部性状。

假设你是一名林业技术人员，你所在的工作小组接到了一项任务：鉴定植物多倍体。你的部门领导要求你们在工作过程中制订工作计划和方案，并按计划实施方案，认真记录工作过程，并提交任务报告，最后他将对你所在工作小组的每一位成员进行考核。

【任务思考】

①多倍体的形态有哪些特征？

②多倍体鉴定方法有哪些？

③如何测定植物细胞大小？

④在鉴定操作中有哪些注意事项？

【实验器材】

1. 材料

各种植物的花蕾、根尖、叶、种子。

2. 仪器

显微镜、接目测微尺、接物测微尺、刀片、镊子、载玻片、盖玻片、解剖针、纱布、吸水纸、标签、糨糊等。

3. 试剂

F.A.A固定液、卡诺氏固定液、醋酸洋红、番红、苯胺蓝、二甲苯、丁香油、苏木精、铁矾、硝酸、铬酸、氯化钾、乙醇、1%碘-碘化钾溶液等。

【实验方法】

1. 染色体数目的检查

固定处理和未处理材料的根尖及花蕾，采用压片法或涂抹法制片，制片后在显微镜下观察细胞分裂中期相，并进行染色体计数。

2. 保卫细胞和气孔的测定

利用化学药品分离植物的组织，使胞间层溶解，细胞互相分离，以便能够完整观察到保卫细胞的形状和气孔。常用如下两种方法。

（1）乔菲律氏浸离法

将要测定的叶子，切成0.5~1cm小块，浸入等量的10%硝酸和10%铬酸混合液中，需1~2天，加温30~45℃可缩短时间，然后用水冲洗，取少许材料于载玻片上，用解剖针轻压，使其细胞分离，制成临时标本进行观察。

（2）许而司氏浸离法

将1g氯酸钾和50mL浓硝酸的混合溶液作为处理剂。将材料在处理剂中加热片刻，通过胞间层溶解可使细胞分离，随后用水冲洗即可。由于此液分离速度较快，应随时注意观察。分离时间过长，材料即溶解；分离时间过短，达不到目的。组织分离后经脱水染色可制成永久片，具体流程如下：

将分离表皮冲洗干净—F.A.A固定液固定（1h）—50%乙醇冲洗两次（共30min）—10%番红乙醇液染色（2h）—流水洗去多余染剂（30min）—30%、50%、70%和85%乙醇脱水（各5min）—1%苯胺蓝的95%乙醇染色（1~2h）—95%乙醇冲洗（10~20s）—丁香油透明处理（10~20min）—二甲苯处理（5min）—二甲苯处理（5min）—封藏。

制片后（临时片），测量气孔保卫细胞时，在高倍镜下用测微尺测量其大小。测定方法是：先在低倍镜下找到目的物，然后在高倍镜下用接目测微尺测量细胞所占接物测微尺的倍数，再根据接目测微尺每格长度推算细胞的大小。即：

$$\text{接目测微尺每格长度}=\frac{\text{接物测微尺格数}\times 10\mu m}{\text{接目测微尺格数}} \quad (6\text{-}1)$$

移动制片，观察叶表皮不同部分的气孔保卫细胞，分别测量10个保卫细胞的大小，求其平均值。填写测定结果，见表6-4。

表6-4　植物多倍体鉴定表

植物名称	倍数性	染色体数	花粉粒直径/μm	单位面积气孔数	气孔保卫细胞	
					长/μm	宽/μm

3. 花粉粒的鉴定

采摘待开放的花蕾，取其花药，把花粉涂抹于载玻片上，加1滴1%碘-碘化钾溶液，盖上盖玻片。测量10~20个花粉粒直径的数值，求其平均数。

4. 形态特征

观察比较二倍体和多倍体植株花蕾、穗、果实、种子和叶片等性状，可根据标本和照片观察。

【结果展示】

①植物多倍体鉴定表。

②显微镜视野下染色体形态绘制图。

考核评价

1. 考评结构

态度纪律20分；工作过程60分；任务结果20分。

2. 考评标准

①态度纪律。积极主动、速度快、质量好且有创新等优秀表现得20分；有迟到、早退、开小差等违纪现象得10分；缺席得0分。

②工作过程。搜集资料、设计方案、观察、测定、计算和总结等环节完整、操作规范、结论正确、表述流畅得60分；环节完整、操作较规范、结论正确、表述流畅得50分；环节完整、操作欠规范、结论不正确、表述较流畅得40分；环节不完整、操作不规范、结论不正确、表述不流畅得30分。

③任务结果。数据详实、报告完整得20分；数据详实、报告较完整得16分；数据存疑、报告不及时得12分。

3. 评价表

任务名称：　　　　　　　　　　　　　　　　　　　　填写时间：

姓名	态度纪律（20分）	资料搜集（10分）	制订方案（10分）	操作过程（30分）	表述答辩（10分）	任务结果（20分）	总分（100分）

自我总结

完成任务后，进行自我分析与总结。

思考题

①人工诱导多倍体的方法有哪些?

②林木染色体加倍的方法有哪些?

③为什么同源三倍体高度不育?

④简述人工诱导三倍体和四倍体杨树的步骤。如何鉴定林木多倍体?

⑤简述林木多倍体育种的意义。

⑥人工诱导多倍体应注意哪些问题?如何解决?

项目七

种子园

项目介绍

1. 项目相关背景

种子园是由遗传特性优良的林木组成的人工林，目的是生产大量、优质的种子。我国于1964年在福建洋口建立第一个杉木无性系种子园，截至2019年年底，建园树种超过40种，国家重点林木良种基地294处，除西藏外，全国各地均有分布。我国主要造林树种初级种子园建立工作已完成，部分种子园已开展了去劣疏伐工作，或建立1.5代种子园，马尾松、华北落叶松和油松等树种已建立了第2代种子园。2003年，福建省在国内率先开展了杉木第3代种子园建园材料的选择和营建技术研究，目前第3代种子园建设面积超过430hm^2。种子园在实现林木良种化中发挥了重要作用。

2. 项目任务描述

训练任务　林木种子园调查

学习目标

1. 能力目标

①完成文献资料的查询和搜集工作。

②与他人分工协作，并进行有效的沟通。

③设计林木种子园调查的方案，并做出相应计划。

④完成林木种子园调查工作，说明注意事项。

⑤通过文字、口述或实物展示学习成果。

2. 知识目标

①简述种子园的含义、种子园的分类和世代更替。

②简述种子园规划和区划的内容和原则。

③简述外源花粉污染的危害性和防治措施。

④简述自交的危害和降低种子园自交率的方法。

⑤阐述种子园疏伐和施肥应考虑的问题。

⑥阐述种子园经营管理中应重点观察的内容。

背景知识

一、种子园种类

种子园按建园苗木繁殖方式，可分为无性系种子园和实生苗种子园；按林木改良程度，可分为初级种子园和改良代种子园；按建园性质，可分为产地种子园、杂交种子园和室内种子园等。

1. 无性系种子园与实生苗种子园

无性系种子园是用无性繁殖苗木建立的种子园，是最普遍的形式。无性繁殖方式有嫁接、扦插和组织培养技术，但多数种子园的苗木通过嫁接繁殖。因为接穗取自成年母树，其携带了相应阶段的发育年龄特性，因此接穗嫁接后可提早开花结实。如杉木实生苗造林一般需10~15年才能开花结实，如果从已开花结实的优树上采集穗条嫁接，则第二年可见雌花，第三年可收获种子。另一类种子园称为实生苗种子园。这类种子园由优树自由授粉或控制授粉所得种子培育的苗木建立，继而通过去劣疏伐，保留优良家系中的优良单株来生产种子。

早期建立的种子园是无性系种子园。1959年，J. Wright提出应建立实生苗种子园。究竟哪类种子园更好，在20世纪60年代初期有过激烈的争论。事实上，这两类种子园各有利弊，各有适用条件。

对于轮伐期短及幼年期与成熟期性状表现出高度相关性的树种，可由子代测定林改建成种子园，在一定时期起到遗传测定与种子生产双重作用。在这种情况下，体现出实生苗种子园的优越性。然而，双重作用在多数情况下难以同时发挥。子代测定林应当建在该树种造林典型的、生态条件有代表性的地段，而这种地段不一定适宜建种子园。如落叶松是高海拔造林树种，子代测定林应建在高海拔地段，但这种地段的气候条件显然不利于开花结实。此外，子代测定林的初植密度比种子园大，为了保证正常开花结实，必须在林分郁闭前疏伐，以保证光照充足、树冠发育充分、开花结实层低和种子产量高。但是如果在林分郁闭前疏伐，子代测定林还处于幼林期，往往不能对家系和单株进行正确的评定，子代测定的任务无法完成。如果子代测定林按种子园的栽植密度定植，树冠会得到充分发育，但子代测定效果会降低，而且占地面积较大。

对于开花结实早的树种，如桉属中的多数树种，可以考虑建实生苗种子园；对于开花结实晚的树种，如红松和油松等则应采用无性系种子园。实生苗种子园所包含的亲本比无性系种子园多，因此具有更广泛的遗传基础。无性系种子园同株或不同分株间会发生自交，特别是建园无性系数量少时，自交率会更高。在实生苗种子园中，自交只出现在同一株树上，同一家系不同植株的交配为近交。自交和近交都是不利的，其中自交危害更大。因此，种子园无性系和家系单株的配置应当使同一无性系或有亲缘关系的家系保持适当的距离。

2. 初级种子园与改良代种子园

初级种子园通常是从未经改良的天然林或人工林中选择优树建立的种子园，入园亲本的谱系一般不清楚，遗传特性有待研究。根据子代测定结果，对初级种子园进行去劣疏伐，即可转化为去劣疏伐种子园；根据子代测定结果，对初级种子园亲本无性系进行再选择重建的种子园，称为第1代改良种子园。为了强调建园亲本经过遗传测定和选择，遗传品质更优，有别于初级种子园，也称为1.5代种子园。利用第1代建园材料进行控制授粉，选择优良杂交组合中的优良单株，建立的无性系种子园，称为第2代种子园。各类种子园关系如图7-1所示。

在多世代育种中，不必过分强调繁殖材料的世代，而应重视材料的遗传品质和亲缘关系。如美国东南部的一些第三轮选择营建的火炬松种子园包含第1代和第2代的选育材料。从理论上分析，1.5代种子园是根据子代表现，对亲本进行选择，利用子代表现优良的母本穗条建立的种子园，属于后向选择。而第2代种子园的材料来源于优良家系中的优良单株，属于前向选择，其遗传增益理论上应该大于或等于1.5代种子园。但事实上，在建立1.5代种子园前，已对各无性系的开花结实习性进行了多年的观察，也根据子代平均值对各个无性系进行了评价，在此基础上，确定入园无性系，其种子遗传品质、播种品质和产量均有保证。而第2代种子园的亲本，只通过表型选择，未进行子代测定，亲本的开花结实习性尚需观察，其遗传增益和种子品质是否一定大于1.5代种子园，还有待观测验证。

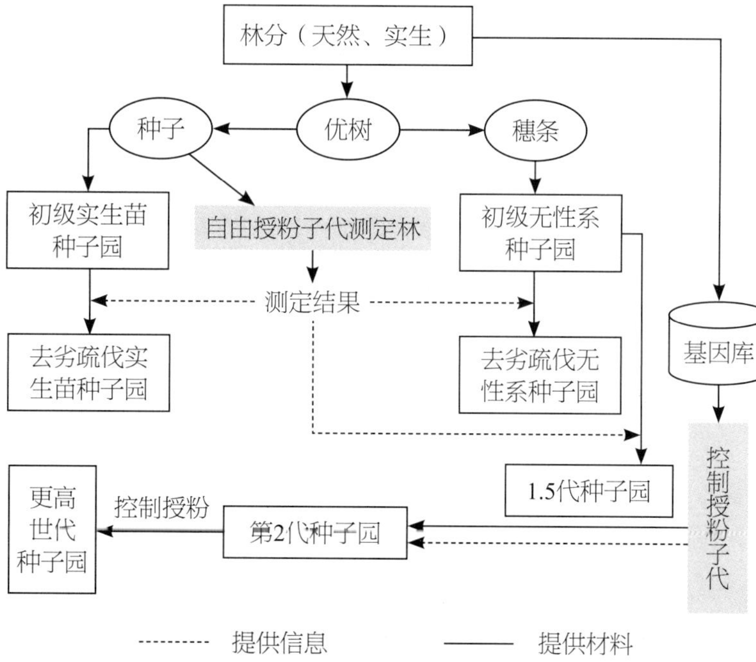

图7-1 各类种子园的关系

3. 其他形式的种子园

由两个树种的繁殖材料建立杂交种子园，用以生产优良的杂交种子。建园前要进行杂交试验，证明有明显的杂种优势，树种间花期相遇。建园时，将不同树种的植株适当排列栽植，以提高不同树种间的杂交率，降低同一树种植株间的授粉率。如黑龙江省林业科学院等单位于1979年选择花期相遇、花量适中、树干通直、生长量大的10个日本落叶松无性系和30个长白落叶松无性系，建立了杂交种子园，1986年结实，3年生子代的树高生长量比长白落叶松种子园的子代高20%。

自然界的雌雄异株树种，如银杏、构树、杨树、杜仲、雪松、柳树、桑树和黄连木等，雄树的花粉给雌树授粉，其后代都是杂交种。对于雌雄异株树种种子园，要在确保雌株授粉有充足花粉的前提下，将种子园的雄株数量降到最少。雄株作为“授粉树”，在种子园中系统定植。例如，每个组有9株（3行×3列）组成，中心是1株授粉树，即8株雌株围绕1株雄株。9株树可以重复，排列也可以变化。

在种源选择中，如果发现某地存在最佳种源，或种源间的杂交种生长较好，可建立种源种子园，以生产特定种源的种子。

芬兰、美国、加拿大和英国等利用塑料大棚建立室内种子园。通过采取增温、提高CO_2浓度、延长光照、赤霉素处理、水分胁迫和绞缢等技术措施，诱导桦木、云杉、铁杉和火炬松等树种提早开花结实。

二、种子园总体规划和经营区划分

种子园规划和区划内容包括园址选择、建园规模和入园亲本的确定，以及优树收集区、采穗圃、花粉隔离区、子代测定区、示范区、苗圃和种子加工场地等布局。

1. 种子园规模

种子园规模大小主要取决于两个因素：一是种子园供种地区的造林任务和种子需求量；二是该树种种子园单位面积的种子产量。如杉木无性系种子园3年生左右开始结实，结实盛期产种子11~45kg/hm^2；油松无性系种子园5~6年生开始结实，盛期产种子15~30kg/hm^2以上；马尾松种子园嫁接后5年生开始结实，盛期产种子20~40kg/hm^2；火炬松盛期产种子22~55kg/hm^2。为方便管理，提高效率，有效地防止外来花粉污染，曾规定种子园面积不得小于10hm^2。在建设和管理资金有保证，种子市场需求明确的情况下，这个规定无疑是有依据的。但是，如果上述条件得不到保证，只要园址周围没有同种或近缘树种，即可适当减小规模。

2. 园址选择

园址选择对于种子园的种子产量具有重要影响，在一定程度上还会影响种子的遗传品质和播种品质。种子园应建立在树种能正常生长与发育，并且能有效防止外源花粉污染的地方。此外，选择园址时还应考虑地形地貌、主风方向、地块连片、交通、水源、劳力资源、技术力量、行政区划、土地权属和当地社会风尚等诸多因素。

（1）生态条件

选择园址时，首先要分析当地的生态条件能否满足建园树种的生长和发育，包括温度、雨量和海拔，尤其要注意有效积温、日照时数、早晚霜和传粉期降水量等气候条件。土壤以壤土或砂壤土为宜，土壤肥力中等，过于肥沃或过于贫瘠都会影响正常开花结实。还要注意土壤湿润条件、排水性能和灌溉条件。种子园应建在地势开阔、平坦、背风和向阳的地段，要避免霜冻和雪压等不良气候因素。

关于杉木种子园园址选择问题讨论较多。杉木中心产区种子产量变动大，播种品质差，其中散粉期降水量大和日照时数不足是重要原因。一些学者提出，将种子园从杉木中心区适当南移或北移，有利于提高杉木种子园种子产量和品质。其实，杉木分布区地形复杂，气候多样，可以选择有利地段建立种子园。如在贵州黔东南3个杉木种子园中，锦屏杉木种子园建在小山坡顶上，地势平坦、开阔，日照条件好，土壤肥力中等，虽然树体生长不如黎平杉木种子园，但是5~10年生树年产种子75~105kg/hm^2，单位面积产种量是黎平杉木种子园的3~4倍。天柱杉木种子园多为阴坡和半阴坡，且坡面较长，种子产量比黎平杉木种子园低。

考虑到树种的适应性，种子园一般应设在该树种的自然分布区内。若分布区的气候条件不会限制开花结实，可以就地建园；反之，可以将种子园建在用种区立地条件好的地方。但未经试验或调查论证，不应贸然把种子园建在树种分布区之外，以免带来不必要的损失。

（2）花粉隔离带

理想的种子园应当是一个封闭的传粉系统，即种子园内不同植株间传粉，外源花粉不得侵入。由于园外遗传品质低的花粉大量侵入种子园，会降低种子园种子的遗传增益。为此，种子园的位置应与同树种的林分相隔一定距离，将外源花粉的污染降到最低。尤其是改良代种子园，更有必要设立花粉隔离带。

花粉传播距离取决于树种花粉的形态结构、种子园地势、散粉期的主风方向、风速和湿度等因素。20世纪80—90年代，北京林业大学开展了油松、华北落叶松和杉木等树种的花粉飞散距离研究，结果表明：油松花粉粒有气囊，花粉传播距离远，至少在2km范围内不能有油松林或近缘种大量分布；杉木沿主风方向传播，在600m范围内，外源花粉的浓度占花粉源花粉浓度的10%以上，因此杉木种子园花粉隔离距离应不少于600m；华北落叶松花粉粒无气囊，飞扬能力远低于松属，不论在坡地还是在平地，设100m的隔离带，便可以防止外源花粉的污染。

为了防止花粉污染，华南农业大学等单位在广东省遂溪县林业试验场建立了多树种种子园。由于加勒比松、尾叶桉和火炬松作为隔离带，湿地松母树林与湿地松种子园相距740m；由于有湿地松种子园隔离，尾叶桉实生苗种子园与无性系种子园相距160m。几个树种相互交错的布局，起到了花粉隔离作用，节省了营建隔离林带的费用。又如，云南省林业科学院（现云南省林业和草原科学院）在普文试验林场营建的思茅松无性系种子园，以天然的阔叶林作为隔离带，不但起到良好的隔离效果，还节省了专门营建隔离带的费用。

3. 种子园区划

种子园区划内容包括优树收集区、采穗圃、子代测定林、苗圃、温室和种子加工设施等，可根据各经营项目的性质和要求进行区划，应注意以下几点：

①如果种子园、优树收集区、采穗圃和子代测定林建在同一地段，必须对种子园进行花粉隔离，种子园应建在花粉飞散的上风地段。

②为便于施工和经营管理，种子园可划分成若干大区，大区下再设置小区。区划要因地制宜。在地势平缓的地区，可划分为正方形或长方形的大、小区。大区面积3~10hm^2，小区面积0.3~1hm^2。在山区，可按山脊、山沟和道路区划，不必强求形状规整或面积一致，但应连接成片。小区划面积的设置，不仅要考虑地形，也要考虑经营集约程度。经营越精细，小区面积越小。

③区划时要考虑道路的布置，以便于运输和管理，要设置防火道，并采取防止人畜破坏的措施。

④房屋建筑、种子加工等生产辅助场所应尽可能设在种子园中心地带，以便集中管理，并减少支出。

⑤区划应留有发展余地，应考虑今后营建改良代种子园的用地。

4. 优树收集区

优树收集区是搜集和保存优树资源的场地。其功能有：

①保存优树资源。这是异地保存种质资源的一种形式，为可持续地开展遗传改良奠定基础。

②为营建种子园提供接穗。没有建立采穗圃任务的单位，可兼作采穗圃。

③作为育种园，开展控制授粉。

④为种子园人工辅助授粉提供花粉。

⑤开展无性系开花结实和形态特征观察研究。

一个树种应该搜集多少优树？根据多数学者的估算结果可知，300~400个无性系能基本满足要求。同一无性系应保存若干分株。如果收集区的主要目的是保存优树以及开展无性系生物学观察和控制授粉，那么每个无性系一般保存5~10个分株。如果收集区兼作采穗圃，分株数量应根据种子园规模而定。为了便于开展生物学观察、穗条和花粉的采集、控制授粉等工作，同一无性系的分株最好栽在一起。优树收集区要建在易于管理、地势平坦和生态条件好的地段，特别注意优树定位要准确，不能错号。

5. 建园亲本数目

林木多为异花授粉植物，自交会引起球果败育或种子生活力衰退，导致子代遗传品质降低。为了防止近亲繁殖，维持子代的遗传基础，种子园必须具有足够数量的无性系或家系。加之，初级种子园的亲本通常来自不同林分，开花习性一般不同，可能会出现部分无性系相互之间花期不遇的现象。在这种情况下，如果没有一定数量的无性系作为后备资源，日后即使有了子代测定数据，也难以进行去劣疏伐。

种子园内采用无性系的数量，取决于亲本是否经过遗传测定、种子园世代和性质、遗传增益要求、遗传多样性、树种传粉距离、定植密度、无性系或家系花期的同步程度和去劣疏伐的强度等。目前，国外初级无性系种子园一般有20~60个无性系。我国对初级无性系种子园的规定如下：面积为10~30hm^2的种子园，应有50~100个无性系；面积为31~60hm^2的种子园，要有100~200个无性系；面积为60hm^2以上的种子园，需要150个无性系。

实生苗种子园所用家系数目应多于无性系种子园所用无性系数目，以便今后去劣疏伐。但是，无性系或家系越多，子代测定的工作量就会越大。

1.5代种子园所用无性系数量可为初级无性系种子园的1/3~1/2。杂种种子园可选择少数亲本组成。经过一般配合力和特殊配合力选择，理论上可以筛选出花期一致的两个无性系组成种子园，但至今生产中还很少采用。

三、种子园建立技术

1. 苗木准备

无性系种子园的苗木可以是插条苗，也可以是嫁接苗。由于多数针叶树种，特别是老龄树木很难用插条繁殖，所以无性系种子园几乎都用嫁接苗。为了保证嫁接苗有足够的接穗，要提前建立采穗圃。采穗圃的面积根据种子园面积、完成年限、定植密度、嫁接成活率和嫁接后每年可采的穗条量等因素测算，针叶树采穗圃的面积一般为种子园的5%~10%。为了避免嫁接的位置效应，保证植株正常生长，接穗应取自树冠中、上部发育良好、健壮的顶枝，不要使用下垂的侧枝作接穗。针对种子园嫁接或定植后部分植株不成活的现象，应按照配置及时补接或补植。实生苗种子园苗木的生产可用优树自由授粉的种子或控制授粉的种子。

2. 无性系配置

种子园中无性系的配置应考虑下列问题：同一无性系的个体应保持最大间隔距离，尽量避免自交；避免无性系间的固定搭配，以免降低种子园种子的遗传多样性；种子园的设计应便于施工及今后的经营管理；经过疏伐后，各个无性系的分株数量大体相等，并分布均匀；便于对无性系的生长和开花结实量进行统计分析；无性系排列不受种子园大小和形状的限制。上述应考虑的问题，有的是相互矛盾的，设计时只能根据主要要求和具体条件来考虑。

种子园无性系配置的方式有很多，下面对生产中常用的几种配置方式进行简要介绍。

（1）随机排列

随机排列是指不按一定顺序或主观愿望配置无性系，使各无性系在种子园小区中占据任何位置的机会均等，是防止系统性误差的一种配置方式。这种排列方式往往出现同一无性系的分株靠得很近的现象，通常需要做些调整，使得同一无性系的两个分株间有足够的距离。这种排列方式基本上满足上述配置要求，其主要缺点是当种子园面积较大和无性系较多时，定植和嫁接比较麻烦，不便于调查和经营管理。

（2）分组随机排列

首先把种子园的小区划分成面积相等的组（重复），使每一个组容纳数目相等的无性系，一般为20~25个。组内无性系随机排列，组间轮换排列。该设计基本上满足上述配置要求，但缺点是要求无性系数量多，管理不方便。

（3）顺序错位排列

简单地将各无性系或家系按号码顺序在一行中依次排列，如图7-2所示，其中带○的号码表示疏伐时伐去的植株。并在下一行重复这一过程，但另排一行时错开几位，以另一号码开头。这种设计的优点是：适用于各种大小或不同形状的种子园；由于排列有序，嫁接、定植和分系号采果球等操作简单易行，也便于经营管理；可最大限度地分隔开同一无性系的分株植株；通过间伐或淘汰后，其空隙呈有规则的分布；如已知某些无性系或家系的配合力强，则配对设计容易。其缺点是：由于有固定的邻居，会产生很多固定亲本的子代，减少了随机交配的几率，不利于扩大遗传基础。此外，由于不是随机排列，不利于统计分析。

1	②	3	④	5	⑥	7	⑧	9	⑩	11	⑫	13	⑭	15	⑯
⑰	⑱	⑲	⑳	①	②	③	④	⑤	⑥	⑦	⑧	⑨	⑩	⑪	⑫
⑬	14	⑮	16	⑰	18	⑲	20	①	2	③	4	⑤	6	⑦	8
⑨	⑩	⑪	⑫	⑬	⑭	⑮	⑯	⑰	⑱	⑲	⑳	①	②	③	④

图7-2 顺序错位排列示意图

（4）固定和轮换排列区组

在同一地块（小区）内的不同重复间均采用一种排列模式，称固定排列区组。对这一排列模式中不同区组的无性系排列秩序进行有系统的秩序变更，称为轮换排列区组，如图7-3所示。对相邻的无性系实行有限的变换，这种排列方式虽能改变固定邻居，但增加了施工和管理难度。

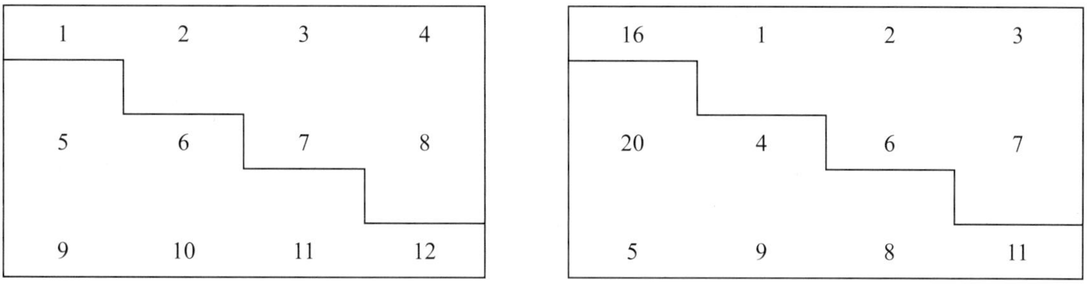

图7-3 固定和轮换排列区组示意图

（5）计算机配置

20世纪80年代，南京林业大学、北京林业大学和福建农林大学等单位先后开发出借助计算机进行种子园无性系配置的软件，并在一些树种的种子园营建中得到应用。利用计算机配置无性系，避免了无性系间的固定邻居关系、同一无性系分株间的间隔距离过小等问题。但由于无性系配置缺乏系统的规律，导致嫁接、调查和果实采收等工作比较繁杂。

3. 栽植密度

种子园栽植密度的设置，要保证植株有充足的光照，能正常生长发育、开花结实。密度过小，浪费土地，降低光能利用率；密度过大，造成园内光照不足，影响开花结实。种子园密度与产种量呈动态关系，在一定密度下，随着树龄增加，前期适宜的密度，到后期则变得过密。初植密度的设置，要从不同树种开花结实的生物学特性、种子园盛果期长短、树冠发育进程和疏伐年限等方面综合考虑。

四、种子园经营管理

种子园经营管理包括密度管理、树体管理、水肥管理、有害生物管理和花粉管理等内容。种子园通过去劣疏伐、整形修剪、灌溉施肥、病虫害防治和辅助授粉等技术措施可以提升种子的品质和产量。

1. 密度管理

疏伐能使树冠得到充分的光照，保证树冠正常发育，有利于结实，也有利于改善土壤营养条件，是提高种子园球果产量的重要措施。疏伐时，应依据子代测定结果、开花结实量、花期同步性和无性系分株生长势，确定保留的无性系和分株。近30年来，国内有关疏伐效果的报道很多，其主要经验归纳如下。

疏伐要及时。陈晓阳等曾对贵州黎平杉木种子园进行了疏伐试验。该种子园第五大区一小区为梯状整地，水平株行距为3m×4m，10年生时，植株间下层枝条已相互交错，雌、雄球花产量很少。1992年疏伐50%。据1994年调查，11个无性系单株平均雄球花产量为1164个，雌球花产量为307个，分别是1991年（疏伐前）球花产量的3.9倍和3.4倍。但是，第五大区疏伐太晚，平均树高达13m，冠幅超过5m，下层部分侧枝已干枯，加之伐树时，保留木的许多枝条被打断，中、下层球果很少，有果难采。因此，疏伐一定要及时。

疏伐要注意强度。廖舫林等于1986年在湖南省桃林林场对10年生湿地松种子园进行了不同强度的疏伐试验。强度疏伐：伐除64%的植株，保留150~180株/hm^2；中度疏伐：伐除42%的植株，保留270~300株/hm^2；轻度疏伐：伐除21%的植株，保留375株/hm^2。1988年调查结果表明：球果和种子产量随疏伐强度增加而增加，见表7-1。

表7-1 疏伐对湿地松种子园结实的影响

疏伐强度	保留率/%	每公顷产种量/kg	单株产种量/kg
强度疏伐	36	22.85	0.20
中度疏伐	58	11.55	0.10
轻度疏伐	79	6.56	0.06
对照	100	5.45	0.05

疏伐强度要根据种子园种子产量与林分郁闭度的关系来确定。如漳平五一国有林场马尾松种子园的郁闭度在0.6时，种子园产量最高。郁闭度由0.6升至0.72，产量按5%~35%递减。郁闭度在0.8以上的小区，几乎没有产量。因此，种子园郁闭度在0.6以上时，必须实施疏伐，将郁闭度降至0.4~0.5，确保种子园高产稳产。

疏伐要分期进行。郁闭度随着林龄逐步变大，第一次疏伐后，还必须分期再疏伐。由美国北卡罗来纳大学技术支撑的Charleston火炬松第2代种子园于1985年建园，面积为10.2hm^2，初植密度为4.57m×9.1m，共2449株。1989年开始疏伐，之后每隔2~3年疏伐一次，截至2003年，先后疏伐7次，最后仅保存20%的植株，种子产量持续上升，如1993—1994年种子产量为5~7kg/hm^2，2003年达到152kg/hm^2。

疏伐前应对无性系充分调查，并对无性系进行分类，以确定疏伐对象。这样有利于提高种子园优良基因型频率，改良种子园遗传品质。疏伐对种子园群体交配系统和遗传组成有一定的影响。姚宇等利用SSR标记分析了去劣疏伐对长白落叶松初级无性系种子园遗传多样性的影响，结果表明：长白落叶松初级无性系种子园依据无性系的子代表现和亲本生长结实能力对其实施去劣疏伐，在一定程度上减少种子园的遗传多样性。疏伐强度小于40%，有效等位基因数目与疏伐前基本一致，降幅小于0.5%，期望杂合度在0.5以上；50%、60%的疏伐强度，有效等位基因数目降幅增大，分别下降了2.61%、3.27%，期望杂合度下降到0.5以下。因此，建议长白落叶松初级无性系种子园疏伐强度在40%以内。

2. 辅助授粉

辅助授粉是将具生活力的花粉直接喷撒在未隔离的球花上的种子园管理技术。最早的做法是：鲜花粉添加填充剂，如滑石粉、死花粉，用竹竿系着纱布袋摇散花粉，或用喷雾器喷散花粉。自从1966年Wakeley等将辅助授粉引进种子园后，这项技术已被广泛应用。其作用可归纳如下：

①提高种子产量和播种品质。有关辅助授粉对于提高种子园种子产量和播种品质的实例，国内外已有大量报道。如河北省林业科学研究所（现河北省林业和草原科学研究院）于1983—1984年对河北遵化油松种子园进行了两次辅助授粉试验，种子产量相应增加了14.4%和33.6%，卢氏油松种子园对31个无性系进行辅助授粉，平均出籽率由2.49%提高到3.42%。杉木空粒主要由授粉不足引起，针对这个问题，陈晓阳等于1992年在黎平东风林场对12年生初级种子园进行了辅助授粉，健全籽率由对照的52%提高到64%，千粒重由对照的5.78g提高到6.02g。

②减少球果和种子败育。卢氏和黑里河种子园于1987—1989年进行了辅助授粉试验，结果表明：辅助授粉显著增加了果鳞上的花粉密度，虽然对球果败育没有起到缓解作用，但对减少胚珠败育，提高球果的出籽率作用明显。

③改进种子园种子的遗传品质。其理由是：采用辅助授粉，母树接受优良基因花粉的比例增加，子代遗传品质自然会得到改善；采用辅助授粉，增加了入园亲本的花粉浓度，相对降低了园外花粉浓度，从而可以降低花粉污染程度，提高种子的遗传品质；由于部分无性系间花期同步性差，或由于少数无性系花粉量占垄断地位，不可能随机交配，从而导致种子园自交率高、种子遗传基础窄等问题。通过辅助授粉可以改善亲本间配子贡献的平衡性，拓宽种子的遗传基础，并减少自交。

为了提高辅助授粉的效果，应注意如下几点：

①重点应放在幼龄种子园。Sarvas指出，欧洲赤松林达到均匀传粉水平，需要花粉20~30kg/hm^2。根据陈晓阳于1994年对黎平杉木种子园的调查，杉木种子园6年生后的花粉产量才能达到这个水平。Owens对火炬松的研究表明，进入珠孔的花粉粒平均达1.2粒才可满足受精。据陈晓阳的观测，天柱3年生种子园平均每个胚珠仅含花粉0.67粒，平均健全籽率仅23.1%。同年13年生种子园胚珠平均含花粉1.3粒，平均健全籽率为54%。1992年，对黎平2年生1.5代种子园进行辅助授粉，健全籽率由对照的26%提高到48%，千粒重由对照的4.95g提高到5.74g，正常球果由对照的70%提高到100%。

②应考虑授粉时间和次数。陈晓阳于1994年以洪雅林场杉木种子园为研究对象，分别在可授期的初期和盛期对3个无性系辅助授粉，并检查了进入胚珠的花粉粒，结果表明：在初期辅助授粉，胚珠中花粉数量平均为1.2粒，与自由授粉无显著差异；在盛期授粉，花粉数量达到3.2粒；在初期和盛期各授一次，花粉数量平均为3.7粒，与在盛期授一

次粉没有显著差异；在初期授一次粉，在盛期授两次粉，胚珠中的花粉数量平均达到5.4粒。虽然随着辅助授粉次数增加，进入胚珠的花粉数量也随之增加，健全籽率也有所提高，但综合考虑，抓住可授期的盛期进行一次辅助授粉便可以满足授粉要求。

③要注意无性系开花物候的差别。1992年，陈晓阳在黎平东风林场杉木种子园对三类无性系进行辅助授粉，结果表明：健全种子比例均有显著的提高，辅助授粉后的健全种子比例是自由授粉的2.3~2.8倍。1994年，在洪雅林场进行了辅助授粉试验，观测了胚珠中花粉粒平均数和花粉的胚珠数，结果表明：辅助授粉对三种花期均有显著效果，其中可授期早和晚两类无性系辅助授粉效果更加明显，见表7-2。因此，要注意对可授期早、晚两类无性系进行辅助授粉。

20世纪90年代，一些种子园用风力灭火机在种子园内鼓风，以增加树冠周围和上部的花粉密度，从而提高授粉率。现在可采取无人驾驶飞机进行辅助授粉。如王邦富等采用六轴旋翼无人机（型号SH-X6-10B）进行杉木种子园辅助授粉试验，结果表明：采用无人机辅助授粉得到的坐果率比人工辅助授粉提高46.0%，比自然授粉提高117.5%；无人机辅助授粉的山地作业效率是传统人工辅助授粉的33倍。

表7-2　杉木不同花期无性系辅助授粉效果

授粉状况	无性系	自由授粉	辅助授粉
花粉粒平均数/胚珠	86（早花）	0.53	3.03
	17（中花）	1.20	5.24
	28（晚花）	0.33	3.62
含花粉的胚珠比例/%	86（早花）	43.3	80.0
	17（中花）	66.7	79.3
	28（晚花）	20.0	85.5

3. 土壤水肥管理

土壤是林木生长的基础，改善土壤水肥条件，有利于母树正常生长和开花结实。土壤管理包括土壤耕作、施肥、灌溉、种植绿肥和除草等。下面着重介绍灌溉和施肥中应注意的几个问题。

（1）灌溉

适当干旱有利于花芽分化，但是林木生长发育需要水，适当灌溉有利于林木树冠增大，从而增加结实面积，增加球果产量。北京林业大学于1984年对兴城油松种子园无性系9年生植株进行灌溉试验，结果表明：当年生针叶长度和质量显著增加，第二年生长量增加了25%~35%，叶绿素含量提高10.2%~11.4%，含氮量提高4.8%~8.9%。但过量灌溉使针叶中磷和钾的含量分别下降6.5%~12.9%和0%~11.4%，因此灌溉要适量。

（2）施肥

种子园进入开花结实时期，消耗营养物质较多，合理施肥有利于母树正常生长发育，减少结实大小年间隔现象，达到高产稳产的目的。施肥要注意以下几点：

①施肥要“对症下药”。据迟键等对浙、粤、湘、闽4省8个杉木种子园在1983—1992年期间施肥的总结，在贫瘠土壤上施肥效果最显著，肥力中等以上土壤以磷钾肥为主，过于瘠薄的土壤则酌情加入氮肥，施肥量依树龄和树体大小而异。合理施肥可以提高种子产量，一般可增产30%~100%，出籽率、千粒重、发芽率也有所提高。1992年，陈晓阳在贵州黎平杉木种子园进行了施肥试验，所得结果并没有显著提高球果干重、种子千粒重和雌、雄球花产量。据土壤化验结果可知，浙江姥山杉木种子园表层土壤全氮和磷的含量为0.089%和0.045%，而黎平杉木种子园表层土壤全氮和磷的含量高达0.3269%和0.4354%，分别是姥山种子园的4倍和10倍。由于土壤养分含量已满足开花结实的需要，所以施肥效果不明显。

②施肥要适时。同样的肥料在不同时间使用，效果是不同的。据迟键对杉木种子园施肥试验结果，6—7月是施肥最关键的月份，次为秋季和春季4月；每年施2次较好，这与杉木种子发育节律与花芽分化期有关。我国杉木花芽分化期一般在6—8月，因此6月施肥正当花芽分化前夕。此外，6—8月是杉木种子快速增重期，6月施肥后可迅速被球果与种子发育利用。美国南方松改良研究组的研究表明，火炬松和湿地松等在花芽分化期稍前施肥可促进花芽分化，效果最好。总之，种子园施肥不同于林木施肥，施肥时间应配合花芽分化与种子发育节律。

③施肥要合理配比营养元素。葛艺早等在福建省沙县官庄国有林场第3代杉木种子园开展了施肥试验，确定了18种施肥处理的平衡施肥试验，结果表明：经过施肥处理后，杉木种子千粒重、种子发芽率、种子的可溶性糖含量和蛋白质含量均明显高于对照。陆梅等对闽北马尾松第2代种子园开展氮、磷、钾、镁、硼和钼等多元素配比施肥试验，结果表明：不同配比施肥对马尾松种子园的产量和质量影响很大；各肥料的最优组合为：每株施尿素70.0g+过磷酸钙338.5g+氯化钾148.5g+硫酸镁100.9g+硼砂1.4g；施肥组合中植株最高产量达到27.68g/株，是不施肥产量的10倍。

④施肥与灌溉相结合。美国Weyerhaeuser公司对火炬松连续5年进行施肥和灌溉试验，结果表明：与对照相比，只施肥，球果产量平均增加51%；只灌溉，球果产量平均增加34%；施肥加灌溉，球果产量平均增加59%。

⑤有机肥与无机肥相结合。合理施用有机肥有利于改善土壤结构，种绿肥压青可降低施肥成本，因此不少种子园常施有机肥或种绿肥。然而，有机肥或绿肥中的氮、磷、钾比例不一定符合结实要求，因此将有机肥与无机肥配合使用，会收到更好的效果。浙

江宝华种子园土壤为花岗岩风化砾质土壤，有机质含量仅为0.55%，全氮含量仅为0.02%，于1986—1988年连续3年套种紫云英等绿肥，并通过埋青还田，每年夏季又施1次0.4kg/株氮、磷、钾复合肥，使得施肥区比对照增产种子16.1%~35.7%。

⑥间种豆科作物、牧草。种子园内间种豆科作物和牧草有许多好处：能改善种子园土壤理化性质，有利于母树生长和结实；增加经济收入；间种可以耕代抚，节省抚育经费，在幼龄种子园经营管理中值得提倡。毛玉琪等于1986—1989年在错海林木良种基地对樟子松、落叶松种子园进行了间种大豆、紫花苜蓿、草木犀的试验。由土壤分析结果可知，种植紫花苜蓿的效果最好，增加有效氮5.8%，有效磷40.5%，有效钾34.4%；种植草木犀提高有效磷16.2%；种植大豆提高有效氮0.9%，有效磷2.7%。

4. 有害生物管理

病虫害和动物危害将直接导致种子园减产，因此防治有害生物是种子园经营管理的重要内容。李镇宇等于1987—1990年在兴城油松种子园进行了多年观测，结果表明：危害1年生球果的主要害虫有松果梢斑螟和瘿蚊；危害2年生球果的主要害虫有松果梢斑螟、微红梢斑螟和松实小卷蛾。约有90%的球花遭到虫害，其中瘿蚊危害约为30%。1987年，松果梢斑螟导致1年生球果损失22.4%，2年生球果损失31.79%。据钱范俊等于1988—1999年在福建省洋口林场等地的调查，杉木种子园中的常见害虫有7目20科26种。对杉木种子园结实影响较大的主要害虫是杉木球果麦蛾、杉木扁长蝽和杉梢小卷蛾。杉木球果麦蛾主要以幼虫钻蛀的方式危害杉木的球果，导致球果苞鳞、果轴和种子被蛀食，并加速球果变色、干枯。该虫在国内分布于浙江、安徽、江西、福建、湖北、湖南、广东、广西和贵州等地，平均球果虫害率为13.6%。杉梢小卷蛾在杉木种子园中主要在幼虫阶段危害侧梢。第1、2代幼虫期的危害梢率各达10%，第3代幼虫期的危害梢率较低。杉木种子园的主要病害有杉木赤枯病、杉木炭疽病、杉木叶枯病和杉木针叶黄化病等。加强种子园抚育管理，改善卫生条件，可增强母树的抗病能力。华山松的主要病害有赤落叶病、赤枯病、针锈病和根腐病等12种，发病率为6%~58%。花鼠是落叶松种子园的首害。潘本立等在1986年的调查显示，花鼠可危害80%以上的母树球果。防治的办法是在冬天把1.5cm以下的侧枝打掉，7月上旬再在树干1m以上高处裹上宽40cm的尼龙胶片，使花鼠无法从树干爬上树冠，有效防止花鼠危害。

5. 树体管理

树体管理包括截顶和修枝。通过树体管理改善树冠结构，调节树冠内部的光照，促进母树花芽分化。此外，还可以矮化树冠，便于采种。

（1）截顶

广东省乐昌市龙山林场新建杉木种子园，于2009年定砧，2010年冬嫁接，面积为6hm^2，建园亲本为15个，密度为1050株/hm^2。嫁接当年，视植株生长情况，在接穗主干出现第3级分枝时（距离嫁接口约40~50cm）截梢。当分枝间距高于20cm时，在分枝上方20cm处截断主干，使其在截口产生分枝，人为控制分枝间距。截梢处理可在植株高生长期内持续进行，植株最终高度控制在2.0~2.5m。当分枝过于浓密时，剪除弱小、分枝方向重叠的分枝。在树体管理过程中，修剪生长旺盛、相互挤压的侧枝顶梢，保证树冠充分采光。此外，还在每年6月下旬实行定向施肥和辅助授粉等措施。2013—2016年，种子园单位面积产量分别为79.2kg/hm^2、82.8kg/hm^2、183.3kg/hm^2和182kg/hm^2，实现了杉木种子园高产稳产，并总结形成了杉木精选高效种子园营建技术。

（2）修枝

修枝的对象为徒长枝、丛生枝和病虫枝等。修枝时应考虑母树生长和着花的特点，要注意树冠的层次和发展均衡性。结实衰退区重剪，结实区轻度修剪，注意保留座有雌花的枝条。修枝应严格掌握强度。据陈铁英报道，樟子松种子园母树进入结实旺盛时期，将树冠的每一轮枝保留3~4个主枝，其余的枝条全部剪掉，旨在优化树冠结构，提高通风效率，增加光照，从而使雌花增加13%，球果增加10%，种子产量提高21%。张砚辉等根据长白落叶松大龄母树的截干和修剪试验结果表明：长白落叶松母树修剪最优技术以中度和重度修剪为宜，截顶保留轮枝数以5~7轮枝为宜。

在生产实践中，截顶和修枝是结合应用的。广东省韶关市曲江区国有小坑林场杉木2.5代种子园于2010年嫁接建成，面积为14hm^2，密度为600株/hm^2，2016年年底进行截干控高和修枝控冠。截干控高主要在于高强度截干，保留3轮左右生长旺盛的粗壮侧枝，每年剪除树干截口处的萌条，将树高控制在3.0~4.0m。修枝控冠主要在于修剪相互挤压的侧枝顶梢，控制植株间树冠叠压。修剪后的种子园树高控制在4.0m以下，树体径向生长趋旺，雌花量随冠幅的增大而增加，发生部位趋于下移，且分布更为均匀。

6. 其他措施

切根、环剥和赤霉素等处理对于诱导针叶树种子园幼树开花，提高种子园雌、雄球花产量有一定效果。

切根对许多树种开花有促进作用。Ross等报道，切根能促进花旗松开花结实。张娅姝等和李炳艳等报道，切根对促进樟子松种子园无性系开花结实有明显的作用。常见切根方法为环状开沟，根据植株根系分布情况确定沟深和沟边与树根基的距离，沟内根系全部切断。切根对树木的营养生长有一定的抑制作用，但往往只影响当年。为了保护树势，可每隔3~5年进行一次切根。

环剥树干或枝条的树皮，也是促进林木开花的方法之一，但效果多在实施1~2年后才可表现出来。先用环剥处理花旗松、落羽杉属、西加云杉、欧洲云杉，再结合赤霉素处理，效果更佳。用绳索捆绑林木枝干，也具有环剥效果，也可促进林木开花结实。邓荫伟在广西壮族自治区全州县咸水林场杉木第3代种子园内开展了拉枝（分枝角度100°左右）、断顶、环扎（12号铁丝在距地35cm处的主干或主枝上环扎一圈）、环割（距地面35cm处的主干或侧骨干枝作环状切割，深度至木质部）4种方法的促花试验，结果表明：与对照相比较，4种处理均有效果。雄球花形成值由高到低依次为：环扎>环割>拉枝>断顶>对照；雌球花形成值由高到低依次为：环割>断顶>环扎>拉枝>对照。

1958年，日本学者Kato等首次报道赤霉素能够成功地提高柳杉花量。之后，激发了对杉科和柏科树种的促花技术研究。多项研究发现多种赤霉素促花效果较好，赤霉素GA_3效果最好。然而赤霉素GA_3对松科树种的效果不理想。1973年发现极性低的赤霉素GA_4与GA_7的混合物和不带羟基的赤霉素GA_9可成功地促进花旗松实生苗和成年树开花。在随后的10年中，大量的研究证实赤霉素GA_4与GA_7的混合物至少对松科6个属21个树种都有较好的促花效果。

项目实施

训练任务　林木种子园调查

【任务背景】

种子园是由优树的无性系或家系组建的，以大量生产优质种子为目的特种林分。建立种子园的目的是大规模生产优质种子，因此种子园营建和经营管理的核心任务是提高种子的遗传品质、播种品质和种子产量。

假设你是一名林业技术人员，你所在的工作小组接到了一项任务：林木种子园调查，学习并掌握林木种子园规划、营建与管理的基本原则和技术方法等。你的部门领导要求你们在工作过程中制订工作计划和方案，并按计划实施方案，认真记录工作过程，并提交任务报告，最后他将对你所在工作小组的每一位成员进行考核。

【任务思考】

①种子园规划和区划包括哪些内容？

②种子园园址选择时要考虑哪些因素？

③种子园经营管理包括哪些内容？

【实验器材】

1. 材料

落叶松种子园。

2. 仪器

测高器、围尺、皮尺、游标卡尺、铁锹、植物志、记录板、铅笔等。

【实验方法】

1. 种子园的作用

种子园是无性繁殖困难树种实现良种生产的重要途径，是一种集遗传改良与良种生产于一体的特殊人工林分。种子园在实现林木良种化中发挥了重要作用。采用种子园生产的种子造林，可以获得显著的遗传增益。此外，种子园还有其他优点，如提早开花结实，树体矮化，便于采收，面积集中，便于管理等。

种子园按建园苗木繁殖方式，可分为无性系种子园和实生苗种子园；按林木改良程度，可分为初级种子园和改良代种子园。初级种子园是指从未经改良的天然林或人工林中选择优树建立的种子园；根据子代测定结果，对初级种子园去劣疏伐后，即可转化为去劣疏伐种子园；根据子代测定结果，对初级种子园亲本无性系进行重新选择后再建的种子园，称为第1代改良种子园（1.5代种子园）；在初级种子园建园过程中，从亲本控制授粉的子代测定林中选择优良家系中的优良单株，通过无性繁殖建立的种子园，称为第2代种子园。改良代种子园是指由经过改良的繁殖材料建立的种子园，如第2代或更高世代的种子园。

2. 种子园规划和区划

种子园规划和区划的内容包括园址选择、建园规模、入园亲本数量的确定，以及优树收集区、采穗圃、花粉隔离区、子代测定区、示范区、苗圃、种子加工场地等项目的布局。

种子园的面积主要取决于两个因素：一是种子园供种地区的造林任务和种子需求量；二是该树种种子园单位面积的种子产量。种子园应建立在建园树种能正常生长与发育，并能有效防止外源花粉污染的地方，充分考虑生态因子、遗传环境、交通和社会经济条件等。为便于施工和经营管理，种子园可划分成若干大区，大区下再设置小区，区划要因地制宜，考虑便于运输和管理，并为今后营建改良代种子园留有发展余地。

3. 种子园无性系选择、配置和营建

种子园营建的苗木准备可选择先嫁接后定植的方式，也可以选择先定砧后嫁接的方式。从供种范围、遗传基础、减少近亲繁殖影响和初级种子园的去劣疏伐方面考虑，选择种子园无性系时，要确保一定数量，但不是越多越好。栽植密度的确定应该考虑植株生长与开花结实的需要，确保充分利用异交，提高良种单位面积产量。此外，是否去劣疏伐也是决定栽植密度的重要因素。无性系配置要尽可能保证无性系间充分自由交配且近交几率最小，扩大所产种子的遗传多样性，并便于对无性系的生长和产种量进行统计分析等。生产中常用的几种配置方式包括随机排列、分组随机排列、顺序错位排列、固定和轮换排列区组等。

4. 种子园经营管理

种子园的经营目标是提高种子产量，改善种子品质。通过去劣疏伐、整形修剪、施肥灌溉、辅助授粉和病虫害防治等技术措施达到优质高产的目的。此外，在种子园建园初期，可以通过切根、环剥和施加赤霉素等处理诱导种子园幼树开花，提高种子园雌、雄球花产量。

5. 种子园调查登记表

完成种子园调查登记表，见表7-3。

表7-3　种子园调查登记表

1. 种子园概况

①地点________省________县________镇________________（林场）

②种子园类别________，建园日期________年________月________日

③规划规模________亩，预期种子亩产量________公斤/亩，总产量________公斤

2. 种子园园址选择

①地形。海拔________，坡位________，坡向________，坡度________

②土壤。种类________，土层厚度________，质地________

③植被。植被型________________________

④气候。年均降水________，年均气温________，春季主风向________，有效积温________，日照时数________，早霜日期________，晚霜日期________

⑤遗传环境。距最近的同树种林分距离________，花粉隔离带________

3. 种子园区划与建立

①种子园和相关育种群体面积。种子园________，优树收集区________，采穗圃________，子代测定林________，苗圃________，其他辅助设施________

②建园无性系数目________，无性系配置方式________，定植方式________，初植密度________，大区数目________，每大区含小区数________，大区面积________，小区面积________

4. 种子园经营管理

①去劣疏伐。疏伐次数________，当前密度________，疏伐强度________

②整形修剪________________________________

③灌溉施肥________________________________

④病虫害防治________________________________

⑤辅助授粉________________________________

⑥其他________________________________

5. 种子园生长情况

①种子园平均胸径________，平均树高________，生长势________

②种子园无性系生长量实测

续表

无性系	胸径/cm				树高/m			
	小区1	小区2	小区3	平均	小区1	小区2	小区3	平均

6. 种子园结实情况

①结实情况。平均产量________，最高产量________，最低产量________

②种子园无性系结实量实测

无性系	无性系球果数/个			
	小区1	小区2	小区3	平均

7. 遗传增益。去劣疏伐前____________________，去劣疏伐后____________________

8. 种子园经营现状、存在问题和建设性意见

____

____

____

调查人员:

【结果展示】

①种子园规划和区划图。

②种子园调查登记表。

③该种子园的经营现状、存在问题和建设性意见。

考核评价

1. 考评结构

态度纪律20分；工作过程60分；任务结果20分。

2. 考评标准

①态度纪律。积极主动、速度快、质量好且有创新等优秀表现得20分；有迟到、早

退、开小差等违纪现象得10分；缺席得0分。

②工作过程。搜集资料、设计方案、观察、测定、计算和总结等环节完整、操作规范、结论正确、表述流畅得60分；环节完整、操作较规范、结论正确、表述流畅得50分；环节完整、操作欠规范、结论不正确、表述较流畅得40分；环节不完整、操作不规范、结论不正确、表述不流畅得30分。

③任务结果。数据详实、报告完整得20分；数据详实、报告较完整得16分；数据存疑、报告不及时得12分。

3. 评价表

任务名称：　　　　　　　　　　　　　　　　　　填写时间：

姓名	态度纪律（20分）	资料搜集（10分）	制订方案（10分）	操作过程（30分）	表述答辩（10分）	任务结果（20分）	总分（100分）

自我总结

完成任务后，进行自我分析与总结。

思考题

①简述种子园的含义、分类和世代更替过程。

②为什么说园址选择是种子园营建的关键？

③简述种子园规划和区划的内容和原则。

④简述外源花粉污染的危害性和防治措施。

⑤在种子园经营管理中，为什么要强调对无性系开花结实生物学特性的观察？应重点观察哪些内容？

⑥自交有哪些危害？如何降低种子园的自交率？

⑦简述影响种子园种子产量和播种品质的因素及种子园优质丰产的技术措施。

⑧种子园疏伐和施肥应考虑哪些问题？

项目八

林木抗逆性育种

项目介绍

1. 项目相关背景

如果林木频繁地受环境胁迫，其生长、发育和繁殖将受到不利影响，甚至死亡。胁迫可以是生物性的，即由病虫害引起，也可以是非生物性的，即由物理、化学条件引起。导致林木损伤的物理、化学因素有干旱、寒冷、高温、水涝、盐渍、污染、土壤矿物质营养不足和光照太强或太弱等。不同树种或同一树种的不同种源、林分和个体对环境胁迫有着不同反应。林木长期生长在各种胁迫并存的自然环境中，通过自然选择或人工选择，对其有利的性状被保留下来，并不断加强，对其不利的性状不断被淘汰，由此林木产生一定的适应性，即能采取不同的方式去抵抗各种胁迫。林木抵抗各种胁迫因子的能力称为抗逆性。充分利用林木种内在抗逆性上存在的遗传变异，通过一定的育种途径，选育出对某种不良环境具有抗性或耐性的群体和个体，应用于林业生产，这一过程称为抗逆性育种。

2. 项目任务描述

训练任务　抗逆性鉴定

学习目标

1. 能力目标

①完成文献资料的查询和搜集工作。

②与他人分工协作，并进行有效的沟通。

③设计林木抗逆性鉴定的方案，并做出相应计划。

④完成林木抗逆性鉴定工作，说明注意事项。

⑤通过文字、口述或实物展示学习成果。

2. 知识目标

①简述抗旱性测定指标。

②简述抗旱性测定的方法。

③简述抗寒性测定的方法。

④简述林木抗逆性育种的主要途径。

⑤简述提高林木抗逆性育种效果的方法。

背景知识

一、树木对胁迫的反应及抗逆性机制

1. 非生物胁迫

胁迫可以引起树木的一系列反应，从调节基因表达，细胞代谢到生长表现。胁迫的严重程度、持续时间和出现频率等都会对树木造成不同程度的影响。多种不利条件对树木的影响不同于单因素造成的胁迫。树木对环境胁迫的反应取决于树木自身的特征，包括基因型、器官与组织的种类和发育阶段等，如图8-1所示。树木抗胁迫机制可分为两大类：避性和耐性。

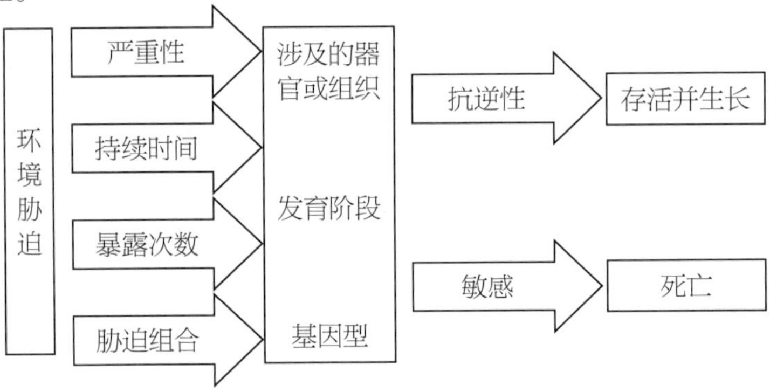

图8-1 环境胁迫的因素与树木的反应

（1）对干旱的适应性

经过长期自然选择，树木可通过不同途径来抵御和适应干旱。Levitt将避旱性和耐旱性统称为抗旱性。Turner把栽培植物对干旱的适应性划分为避旱性、高水势延迟脱水耐旱性和低水势延迟脱水耐旱性三种类型。Hall认为，植物对干旱的适应性应包括三种机制：避旱性、耐旱性和提高水分利用效率。树木是多年生植物，具有生命周期和年周期两个生长发育周期，对干旱的抵抗能力主要通过忍耐干旱和提高水分利用效率来实现。综合现有的研究成果，树木的抗旱性机制可归纳如图8-2所示。

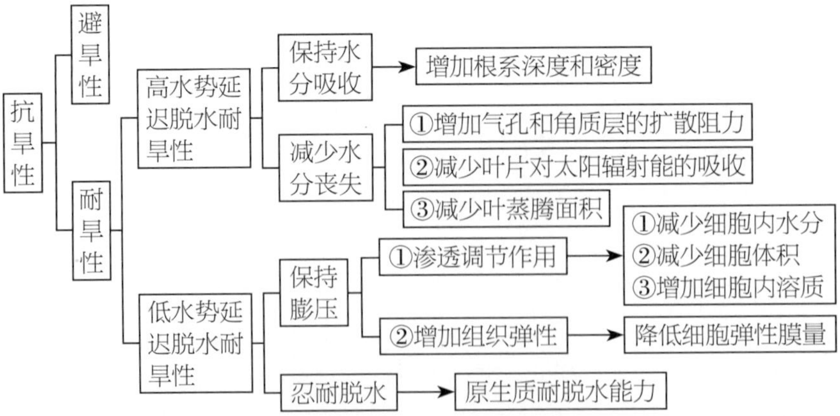

图8-2 树木的抗旱性机制

①高水势延迟脱水耐旱性机理。在土壤或大气出现干旱胁迫时，植物首先通过增加吸水或减少水分消耗的方式，维持较高的水势和水分利用效率，推迟组织脱水，以达到躲避干旱的目的。抗旱植物的一个普遍特征就是根系生长快、根深、根的活力强。许多观察发现，在干旱条件下植物根与茎的比值会提高。除了提高吸水能力外，某些植物的抗旱性完全或部分取决于减少蒸腾失水。减少水分损失的途径主要有三个：增加气孔阻力和角质层阻力；通过改变叶片的形态特征，减少对光能的吸收；减少蒸腾面积。

当干旱进一步加剧时，常引起植物叶片形态改变，如叶片卷曲、萎蔫、复叶闭合、茸毛或蜡质增厚，甚至叶片脱落或死亡，从而减少对光能的吸收并减小蒸腾面积。许多抗旱的植物种类，特别是生长在荒漠地区的树木，其形态均表现出避旱的特征。如在中亚荒漠地区生长的常绿灌木沙冬青，其根、茎、叶均表现出抗脱水的旱生特征。沙冬青叶片上下表皮皆具有浓密的表皮毛，气孔下陷极深，形成气孔窝，由不透水的脂类物质组成的角质层厚达15μm，以抑制蒸腾失水，并加强反射使叶肉细胞免于灼伤。叶肉细胞紧密排列，全部栅栏化，海绵组织退化，细胞壁较厚，细胞间自由空间度小，细胞质浓厚，内含物丰富，这些特征都有利于适应水分和温差的胁迫。

②低水势延迟脱水耐旱性机理。在持续干旱下，推迟脱水的各种机制最终会失去作用，不可避免地造成植物脱水，严重时可导致不可逆的伤害或死亡。耐旱的树木均具有较强的耐脱水能力。植物组织耐脱水的主要机理是：在低水势下保持一定的膨压和代谢功能，增加细胞的持水能力；细胞能忍受脱水，不受或少受伤害。当受到脱水伤害时，植物体内主要通过调整生物膜结构与功能、渗透调节作用和抗过氧化能力来完成脱水造成的伤害。植物体内的这种反应通过植物的合成和降解来实现，最终受到植物基因的调控。

（2）对低温的适应性

低温对植物的伤害可分为冷害和冻害两类。冷害是热带、亚热带的喜温植物和生长旺盛的温带植物，突然遭到0℃以上低温或低温反复侵袭造成的伤害。冻害是指植物受到冰点以下的低温胁迫，发生组织结冰而造成的伤害。

与冷害相比，冻害更为普遍。关于植物冻害的机理，有多种假说，其中被广泛接受的是膜伤害假说。细胞膜系（质膜、叶绿体膜、线粒体膜和液泡膜等）的稳定性与植物抗冻性密切相关，细胞膜系的形态变化和成分改变在抗冻机制上起关键作用。低温首先损伤细胞的膜体系，从而破坏体内生理生化过程，低温引起细胞各种膜结构的破坏是造成植物冻害损伤和死亡的根本原因，而质膜是这种破坏的原始部位。伤害性低温不仅会引起膜脂的相变，而且会引起膜蛋白的变化，包括膜蛋白的构型变化以及膜蛋白和膜脂相互关系的变化，从而引起膜蛋白的迁移运动。Levitt基于膜伤害理论，将植物分成两类：一类是敏感植物；另一类是抗寒植物。前者膜的透水性和稳定性差，极易引起胞内结冰，也易被胞内冰晶刺穿，导致死亡；后者膜的透水性和稳定性强，即使在寒冷条件下发生胞外结冰，当温度回升后也能缓慢恢复。Levitt还总结了植物抗冻性的6种方式，如图8-3所示。其中，细胞外结冰和细胞液的过冷却是植物避免细胞内结冰伤害的最主要和最普遍的两种适应机制。

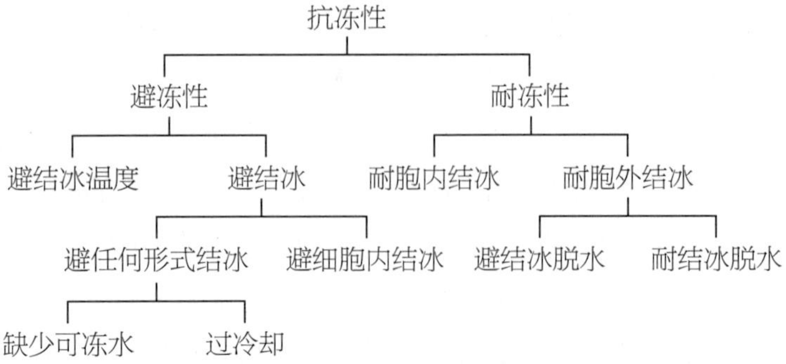

图8-3　植物抗冻性的6种方式

抗寒性是植物在长期寒冷环境中，通过本身的遗传变异和自然选择获得的适应低温的遗传特性。但这种特性只有在特定环境条件的诱导下才能表达出来，并随环境的改变消失。在抗寒基因表达之前，抗寒性强的植物也是不耐寒的，只有当该基因表达后才能发展为抗寒力。抗寒基因表达为抗寒力的过程，就是抗寒性提高的过程，称为抗寒锻炼或寒冷驯化。植物进入抗寒锻炼，主要取决于内外两个方面的因素。一方面是低温与短日照。低温是主要的外界诱发条件，不同植物所要求的低温诱导临界温度不同，大多数植物为2~5℃，锻炼的温度越低，抗寒效应越高，降温速度与植物的抗寒性有关。抗寒锻炼还受光的影响，如果缺光，植物即使在持续的低温下也不能得到抗寒锻炼。光在抗寒锻炼中所起的作用主要是光合效应和光周期效应，光周期效应通过光敏素起作用。另一方面是植物生理活动强度。植物的生长活动与抗寒基因的表达相互矛盾，植物生长越旺盛，抗寒性越弱，因此降低生长活动是提高抗寒性的前提条件。植物只有在秋季低温和短日照条件下，逐渐停止生长活动，抗寒基因才能活动，植物才能表达出抗寒性。

（3）对土壤盐碱的适应性

盐碱胁迫对植物造成的伤害主要表现在以下两个方面：一是细胞质中的金属离子，主要是Na^{+}的大量积累，它会破坏细胞内离子平衡并抑制细胞内生理生化代谢过程，使植物光合作用能力下降，最终因碳饥饿而死亡；二是盐碱土壤是一个高渗环境，它能阻止植物根系吸收水分，从而使植物因“干旱”而死亡。同时盐碱土壤pH较高，这使得植物体与外界环境酸碱失衡，进而破坏细胞膜的结构，造成细胞内溶物外渗而使植物死亡。因而，受盐碱胁迫的植物一方面要降低细胞质中的离子积累，另一方面还要通过积累过程产生某些特殊的产物，如蛋白质、氨基酸、糖类等来增强细胞的渗透压，阻止细胞失水，稳定质膜和酶类的结构。

植物在系统发育过程中对盐碱危害的抵御有不同的机理，由此形成了不同的植物抗盐碱类型，主要可分为：

①泌盐植物。吸收盐分以后，不积累在体内，而是通过盐腺排出体外，如柽柳。

②稀盐植物。生长快，吸水多，能把吸进体内的盐分稀释，如碱蓬属植物。

③聚盐植物。具有肉质茎，体内有盐泡，能将原生质内的盐分排到液泡里去，使细胞的渗透压增加，从而提高吸收水分和养分的能力，如盐角草等。

④拒盐植物。根部细胞中积累大量的可溶性碳水化合物，以提高渗透压，使根细胞有很强的吸水能力。

抗盐碱方式主要有渗透调节、区隔化、维持膜系统的完整性和改变代谢类型等。另外，它们的细胞膜对盐分透性很小，能把盐分拒之体外，根系在吸收水分时，可以不吸收或少吸收盐分，如冰草和海蒿等植物。植物的抗盐碱方式如下：

①渗透调节。渗透调节是指在渗透胁迫条件下，植物细胞中有活性和无毒害作用的渗透溶质的主动净增长过程。渗透调节有两种方式：一是吸收和积累无机盐，一些盐生植物主要通过这种方式进行调节；二是合成有机化合物，非盐生植物和一些盐生植物通过该方式调节。

②离子区隔化。在盐胁迫条件下，植物将主要的盐分离子转移至液泡中，而在细胞质中合成代谢可兼容的溶质，来补偿液泡与细胞质之间的渗透差异。

③改变代谢类型。在盐胁迫条件下，一些植物的代谢途径不能适应，发生盐害；另一些植物能够采取放弃旧的代谢途径，产生新的代谢途径的方式去适应这种新的生境。如獐毛等盐生植物在低盐条件下是C_3植物，以C_3途径方式进行光合作用，若在高盐条件下，向C_4途径转化。

④维护膜系统的完整性。在盐胁迫条件下，细胞质膜首先受到盐离子胁迫的影响而产生胁变，导致质膜受伤。质膜胁变最明显的表现是质膜透性增大。盐分条件下，植物膜系统的变化有两个阶段：首先是盐分对膜系统的破坏；然后是植物对膜系统的修复。植物能否维持其膜系统的稳定性，主要取决于其修复能力的大小。

（4）对重金属的适应性

有的重金属元素是植物非必需的元素，如铅、镉、铬等，有的是植物的必需元素，如锌、铜、铁、锰等，但必需元素存在的量不能过多，否则会对植物的生长产生毒害作用。植物对土壤重金属胁迫的综合反应主要体现为生长量的变化。不同重金属对植物生长影响的阈值不同，当重金属超过阈值时，就会抑制植物的生长发育。据李亚藏等对茶条槭、山梨、五角槭和山荆子在土壤镉胁迫下的生长观测，低浓度（≤50mg/kg）能够刺激参试树种苗木生长，但随着浓度提高，苗木地上部分生长量下降。细胞膜的透性是评定植物对重金属胁迫反应的指标之一。重金属胁迫使得植物细胞膜结构和功能遭到破坏，膜的稳定性降低，细胞内的离子和大分子物质外渗，影响植物代谢。重金属胁迫下植物体内产生大量的活性氧物质，它们能破坏细胞膜透性，导致细胞代谢紊乱。

植物可通过避性和耐性两种途径获得对重金属的抗性，这两条途径并不相互排斥，且能协同作用于某一植物。

①避性。一些植物可通过某种外部机制保护自己，使其不吸收环境中高含量的重金属从而免受毒害。在这种情况下，植物体内重金属的浓度并不高，在重金属污染条件下，植物通过限制对重金属的吸收，降低体内的重金属浓度。在重金属胁迫下，植物可以通过根系分泌物与重金属离子结合，保持其在重金属污染的环境中能正常的生长。

②耐性。耐性是指植物体内具有某些特定的生理机制，使植物能在高含量的重金属环境中不受伤害。此时，植物体内具有较高浓度的重金属。耐性具备两条途径：一是金属排斥，植物原生质膜有主动排出金属离子的作用，植物还可以通过老叶的脱落把重金属排出体外；二是金属积累，一些耐性植物能在根部积累大量重金属离子，并限制其向地上部分运输，从而使地上部分免遭伤害。

不同树种对重金属的吸收和积累特性不同。据张炜鹏的观测结果，垂枝榕、菩提树、凤凰木分别对铅、镉、汞的积累作用较大，可用这些树种修复被重金属污染的土壤，而洋紫荆、南洋杉、高山榕、小叶榕等树种对铅、镉、汞很敏感，可用于重金属污染监测。树木对重金属的吸收和富集因树种、树的器官和重金属种类的不同而有差异。李秀珍的研究表明，枇杷树各器官中镉和铜的含量为：根>枝>叶>果实。而汪有良等的研究认为，苏柳无性系对镉的吸收和积累量为：根>叶>枝。刘维涛等的研究表明，镉主要积累在树木根部，总趋势为：根>叶和枝>树皮>树干，而锌更多地积累在树木地上部分。

（5）对酸化土壤的适应性

我国热带、亚热带地区广泛分布着各种红色或黄色的酸性土壤。近年来，伴随工业化的迅猛发展，我国土壤酸化面积逐渐扩大。大部分有色金属矿的地层都含有金属硫化物，在采矿过程中，金属硫化物由于与水和空气接触后因氧化作用而生成硫酸，导致矿土呈强酸性。如广东翁源大宝山矿区含有丰富的硫化矿物，采矿迹地部分地段的土壤pH可达到2.1。Voeller等提出在选择矿山植被恢复树种时，应重点考虑植物的抗酸性。

土壤酸化后，氮在土壤中不能转化成植物可吸收的硝酸盐或铵盐，磷酸盐也变得难溶而沉淀。酸化土壤由于缺少可供植物吸收的氮、磷等而影响植物生长。酸性土壤中铝、铁和锰等金属离子增加，污染加重，从而使植物受到的毒害进一步加剧。铝胁迫是酸性土壤中影响植物生长的主要因素。在正常条件下，铝为固态，对植物和环境没有毒害作用。土壤酸化后，土壤因缺乏碱金属，而吸附大量H^+。当pH<5时，铝则以Al^{3+}形式存在，土壤中水溶性铝呈直线上升趋势，对植物具有严重的毒害作用。铝毒直接作用于根系，使根系生长减慢或停止。同时，铝毒改变细胞膜的透性，使细胞内物质向外渗漏，导致同化物减少，植株生长减缓，生物量下降。铝毒既能抑制细胞对营养物质的吸

收，又能抑制根的生长，对植物有很大伤害。

在长期的进化过程中，植物为了适应酸性土壤，已形成了各种各样的抗酸机制。根据植物叶片铝累积的量，将植物分为铝累积植物（叶片铝累积≥1000mg/kg）和铝排斥植物。目前所发现的铝累积植物主要有山茶科、虎耳草科、大戟科、茜草科和野牡丹科植物等。植物抗铝毒的生理机制有外部排斥和内部耐受。两类机制的主要差别在于解除铝毒的部位，前者位于质外体，后者位于共质体。外部排斥机制主要包括铝诱导有机酸的分泌、磷酸盐的分泌、酚类物质的分泌和黏胶的分泌等。内部耐受机制包括细胞质中有机酸、蛋白质和其他有机化合物对铝的螯合和液泡的区室化等。外部排斥机制使大量的铝被拒之于根表之外免遭其毒害；而内部耐受机制能使植物根系将已吸收的铝转化为无毒性或毒性很小的结合形态，从而缓解乃至消除体内铝的毒害作用。铝排斥的木本植物主要有桉树和柑橘。大部分的木本植物介于铝累积植物和铝排斥植物之间，如桂花、红松、马尾松、楝树、二色胡枝子和樟树等。

2. 生物胁迫

（1）病害及抗病性

林木生长发育过程中，各个部位经常受到多种侵染性的或非侵染性的病害侵袭，使林木生长受到抑制，林产品变质或减产，有时甚至造成大量林木死亡。如杨树腐烂病和溃疡病，落叶松的枯梢病和早期落叶病，红松的疱锈病，杉木的黄化病，国外松的松针褐斑病和枯梢病，桉树和木麻黄的青枯病，泡桐的丛枝病和枣疯病等，都造成了重大经济损失。

造成植物病害的病原物主要有真菌、细菌、病毒和类病毒等。病原物侵染的途径和致病手段多种多样。病毒一般通过机械损伤或昆虫介导进入寄主细胞，经胞间连丝进入周围细胞，再经过维管束运往寄主全身。细菌一般经过伤口、气孔、皮孔等进入寄主细胞间隙和导管，有的还进一步侵入周围细胞。

植物的抗病性是指植物与病原物的相互关系中，寄主植物抵抗病原物侵染的性能。植物被病原物侵染后一般表现为感病、耐病、抗病或免疫4种反应。同一种植物对不同的病原物可以有不同的反应，某种植物对某种病原物的侵染产生的反应，由植物与病原物的亲和性决定。如果植物受到不亲和的病原物的侵染，则表现为免疫和抗病；如果受到亲和的病原物的侵染，则表现为感病。植物与病原物不同程度的亲和性由这两类生物之间经过长期协同进化形成。

树木与病原物在长期进化和相互作用的复杂过程中，逐渐形成并表现出各种抵御有害病原物的特性与能力，这在病理学上称之为抗病性。植物的抗病性与其他性状有所不同，它除了受遗传性制约外，还受环境和病原物致病性的影响，因此抗病性是一个综合性状。

树木的抗病性按遗传方式的不同，可分为以下3种：

①单基因抗病性。单基因抗病性指控制抗病性的基因只有一个，有显性与隐性之分。单基因遗传一般符合孟德尔的遗传规律，大量研究证明，寄主植物对许多病害存在着单基因抗病性遗传。大多数品种对真菌病害的抗性属单基因显性遗传，少数抗性属于单基因隐性或不完全显性遗传。有时同一抗性基因对病菌某些小种为显性，对另一些小种却为隐性。在不同遗传背景下，一个抗病基因可表现为显性或隐性，植物抗病菌中的抗病基因多属于隐性基因。

②寡基因抗病性。寡基因抗病性指由少数基因控制的抗病性，其作用方式分为基因独立遗传、复等位基因和基因连锁遗传。

③多基因抗病性。多基因抗病性指由众多微效基因控制的抗病性。当这一性状分离时，在高抗性和低抗性之间，存在着一系列过渡的类型，没有显著的界限。

Flor最早提出“基因对基因”的假说，认为抗病性是植物品种所具有的抗病基因和与之相应的病原物的无毒基因结合的表现。在此基础上，Vanderplank根据寄主与病原物互作的性质，把植物抗病性区分为垂直抗病性和水平抗病性。其认为垂直抗病性是由单基因控制的，由主效基因单独起作用，表现为质量遗传；而水平抗病性是由多基因控制的，由许多微效基因综合起作用，表现为数量遗传。

大多数树种在抗病遗传上是复杂的，不能用孟德尔的简单显隐性关系来判定。树木遗传的杂合性很高，虽然两个抗性个体杂交的子代比敏感性个体间杂交子代中的抗性植株多，但前者往往出现性状连续分离，呈现多基因支配的性质。在辐射松抗针叶枯萎病、南方松抗梭锈病、花旗松抗瑞士落叶病、白松抗疱锈病、赤松抗落针病和杨柳抗叶锈病等的研究中，都得出加性效应远远大于非加性效应，亲本间互作效应小的结论。这种现象说明，在发病严重的林分内根据表型进行抗病个体选择，使之相互交配，通过轮回选择是有效的。但选择必须在严格一致的条件下进行遗传测定，因为抗性个体稀少，并常被环境条件所修饰。

（2）抗虫性

林木的抗虫性是树木与昆虫协同进化过程中形成的一种可以遗传的特性，它使树木不受虫害或受害较轻。林木对害虫危害具有一定的防卫反应，按照林木受害虫危害而引起反应的时间先后，将防卫分为原生防卫和诱发防卫。原生防卫指林木在进化过程中形成的组织结构，包括机械阻止，或产生有毒化学物质，使昆虫中毒或干扰昆虫生长发育和生殖等；诱发防卫是在昆虫侵害后，林木在非固有的理化因子刺激下所做出的组织和化学反应，包括分泌毒它性化合物、坏死反应和减少对入侵者所需要的营养物质的供给等。

抗虫植物体内还具有一整套化学防御体系，即营养物质和次生代谢物质，这些化学物质具有一定抗虫性。越来越多的研究发现次生代谢物质发挥着重要的作用。次生代谢物质大都是挥发性化学物质，如萜烯类、酚酸类、生物碱、糖苷和黄酮类化合物等。植物对昆虫的化学防御类型主要包括以下几类：

①产生能引起昆虫忌避或抑制其取食的物质，使觅食昆虫避开、离去或阻碍取食中的昆虫取食。

②产生阻碍昆虫对食物消化和利用的化学因素。

③植物改变昆虫所需营养成分的含量和比例，营造不利于昆虫生长、发育和繁殖的环境。

二、抗逆性测定方法

1. 抗非生物胁迫能力测定

测定方法很多，主要包括田间直接测定、盆栽测定、室内模拟胁迫测定和生理生化测定等，这些方法各有优缺点，主要介绍如下：

①田间直接测定。将待测材料直接播种或定植于苗圃或造林地，利用冬季低温、干旱地区少雨、盐碱地、酸性土壤、金属矿山迹地或人工造成干旱、盐碱、酸性和重金属胁迫，测定与抗冻性、抗旱性、抗盐碱性、抗酸性和抗重金属有关的形态或生理生化指标。

②盆栽测定。每个待测材料设置若干梯度，每个梯度重复若干次，将待测材料栽种在花盆内，人工控制浇水，定期观测植株的生长量、叶色和受害症状等指标。

③室内模拟胁迫测定。如将待测材料用纱布和塑料薄膜包裹，置于低温冰箱，经过低温诱导后进行不同低温级处理。材料经室温融冰后，在温室扦插，逐日观察恢复情况，或通过切片观察韧皮部、木质部等组织颜色，比较各种材料的抗冻性。又如，利用不同浓度的聚乙二醇（PEG）或盐溶液构成干旱或盐胁迫梯度，通过种子发芽的时间和发芽率，比较不同材料的抗旱性或抗盐碱性。

④生理生化测定。包括质膜透性、水分生理和保护酶活性等。可以通过测定电导率和电阻了解质膜的伤害程度。叶绿素荧光曲线被广泛应用于评价植物光合器官在各种非生物胁迫下的受伤害程度。抗旱性生理测定常用PV技术（Pressure-Volume technique），该技术可计算出被测植物体或器官（叶或小枝）的饱和含水时渗透势、质壁分离点渗透势、相对含水量、相对渗透水含量和质外体水相对含量等水分参数。具体测定方法可参见有关文献。一般认为，只有采用多项指标的综合评价，才能比较准确地反映植物的抗旱水平。目前应用较多的综合分析方法主要有主分量分析法、聚类分析法、模糊综合评判法等。

2. 抗病性测定

病圃符合病原物流行条件，因而抗病性通常在病圃测定。但温室，特别是人工气候室，只要模拟得当，就可以避免异常条件的干扰。不过，温室不能测定植物的避病性与耐病性，一般只能测定一代侵染，不能充分表现出群体的抗病性。如果已知所要测定的抗病性是以组织、细胞或分子水平机制为主，则可采取植株的枝条或叶片等进行离体水培，再进行人工接种。不少植物在离体条件下仍能保持某些抗病性的正常反应。采用与抗病性相关性状的生理生化指标间接测定植物的抗病性，这些方法包括致病毒素、植保素、酶法和血清学方法等。不同病害和植物的抗病性测定指标不同，主要包括以下几类指标：

①发病率。发病率指标包括叶、果、梢，乃至整株的发病率。系统性病害用发病率表示，局部病害则用病情指数统计。

②潜育期。一般来说，寄主抗病性强，潜育期较长，反之则较短。

③过敏反应。该项指标包括坏死出现的速度和范围。寄主抗病性强，过敏反应出现快。

④病斑扩展速度。该指标主要用于寄主对枝干（茎）腐烂病抗性的测定。抗病性弱的寄主，病斑扩展速度快，范围大。

除此以外，在抗病性测定中，还要考虑病害对产量和生长量的影响等因素。

3. 抗虫性测定

树木抗虫性测定的方法迄今仍不完善。过去，林木的抗虫性测定一般基于自然感染，从试验林中选择抗虫个体。然而，由于林木生长周期长，抗虫性鉴定所需时间长。人工接虫能够早期测定林木的抗虫性，有助于缩短育种周期。人工接虫的材料有卵、幼虫和成虫，成虫雌雄比例要恰当。用于人工接虫的虫源可以利用野外自然种群，也可以利用室内饲养种群。室内饲养的虫源要满足：具有正常的生活力，特别是致害力；遗传性比较一致；饲料相对不变；不带树木的病原物。

日本柳杉是日本重要的工业用材树种，但柳杉天牛、柳杉瘿蚊危害严重，从1984年开始选育抗双条杉天牛的柳杉优良品种，抗虫性测定采用了针刺测定、网室放虫测定和人工接幼虫测定三种方法。针刺测定是一种简单的方法，就是在天然或人工林分中，通过针刺试验，根据创伤树脂道的形成，选择抗虫无性系。加滕一隆等采用网室放虫的方法将经针刺测定选出的优树进行网室接虫试验，以研究柳杉不同无性系抗柳杉天牛在性状上的差异和柳杉天牛种群的动态变化，发现不同无性系植株对柳杉天牛的抗性不同。

树木抗虫性表现是树木抗虫遗传特性、害虫危害特性、接虫方法、环境条件等诸多因素相互作用的结果，具有很强的动态性。只有在一致的虫源、接虫方法、环境条件和调查记载标准下，才能比较各供试材料遗传抗性的差异。某些情况下，自然感染和人工接虫都难以保证树木受害的一致性，需要进行人工模拟危害。如在研究松树对松毛虫的抗性时，可以对松树进行人工摘叶试验，模拟不同的受害水平，根据供试材料对松毛虫的各种直接或间接反应，确定其抗虫能力。树木抗虫性测定方法分直接测定和间接测定两大类，主要内容如下：

①直接测定。直接测定是按照林木受害后的反应或损失程度进行评价，该方法是抗虫性测定的最重要依据，一般根据林木受害后的反应或损失程度来划分等级。直接测定可以在田间进行，也可以用盆栽树木进行。除供试材料外，还要以感虫和抗虫品种作为对照。

②间接测定。间接测定是根据林木抗虫性引起害虫产生的一系列异常行为和生理上的反应，估测抗虫性的强弱。由于害虫种类不同，异常的行为和生理反应差别很大，需要根据实际情况来确定间接测定的指标体系。如食叶害虫粪便的排泄量与取食量呈正比，可以根据粪便排泄量间接确定抗虫性的表现程度。又如，蚜虫类害虫取食过程中，在感虫品种分泌的蜜露量常高于抗虫品种，根据蜜露量可以估测品种的抗虫性程度。抗虫林木常导致害虫大量死亡、体重减轻、生长发育缓慢、繁殖率下降等结果。因此，可以通过测定各阶段的害虫死亡率、幼虫生长量（平均体重）、幼虫发育进度（进入各虫龄的数量）和产卵率等来评价抗虫性。

三、林木抗逆性育种途径

1. 选择育种

（1）抗寒性育种

在气候生态因子中，温度对树木生长影响最大，树木抗寒性的地理种源变异也最明显。Zobel对火炬松抗寒性变异的研究表明，种源差异占70%，个体间差异占30%，通过种源选择可能取得良好效果。Hawkins等对黄扁柏不同种源抗寒性进行了测定，结果表明：高海拔种源幼树的抗寒性比低海拔种源强，抗寒性遗传变异有明显地理趋势。

（2）抗旱性育种

选择育种也是抗旱性育种的主要途径。1966年，美国Van Buijtenen等在得克萨斯州进行了火炬松种源的抗旱性研究，结果表明：火炬松的地理小种在抗旱性上有很大的差异，家系间生长差异与抗旱性无显著相关性，而气孔控制、根系和针叶形态、单位面积的气孔数量与种源和家系的抗旱性密切相关。日本在林木育种中很强调林木抗逆性的选育，在抗旱性和抗气象灾害方面也取得了不少成绩。如日本柳杉抗旱品种“DR系统”的选育，主要是利用树种与种内的遗传变异进行抗旱树种、种源和优树的选择与测定，进而建立以优树或精选树为材料的种子园或其他经遗传改良的抗逆性种苗生产基地。我国越来越重视林木抗旱性选育，在林木抗旱性测定和选育方面进行了一些研究。如陈晓阳等对51个侧柏种源苗木根系形态进行了观测，结果表明：侧柏不同种源在根系性状上遗传分化明显，西部和西北部种源为弱分枝主根型，具有抗干旱根系特征。戴建良等以侧柏的代表性种源为材料，通过扫描电镜和光学显微切片观察了鳞叶的解剖构造，结果表明：种源间在鳞叶下表面气孔密度、表皮厚度和孔下室深度等方面有显著差异，属北方种源的北京密云和陕西府谷的鳞叶旱性结构特点更为突出。北京林业大学“油松抗性育种及改良技术”课题组通过国家“九五”科技攻关，对油松25个种源、130个家系进行了多性状综合评价，筛选出抗旱性强、树高生长量超过当地对照10%的优良种源4个，超过平均值14%~25.6%；优良家系16个，超过平均值17%~28.5%。在对种源的试验林和子代测定林生长调查的基础上，结合近10年的气象因子，统计分析了各生长性状与气象因子的相关性，结果表明：将干旱对下一年高生长的影响作为油松抗旱性评价指标是可行的，并提出了油松抗旱性良种选育程序，如图8-4所示。

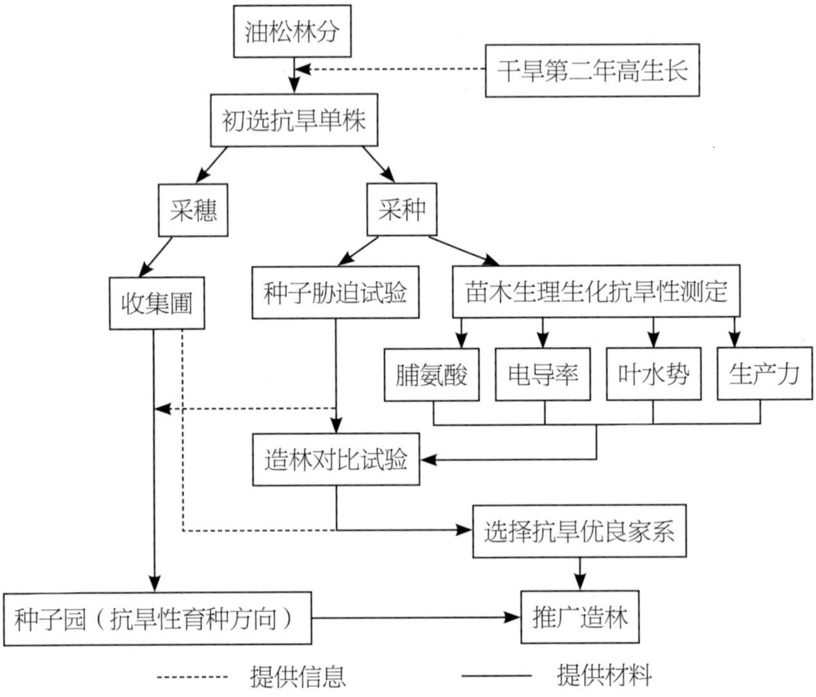

图8-4 油松抗旱性良种选育程序

（3）抗盐碱性育种

盐渍化土壤在世界上分布广泛，在我国也占据很大的面积。树木长期生长在各种土壤环境中，必然会产生抗盐碱性的遗传变异，因此选种很有潜力。目前抗盐碱性选种的研究主要集中在抗盐碱树种的选择上，而种内抗盐碱性变异的利用研究还比较少。杨树军等采用模拟盐碱生境的方法，选择引种生长表现好、保存率较高的12个美国皂荚种源进行盐碱胁迫处理，调查各种源被害症状，测定叶片游离脯氨酸含量和外渗电导率，结果表明：6、16、17、21号种源抗盐碱性相对较强，可在中度盐碱地造林中推广应用。李庆贱等以8个盆栽当年生白榆家系苗为材料，分6次对其施盐碱溶液，使土壤含盐碱量从0.15%开始，逐渐递增到0.95%。统计每次施盐碱溶液后白榆不同家系的叶片受害形态情况，测定试验前和试验结束后的生长指标，选出2号、7号为较抗盐碱家系。澳大利亚多年进行桉树抗盐碱性选种的结果表明：盐胁迫条件下选出的实生苗进行无性繁殖后，在高盐分条件下的保存率和生长状况，都比同种源中未经抗盐碱性筛选的实生苗好。

（4）抗酸性育种

据统计，我国受重金属污染的耕地面积已达2000万hm^2，且呈现不断加剧的趋势。制约金属矿山迹地植被恢复的主要障碍不是重金属本身，而是土壤重度酸化。华南农业大学于2013年从华南地区的主要乡土树种和澳大利亚的引进树种中，筛选出13种抗强酸植物。其中，大叶相思在pH为2.0的基质中，台湾相思、下垂白千层在pH为2.5的基质中都可以存活，但生长受到严重抑制。在pH为2.0的基质中，大叶相思虽无新根生出，但可结根瘤菌，且根系出现铁氧化膜。杨梅等根据4个不同桉树优良无性系幼苗在酸铝胁迫条件下的生长形态和质膜透性等指标的观测发现，不同桉树无性系对酸铝的适应性存在显著的差异，抗酸铝胁迫性强弱依次为：巨尾桉9号>巨尾桉12号>韦赤桉3号>尾叶桉4号。

（5）抗病性育种

通过种源选择提高抗病性的报道较多。Martinsson用加拿大西部太平洋沿岸地区53个扭叶松种源进行种源试验，据对油松疱锈病和松瘤锈病等几种锈病累计发生率的统计，种源间发病率变动在8%~42%，南部种源比北部种源抗病性强，同一种源内家系间的抗病性差异比种源间高。许多树种的抗病性在无性系间也存在着差异。Conradie等对20个巨桉无性系抗桉树溃疡病的测定结果表明，所有无性系均能发病，但病斑长度却有差异，最敏感的无性系病斑长度比最抗病的无性系长61.3%。罗马尼亚对花旗松无性系抗黑霉病的能力进行了调查，证明无性系间差异极显著，抗病性重复力为0.807，并选出最优无性系，其抗病性增益可达36.9%。

抗病单株的选择应该在严重感病的林分中进行。一般病害愈严重的林分，选种的效果愈好。Hoff等在总结了10年白松疱锈病的研究结果后，提出了以林分选择为基础，以个体选择为主导的西部白松抗病性育种策略。林分选择的标准是：发病严重，分布均匀；每株树上至少要有10个溃疡斑；林龄至少应在25年生；林分密度要小，树冠彼此能分开。个体选择标准以无病或少病为主，为此提出了不同发病程度林分中允许候选株的最高标准。

（6）抗虫性育种

抗虫性与林木地理起源有关系。据杨章旗报道，马尾松地理种源桐棉种源试验林中选择出了一种抗虫新品种“松韵”。广西壮族自治区林业科学研究院于1992年在广西壮族自治区国有派阳山林场营造了马尾松桐棉种源人工林，1995—2005年该林场发生了3次全场范围的以松毛虫为主的松毒蛾和松毛虫混合虫害，人工林受害严重，针叶基本被吃光，但“松韵”原株在3次虫害的大发生中抗性优良，初步认定该植株为抗松毒蛾和松毛虫的优良抗虫株。2010年通过嫁接方法将“松韵”异地搜集并保存于广西松树优良基因种质收集库内。为进一步证实其抗虫性，经过2次原地和异地嫁接保存后，嫁接繁殖能够保持原株抗虫性的一致性和稳定性，通过针叶喂食试验，也证明其抗虫性表现稳定。

在虫害林分中选择单株是林木抗逆性育种的有效途径。1905年，日本九州地区首次发生了大面积的松树枯死现象，直到1969年才发现是松材线虫引起的。1973年开始实施松材线虫病抗性育种计划。该计划以日本西部14个府县为中心，选出赤松92株、黑松16株，1983年开始在各地建起采种园，大量生产具有抗性的苗木。根据九州育种场等地对采种园所产苗木的抗性调查，65% 为抗性苗木，30%为一般苗木。再将采种园中抗性相对较低的母树去除，子代中抗性苗木有望达到75%。

曾丽琼等对48个木麻黄无性系抗星天牛能力进行了观测，结果表明：无性系间抗虫性差异明显。惠13、惠76、惠83三个无性系星天牛林间幼虫虫口密度小于0.12头/株，有虫株率低于12%，成虫羽化率为0，幼虫在被人工接种后能生存并到成虫的不超过20%。而惠58、惠88为感星天牛的无性系，其虫口密度在1.0头/株以上，有虫株率超过66%，成虫羽化率在35%以上，幼虫在被人工接种后能完成生活史的超过60%。

抗虫个体的选择也应该在严重感染虫害的林分中进行。一般虫害越严重的林分，选种的效果越好。在选择抗虫个体时，应根据害虫危害特性，注意树木的年龄筛选。有时害虫侵袭的易感性很大程度上随寄主的年龄而改变。某些害虫只在树木的某些发育时期产生危害，如黄梁木和红椿在幼林时虫害严重，但5~6年生后，虫害明显减轻。再如，某些树皮甲虫很少危害幼树。个体选择的作用是明显的。但不能认为找到一个具有抗性的个体就可作为一个抗性品种，应当尽可能多地收集抗性林木。日本从1978年开始进行松材线虫抗性育种，共选择了抗性单株25000株，并进行了两次遗传测定。在大多数情况下，抗虫性遗传力比较低，如松实心虫被害的抗性广义遗传力约为0.1，选择效果很小。当抗虫性遗传力低时，必须进行家系选择，经过子代测定后必然要淘汰很多家系，这就需要准备很多选择个体。因此，在选择抗虫个体时应降低选择强度，尽可能多选一些，同时要从尽可能多的、具有不同遗传基础的林分中去选择。

2. 杂交育种

苏联于1933年开始进行杨树杂交育种工作，并在抗寒性和抗旱性方面取得了显著成绩。先后从欧洲山杨×银白杨、香脂杨×中东杨、银白杨×新疆杨中选育出抗寒、抗旱、速生的品种，从加杨×俄罗斯杨、加杨×香脂杨中选育出抗寒品种。如从银白杨×新疆杨中选出抗寒、抗旱的莫斯科银毛杨、苏维埃塔形杨和乌克兰银毛杨；从欧洲山杨×新疆杨中选出的雅布洛考夫杨。山杨抗寒性杂交育种的研究结果表明：杂种的抗寒性与亲本的产地紧密相关，其冻害指数随原产地纬度降低而增高，纬度每降低1°，冻害指数约增加4%。以高纬度地区的山杨为母本，低纬度地区的山杨为父本，杂种冻害指数一般随父本产地纬度增加而降低；以低纬度地区的山杨为母本，高纬度地区的山杨为父本，其冻害指数略高于高纬度地区山杨为母本的杂种的冻害指数。此外，山杨与青杨派杂交基本体现了青杨派特点，有较高的抗寒性，且可扦插繁殖。

杂交育种是培育抗盐碱新品种的有效途径。一般以生长量为主要指标，生理生化指标的检测可作为辅助筛选措施，以提高选择效率。20世纪60年代，辽宁省杨树研究所开展了小叶杨与胡杨的远缘杂交试验，获得了父本型和母本型的杂种，然后在母本型的林内采集自然授粉的种子，通过种子繁殖、苗期选择、无性系造林试验和表型测定，选育出速生抗盐碱杨树新品种“辽胡1号杨”。在含盐量0.25%~0.4%、pH9.0左右的中盐碱地上，18年生平均单株材积$0.1321m^3$，比对照群众杨材积生长量提高140.0%。

杂交育种是抗病性育种中常用的有效方法。1904年，美国板栗普遍发生严重的栗疫病，几乎整个板栗林被毁。1924年，美国大规模开展抗枯萎病的杂交育种工作，用中国板栗与美国板栗杂交，获得的杂种生长快，干形发达，具有高度抗病性。我国在白花泡桐、川泡桐、毛泡桐、兰考泡桐、南方泡桐和台湾泡桐等12个树种间杂交，发现发病率和感病指数等都有显著差异，发病率变动在26.7%~100%，感病指数变动在0.08~0.72。在毛泡桐×白花泡桐的同一杂交组合的13个杂种无性系中，各无性系的发病率变动在37.8%~100%，感病指数变动在0.12~0.62，说明了在杂交组合及杂种子代中选择的重要性。

育种实践证明，要想在一个树种内找到抗所有主要病害的无性系极为困难。因此，需要进行种间杂交，以达到结合两个或更多个树种的抗病性特点。例如，日本通过松树杂交开展了一系列杂交试验，如黑松×马尾松、赤松×油松、黑松×琉球松、刚松×火炬松等杂交，杂交后代大多具有抗松材线虫侵染的特性。其中，黑松×马尾松对松干线虫抗性最强。1983年，经中日双方协商，这个杂交品种被命名为“和华松”，并在日本大面积造林。为了选育抗云斑天牛杨树优良无性系，中国林业科学研究院用天牛危害较轻且速生的I-69杨为母本，I-63杨、欧洲黑杨和晚花杨为父本，进行有性杂交，对3个杂交组合的杂种一代的16个无性系进行了比较研究。根据每株树木的幼虫数量进行聚类分析，将16个无性系分成4类，类群1的生长速度和抗虫性均明显低于对照；类群2的生长速度和抗虫性与对照无显著差异；类群3的生长速度与I-69杨无显著差异，但抗虫性显著高于I-69杨；类群4的生长速度慢但抗虫性好。贾会霞等以转*BtCry1Ac*基因的欧洲黑杨为父本，利用人工控制授粉杂交手段，获取了17株PCR检测呈阳性的杂交子代，以此为材料，进行舞毒蛾饲虫试验以及连续4年的田间生长量测定。饲虫试验表明，相比于丹红杨和未转基因的欧洲黑杨，杂交子代的抗虫性明显提高，其中系号B3-8、B3-44、B3-45和B3-100的抗虫性最为显著，舞毒蛾的死亡率高于90%。田间生长量测定显示，杂交子代系号B3-44、B3-102、B3-132和B3-153在树高和地径上表现出一定优势。研究证实，通过传统的杂交育种手段，可将目的基因*BtCry1Ac*导入优良品种中，并筛选出兼具抗虫和速生特性的杂交子代B3-44，为杨树生产应用以及种质创新提供了理想的杨树资源。

3. 抗盐碱突变体的筛选

通过对固体培养的愈伤组织或液体悬浮培养的细胞系进行盐或海水等选择剂的胁迫培养，从而诱导产生抗盐碱突变体植株，进而培育成抗盐碱品种。自1980年Nabor等首次报道了从烟草抗盐碱细胞系中成功筛选出抗盐碱突变体再生植株之后，这一技术取得了显著的进展，研究的植物种类已近40种。如李玲等采用不同杨树的嫩叶和幼茎产生的愈伤组织诱导抗盐碱突变体，筛选出了完整的抗盐碱植株。一般在建立愈伤组织无性系后，采用典型的直接选择法筛选抗盐碱愈伤组织变异体。从抑制培养基中分离出假定的突变体，通过有盐无盐连续几代培养，清除可能漏网的野生型细胞，从而获得稳定的抗盐碱细胞系。

在筛选抗盐碱愈伤组织变异体之前，有学者进行了理化诱变处理，增大了选择机会，提高了变异频率，但也有提高变异频率不明显的报道。物理诱变剂包括^{60}Co-γ射线、X射线、离子束、激光和微波等，多用于照射种子或外植体。其中离子辐射的诱变频率高于射线，并能诱导多个性状同时发生变异，具有广阔的前景。化学诱变剂主要有烷化剂（如甲基磺酸乙酯、EMS）、氯化锂、亚硝基化合物、叠氮化物、碱基类似物、抗生素、羟胺和吖啶等，多用于处理愈伤组织。毛桂莲等用不同剂量的^{60}Co-γ射线对以枸杞叶为外植体诱导出的愈伤组织进行辐射处理，采用逐步提高NaCl浓度的方法，将恢复增殖后的愈伤组织，分别接种于含0%、0.25%、0.50%、1.00%、1.25%、1.50% NaCl的选择培养基上，对于生长较快的愈伤组织，逐级提高NaCl浓度，每21天转移一次，最终筛选出抗1.00% NaCl的愈伤组织变异体。王莹等采用EMS诱变处理，结果表明：用0.4% EMS处理3h旱柳愈伤组织导致其半致死；愈伤组织存活率和生长率随盐浓度的升高而降低，当NaCl为0.4%时，愈伤组织的死亡率为93.6%；诱变组氧化物酶（POD）、超氧化物歧化酶（SOD）、积累可溶性蛋白的能力高于对照组，而丙二醛（MDA）量始终低于对照组。旱柳愈伤组织突变体在0.4% NaCl胁迫下可正常生长，比原亲本的抗盐碱性提高了1倍。

四、研究方向

数十年来，国内外以生长量为主要目标的林木育种工作取得了长足进步，但对抗逆性选育工作仍重视不够。由于生态建设的迫切性，今后林木育种的方向必然将由单一速生改良转向为生长、抗逆性和材质综合性状改良。尽管林木抗逆性育种工作起步较晚，但在揭示林木抗逆性机理和林木种内抗逆性遗传差异研究方面已有较大进展。然而，将研究成果转化为林业生产中实际应用的抗逆品种还不多。在进行抗逆性遗传改良中应重视以下工作：

①加强对抗逆基因资源的搜集和保存。基因资源是树木育种的基础，加强抗逆基因资源的搜集和保存是培育抗逆品种的保障。树木存在着广泛的种内变异，在基因资源搜集时，不仅应搜集具有经济价值的资源，也应搜集具有抗逆性的种质资源，建立各种抗逆基因资源库。

②深入研究树木抗逆机理。林木抗逆性机理的形成是个复杂的过程，林木对不同逆境的抵御方式多种多样，如不同树种对不同病害的抵抗，有单基因、寡基因和多基因抗病性机理；对害虫的抵抗有原生防卫系统和诱发防卫系统；对干旱的抵御有避旱性和耐旱性等不同途径。加强对林木抗逆性机制的研究，可提高抗逆品种选择的准确性，缩短抗逆品种的选择、测定时间。随着分子生物学等先进技术的不断发展和运用，林木抗逆性机制研究将更加深入，会取得更大进展。

③改进和完善抗逆性测定指标和方法。采用适宜的测定指标和方法是准确测定林木抗逆性的基础，应充分利用先进的分析仪器和现代化的实验条件，不断提高测定的准确性。林木的抗逆性是受形态、解剖和生理生化特性控制的复合遗传性状，在不同形态、解剖和生理特性之间既互相联系，又互相制约。在许多情况下，林木通过多种不同途径来抵御或忍耐逆境胁迫的影响。单一的测定指标，难以充分反映出植物对逆境适应的综合能力，只有综合评价多项指标，才能比较准确地反映出林木的抗逆性。

④处理好抗逆性与丰产优质性状的矛盾。抗逆性育种是多目标改良的过程，在育种过程中既要考虑品种对逆境的适应能力，又要考虑生产潜力。抗逆性与丰产性在很多情况下呈负相关，即抗逆性强的材料，其经济性状并不理想。抗逆性与丰产性的统一较困难，但也有少数材料抗逆性又强、产量又高。

⑤利用生物技术手段培育林木抗逆品种，已受到广泛的重视。分离和克隆已筛选出来的抗逆基因或者直接从其他途径获取抗逆基因，将其转化到林木中，通过检验和测定，筛选出优良植株，进行抗逆品种选育。分子标记已在树木上广泛应用，作为性状测定的重要辅助工具，对重要性状基因进行定位和测序，为由表型选择转化为基因型选择创造条件。但应该认识到，基因工程等生物技术手段仅能改良个别目的性状，要培育抗逆、丰产和优质的林木品种，必须将生物技术与常规育种相结合，才能达到事半功倍的育种效果。

项目实施

训练任务　抗逆性鉴定

【任务背景】

林木在自然环境中生长发育，形成了对各种环境胁迫的适应性和抗逆性，种内存在丰富的遗传变异，为选育抗逆品种提供了资源和可能。林木抵御不同逆境胁迫的机制不同，需要在充分了解抗逆性遗传机制的基础上，筛选实用有效的测定方法和测定指标。一般情况下，只有采用多项指标的综合评价，才能够准确地评价林木的实际抗逆性。

假设你是一名林业技术人员，你所在的工作小组接到了一项任务：植物抗逆性鉴定。你的部门领导要求你们在工作过程中制订工作计划和方案，并按计划实施方案，认真记录工作过程，并提交任务报告，最后他将对你所在工作小组的每一位成员进行考核。

【任务思考】

①抗非生物胁迫能力的测定方法有哪些？各自有何优缺点？

②抗病性测定的指标有哪些？

③抗虫性的测定方法有哪些？

【实验器材】

1. 材料

盆栽植物、容器苗木、叶片、种子、病原菌（孢子）。

2. 仪器

烧杯、量筒、试管、培养皿、刀片、拨针、镊子、水浴锅、显微镜、载玻片、盖玻片、干燥器等。

3. 试剂

浓硫酸、硫酸钠、氯化钠、碘化钾、蔗糖、盐酸、乙醇，费林试剂、苏丹Ⅲ、中性红、F.A.A固定液等。

费林试剂的配制：34.64g硫酸铜（$CuSO_4 \cdot 5H_2O$）溶于250mL蒸馏水中，溶解后加水至500mL；173g酒石酸钾钠（$C_4H_4O_8KNa$）和51.6g氢氧化钠溶于250mL蒸馏水中，加水至500mL。两种溶液分别保存，使用时等量混合。

【实验方法】

1. 抗病性鉴定

用人工接种以诱发致病，测定其抗病性。

（1）锈病的诱发鉴定

①配制孢子悬浮液。在已发病的植株上收集孢子。一般把病叶套在试管内轻轻振荡，使已成熟的孢子振落于管内，然后把收集到的孢子放在培养皿中，注入适量清水，形成孢子悬浮液。

②将拟鉴定的植株栽培在盆内，而后用孢子悬浮液对叶部接种。

③接种后将植株放在无日光直射和湿度较大的地方，隔一周左右，按叶部发病的情况确定其抗锈病的能力。

（2）幼苗立枯病的诱发鉴定

①将土壤容器和种子进行消毒。

②将培养的立枯病菌进行土壤接种。

③待幼苗出土后，按照幼苗的死亡率来确定其抗立枯病的能力。

2. 抗寒性鉴定

（1）原理

植株在秋后为了防止冻害，能将体内的淀粉转化为糖类，因此可以根据植株体内糖的含量确定其抗寒性。一般所积累的糖分越多，植物的抗寒性就越强；糖分越少，则抗寒性就越弱。许多植物经过低温处理后能加强抗寒性，主要表现为体内的糖含量增高。通过糖与费林试剂作用发生棕红色沉淀测定植物体内的含糖量，沉淀量表示含糖量。

（2）方法

①取某些植物新鲜叶片或其他组织榨汁，各取汁液3mL。

②加入费林试剂3mL。

③放入沸水浴中加热5min，比较红色沉淀量。

除了增加含糖量外，植物往往还通过增加脂类含量以防御冻害。可用苏丹Ⅲ对植物组织染色，以确定脂类的含量，从而确定抗寒性。其方法如下：将组织切片放入滴有苏丹Ⅲ的载玻片上，1~2h后，盖上盖玻片，置显微镜下观察，此时可见脂肪滴（油珠）被染成了橙黄色或橙红色，通过比较油珠的多少，确定脂类的含量。

3. 抗盐碱性鉴定

植物的抗盐碱性与植物的种类、年龄、生物学特性和生态学条件（主要是土壤条件）有关，而且依周围环境各种因素的相互作用而转移，因此鉴定植物抗盐碱性比较复杂。现介绍两种鉴定植物抗盐碱性的方法。

（1）种子发芽法

将鉴定种子分别放在0.1%~0.4%的盐溶液中发芽，按种子发芽率的高低来评定其抗盐碱性。

（2）叶柄浸渍法

将叶柄切片浸于0.1mol/L的硫酸钠中（也可用氯化钠），放在直射光下，经15~20h后，在显微镜下取5个视野，观察细胞质壁分离的情况，计算其平均值。质壁分离细胞少者，表示其具有抗盐碱性。但此法只适于非盐生植物，不适于盐生植物。

4. 抗旱性鉴定

（1）硫酸干燥法

①原理。植物细胞在严重脱水时，会引起多种伤害，但不同植物组织的忍受能力不同。可以将叶片在干燥器中脱水一定时间后，用质壁分离法测细胞的存活状态。发生分

离的活细胞越多，表示该植物组织耐脱水力越强。这一特性与抗旱性有密切联系。

②方法。取植物同一部位叶子数片，放入浓硫酸干燥器中8~12h。取出叶片，在水中用锋利刀片刮取表皮，若植物叶片表皮细胞与叶肉贴附较紧，则可按如下方法刮制：取一个培养皿，盛以清水，浸载玻片于其中，将植物叶片放在载玻片上，用锋利刀片在叶背面上轻轻刮去叶肉，至剩余薄而透明的一层表皮细胞为止。浸入中性红中（1：10000）5min，然后移入1mol/L的蔗糖中，使其发生质壁分离。用显微镜检查，计算一个视野中的细胞总数和能发生质壁分离的活细胞数，并求其百分率，一个切片选择3个视野求平均值。比较不同植物的耐脱水力强弱，每种材料应该检查3个切片，求其平均值。

（2）沉淀法

①原理。抗旱植物的特性之一是在干旱时能够维持占优势的合成过程；而不抗旱的植物此时则是水解过程占优势。因此，抗旱植物的淀粉含量随抗旱性增多，反之则少，见表8-1。

表8-1　植物抗旱性记载表

抗旱性	淀粉含量
0	无
1	很少
2	少
3	多
4	很多

②方法。中午摘叶片，放在阴暗处萎蔫2~3h；用F.A.A固定液固定，并用乙醇脱色；切成薄片放在滴有碘化钾的载玻片中，用显微镜观察；在碘化钾中淀粉被染成蓝色。

注意：淀粉染成纯蓝色，而淀粉外围则是蓝紫色。

5. 抗热性测定

（1）原理

细胞受热伤害后，细胞膜透性发生变化，盐酸即易透入细胞而置换叶绿素分子中的镁，使其成为去镁叶绿素；叶的组织因而变成褐色，以此为原生质受害的标准。如果某植物细胞液本身具酸性，则不加盐酸亦能褐化，这是由于酸性的细胞液能透入受伤或死亡的原生质中，形成去镁叶绿素的缘故。

（2）测定方法

①取生长年龄相同的任何一种植物的新鲜叶4片，在叶柄上挂上标签，用铅笔标明处理，分别放入30℃、40℃、50℃和60℃的恒温水浴中，记录时间。

②30min后，取出叶片浸入冷水中，冷却至同温度后移入0.2mol/L盐酸中，并用玻璃棒轻压，使叶片浸入盐酸中。

③10min后，观察各叶片的颜色变化，活的部分将仍为绿色，死的或受伤的叶片将呈现不同程度的褐色。

④试比较几种不同植物的抗热性，记录结果，见表8-2。

表8-2　叶片变色情况记载表

植物种类	叶片变色情况												备注
	30℃			40℃			50℃			60℃			
	处理数	变色数	受害率	处理数	变色数	受害率	处理数	变色数	受害率	处理数	变色数	受害率	

【结果展示】

①记载表。

②文字说明鉴定结果，比较其差异性。

考核评价

1. 考评结构

态度纪律20分；工作过程60分；任务结果20分。

2. 考评标准

①态度纪律。积极主动、速度快、质量好且有创新等优秀表现得20分；有迟到、早退、开小差等违纪现象得10分；缺席得0分。

②工作过程。搜集资料、设计方案、观察、测定、计算和总结等环节完整、操作规范、结论正确、表述流畅得60分；环节完整、操作较规范、结论正确、表述流畅得50分；环节完整、操作欠规范、结论不正确、表述较流畅得40分；环节不完整、操作不规范、结论不正确、表述不流畅得30分。

③任务结果。数据详实、报告完整得20分；数据详实、报告较完整得16分；数据存疑、报告不及时得12分。

3. 评价表

任务名称：　　　　　　　　　　　　　　　　　填写时间：

姓名	态度纪律（20分）	资料搜集（10分）	制订方案（10分）	操作过程（30分）	表述答辩（10分）	任务结果（20分）	总分（100分）

自我总结

完成任务后，进行自我分析与总结。

思考题

①抗旱性测定的指标有哪些？为什么说只有采用多项指标的综合评价才能准确测定植物抗旱性？

②抗旱性测定的主要方法有哪些？各种方法的优缺点是什么？

③为什么林木的抗旱性和抗盐碱性常结合在一起研究？

④抗寒性和抗旱性测定方法的原理是什么？应注意哪些问题？

⑤林木抗逆性育种的主要途径有哪些？如何提高抗逆性育种效果？

项目九

木材品质改良育种

项目介绍

1. 项目相关背景

木材品质通常指影响木材产品的产量、质量或感观的一些定性或定量的木材性质指标。在日常生活中很难对木材品质下一个绝对的定义，木材品质的优劣或重要性因终产品的不同而不同。对某种产品有重要作用的木材性质对另一种产品来说未必重要，甚至可能是缺陷，反之亦然。

尽管难以确切给出木材品质的完整定义，但可以从多个维度综合评价木材品质的优劣。木材的密度、强度、天然耐久性、尺寸的稳定性和开裂状况等。木材生长轮的均匀度和纤维长度等，无节干材的比例与节子在树干上的分布、心材的比例、木材填充物与天然耐久性，阔叶树材的纤维与导管体积比等都是影响木材品质的因子。

木材品质因子还受到树木的生长环境和栽培措施等外在条件的影响。因此，在重视树木木材品质基因型差异的同时，还应该注意树木基因型的木材品质与环境的互作。总之，木材品质是多种因素的综合，研究这些因素的重要性、独立性和联系是木材品质改良育种的重要内容。

2. 项目任务描述

训练任务　木材经济性状测定

学习目标

1. 能力目标

①完成文献资料的查询和搜集工作。

②与他人分工协作，并进行有效的沟通。

③设计木材经济性状测定的方案，并做出相应计划。

④完成木材经济性状测定工作，说明注意事项。

⑤通过文字、口述或实物展示学习成果。

2. 知识目标

①简述开展木材品质改良的意义。

②简述木材密度、纤维长度和宽度、微纤丝角在树干上的变异规律。

③简述木材密度的概念及其主要测定方法。

④简述育种措施对木材性状的影响。

⑤针对一个具体树种，阐述开展该木材品质改良的方法。

背景知识

一、木材品质改良的木材学基础

1. 木材的构造

（1）宏观构造

木材由无数不同形态、不同大小和不同排列方式的细胞组成，由于树木生长不均匀，致使各树种的木材构造表现多样，且物理性质存在差异。木材构造可通过三个切面来观察。横切面是与树干长轴或木纹相垂直的断面；径切面是沿树干长轴方向，与树干半径方向相一致，或通过髓心的纵切面；弦切面是沿树干长轴方向，与树干半径方向垂直，或与髓为圆心的同心圆相切的纵截面，如图9-1所示。

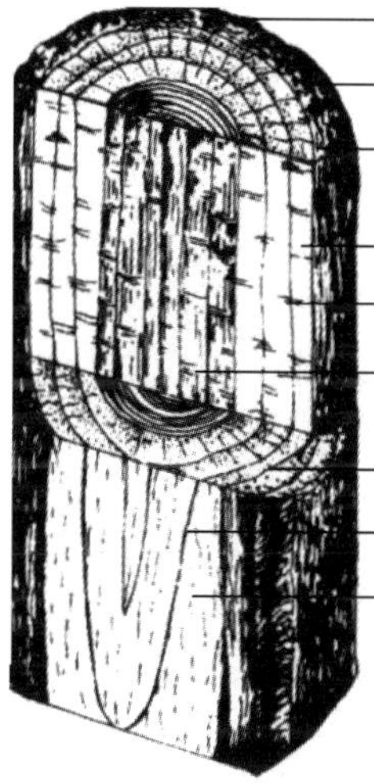

图9-1　木材的三个切面

①边材、心材、熟材。处于树干横断面的边缘，靠近树皮一侧的木材，称为边材。边材的胞壁细胞是有生机的，通常颜色较浅，水分较多，经过一段时间后，边材的生活细胞开始发生变化，细胞内原生质逐渐转化消失，失去生机，变成颜色深的心材，水分较少。年复一年，心材直径逐渐变大，而边材的位置也逐渐外移。多数树种边材与心材区分明显，称为心材树种，如马尾松、落叶松、刺槐、檫木、漆树、板栗和香椿等树种；一些树种边材与心材颜色区分不明显，但含水量不同，心材水分较少，称为熟材树种，如冷杉、水青冈和山杨等树种；一些树种边材与心材颜色区分不大，含水量也相等，称为边材树种，如桦木和桤木等树种。

不同树种、不同个体及同一株树的不同部位，其边材的宽度存在明显差异。刺槐属、桑属、圆柏属和红豆杉属等树种的边材窄，山核桃属、槭属、朴属和湿地松等树种的边材较宽。年幼的、生长旺盛的植株心材很少或无心材；生长缓慢的、长势弱的植株和多数老树，在茎和根中有很大比例的心材。边材在树干的上方靠近树冠处最宽，向基部宽度减小。心材在树干中呈圆锥状，中心部分的直径和高度随树木生长持续增加。

②生长轮。形成层在每一个生长季节里向内分生的一层次生木质部，称为生长轮。寒带、温带树种的形成层分裂与气候四季变化相一致，于是形成层所分生的次生木质部一年中仅一层，其生长轮即年轮。而热带树木一年内可以形成数个生长轮。不同树种的生长轮宽度存在显著差异。同一树种的不同个体、同一株树木在不同季节形成的生长轮

不同，同一生长轮在树干不同高度的宽度也有明显差异。在有利生长的条件下或适宜的季节下形成的生长轮较宽。

③早材与晚材。寒带或温带树种在生长季节早期所形成的木材，细胞分裂速度快，体积大，胞壁较薄，材质较松软，材色浅，称为早材。到了秋季，营养物质流动减弱，形成层细胞活动逐渐减低，细胞分裂也因此衰退，于是形成了腔小壁厚的细胞，这部分材质色深，组织较致密，称为晚材。在木材横切面上，一定数量的年轮径向宽度范围内，晚材的径向宽度所占的百分率，即晚材率。晚材率是衡量木材强度的一个重要指标。自髓心向外，晚材率逐渐增加，但到达最大限度后开始降低。

（2）微观构造

针叶树材的主要细胞和组织包括管胞、索状管胞、轴向薄壁组织、射线管胞、木射线、树脂道和泌脂薄壁细胞。针叶树材的细胞以管胞为主，管胞所占比例平均达96%，其余为木射线，而轴向薄壁组织和树脂道所占比例通常低于1%。与阔叶树材相比，针叶树材细胞的组成单纯，细胞排列整齐。阔叶树材的主要细胞和组织包括导管、纤维、管胞、轴向薄壁组织、木射线、树胶道和泌胶细胞。其中，导管占10%~30%、纤维占50%~70%、轴向薄壁组织占5%~15%、木射线占5%~15%。

①针叶树材的管胞。管胞是一种纤维状锐端细胞。在造纸和纤维工业中，管胞的长度直接影响产品的强度表现，凡长宽比大的，其制品强度也大；长宽比小于35的，制品强度较小。据尹思慈统计，我国80种针叶树材的管胞宽度（弦向直径）为10~80μm，一般为20~40μm，平均长度为3.451mm，早材中管胞的平均长度为3.273mm，晚材中管胞的平均长度为3.654mm，最长可达11mm，最短仅为0.875mm。

管胞长度径向变异性很大。在树干的横切面上，管胞长度的径向变动在髓心四周最短，在未成熟材部分向外侧迅速伸长，到达成熟材部分后，伸长急剧减弱，之后趋于稳定。管胞长度还表现出垂直变异。管胞长度从树干根部向上逐渐增大，到达距地面某一个高度后达到最大值，之后逐渐缩短。最大管胞长度所在位置因树种、树龄、高生长和径生长而异，一般位于地上高20%~50%的部位。管胞长度株间变异也很明显。据Zobel报道，在300株同龄火炬松样本中，一株树第30年轮的管胞长度为2.6mm，而同一个地点另一株第30年轮的管胞却长达6.1mm。这些变异为管胞大小的选择提供了依据。

②阔叶树材的纤维。阔叶树材的纤维由除导管分子、胞壁细胞之外的一切细长而壁厚的细胞构成，即韧性纤维和纤维状管胞，这些细胞是阔叶树材的主要组成部分，占木材总体积50%以上。纤维的主要功能是支持树体，承受机械作用。纤维的种类、排列方式和数量与木材硬度、容重和强度等力学性质有密切关系。纤维长度是影响纸张强度的一个重要因子。造纸用纤维宜细而长，因为细而长的纤维能增进造纸时的交织作用，其长宽比应大于30。纤维长度随树种不同而异，一般长500~2000μm。纤维长度在接近髓的

部位最短，从髓到某个特定年轮迅速变长，之后保持一定的长度。Yanchuk等对欧洲山杨的研究表明：在1~10年内，纤维长度增长率很大，直至25~30年，纤维长度才趋于平缓。与针叶树材的管胞相比，立地条件对纤维长度的影响较小。

③射线。在木材横切面上，从髓心向树皮呈辐射状排列的，颜色较淡的组织称为髓射线。位于木质部的髓射线称为木射线。树干内射线组织的分布和大小的变化，对观察树木径生长和成熟过程非常重要。针叶树材的射线组织基本单列排列，阔叶树材射线组织的种类和组合非常复杂，变化多端。以山毛榉多列射线为例，在靠近髓的部位，射线组织宽度窄，向外逐渐变宽，高度降低，射线组织的数量增多。

2. 力学性质

木材力学性质是木材利用的重要依据。当压力方向平行于纹理作用于木材上时，产生顺纹压应力。顺纹抗压强度在结构和建筑材料中是至关重要的力学指标。顺纹抗压强度主要取决于细胞壁化学成分中的木质素。当在同一直线上两个相反方向上平行木材纹理的外力作用木材时，产生顺纹拉伸应力。顺纹抗拉强度主要取决于木材的纤维或管胞强度，以及这些细胞的长度和排列方位。纤维越长，微纤丝角越小，顺纹抗拉强度越大。当平行于木材纹理的外力作用于木材，并欲使其中一个部分与它有内在联结的另一部分相脱离时，产生顺纹剪应力。木材顺纹剪切的破坏特点是木材纤维在平行于纹理方向发生相互滑行。木材顺纹抗剪强度较小，只有顺纹抗压强度的10%~30%。纹理较斜的木材，其顺纹抗剪强度会明显增大。

3. 主要生长缺陷

任何树种的木材都存在缺陷，木材中缺陷的种类和数量因树木的遗传因子、立地条件、生长环境、储存和加工条件等各种因素而可能有较大差别。根据木材缺陷的形成过程，通常将木材缺陷分为生长缺陷、生物危害缺陷和加工缺陷三类。

生长缺陷是指在树木生长过程中形成的木材缺陷，是存在于活立木木材中的缺点。它由树木的遗传因子、立地条件和生长环境等综合因素造成。生长缺陷包括：节子、心材变色和腐朽、病虫害、裂纹、应力木、树干形状缺陷、木材构造缺陷和伤疤等。

（1）节子

树枝和树干的形成层是连续的，因此树枝和树干的生长轮和组织是连续的。这种连续性在树枝的下侧比较明显，在树枝的上侧不明显，树干的纹理在节子的周围呈局部不规则状。当节子枯死后，形成层的分裂活动停止，但树木主茎的形成层仍然具有生机，并继续分生，枯死的节子逐渐被埋藏于主茎木质部之中，最终难于在树干的外表观察到，此种节子称为隐生节。

（2）裂纹

木材纤维和纤维之间分离所形成的裂隙，称为裂纹或开裂。树木在生长过程中，树干振动、生长应力和冻害等原因产生的应力，使木质部破坏后产生裂纹。除轮裂外，大多数裂纹是细胞壁自身破坏造成的。

（3）斜纹

斜纹是指木材中纤维的排列方向与树干的主轴方向不平行所出现的倾斜纹理。包括螺旋纹理、交错纹理、波纹和皱状纹理等。其中螺旋纹理对木材的材质和使用影响较大，属于木材的重要缺陷。螺旋纹理广泛存在于各种树木的木材之中，排列方式受遗传控制。螺旋的斜率随树龄而变化，环境因子对螺旋的斜率和分布也有重要影响。

（4）应力木

在倾斜的树干中或与树干的夹角超过正常范围的树枝中所出现的畸形结构，是树木为了保持树干挺直，或使树枝恢复到正常位置所产生的一种生长应力，称为应力木。针叶树材和阔叶树材所产生的应力木类型、位置和性质完全不同。

（5）伪心材

伪心材是指心材、边材区别不明显的树材，其中心材部位颜色较深且不均匀，形状也很不规则。在树干的横截面上，伪心材的形状有圆形、星状、铲状或椭圆形等，其颜色呈暗褐色或红褐色，有时还带有紫色或深绿色。伪心材由真菌侵入所致，分为未腐朽伪心材和腐朽伪心材两类。

（6）内含边材

在心材、边材有明显差别的树种中，其心材部分偶尔会出现材色较浅的环带，这种形似边材的部分称为内含边材。这通常是树木生长时由于菌类的寄生或气候的影响而形成的，在栎类木材中较为常见。

（7）树脂囊

又称油眼，指呈现在木材横切面或径切面上的充满树脂的弧形裂隙，在弦切面上表现为充满树脂的椭圆形浅沟槽，其位于一个生长轮范围内，且弧形裂隙平坦的一面靠近髓心。树脂囊的尺寸变化很大，径向尺寸一般小于1.27cm，但沿着生长轮方向可以延伸10~20cm。由于形成层的正常活动受到破坏，短时间内停止分生管胞，而分生出泌脂细胞，从而形成类似树脂道的结构，即树脂囊。

（8）压缩破坏

压缩破坏指立木木质部在纤维方向受到超过极限的压缩应力（生长应力、风或其他外力等产生的应力）作用，在接近于纤维直角方向产生的压曲破坏。用显微镜观察，可以明显看到纤维压曲产生的错移面。压缩破坏大多数存在于树干的中心部位，树干内的轴向生长应力是造成压缩破坏的主要原因。

二、主要改良性状及其测定方法

木材重要品质的测试取样方法分为两类：一是将树木伐倒后取胸高圆盘进行测试，取样方法依据国家标准《无疵小试样木材物理力学性质试验方法 第1部分：试材采集》（GB/T 1927.1—2021）进行；二是用生长锥在胸高处取树皮至髓心的无疵样品进行测试，这种方法可以保留采样植株。

如果按不同年龄取样，则要能识别幼龄材和成熟材。由于成熟材的木材性状比较稳定，在比较植株间木材性质时，应只选择成熟材。为使地面取样方便，取样高度一般在胸高处。由于株间木材性状存在差异，因此要考虑样本数量，通常一个种源或家系不少于30株。

1. 木材密度

（1）概念

木材密度是木材单位体积的质量，单位为g/cm^3或kg/m^3，是木材性质中最重要的物理量。与木材密度相关的另一个名词是木材相对密度，它是指一定体积木材的质量和同体积纯净水质量的比值。木材相对密度和密度之间可以换算，如果以kg表示，木材密度=相对密度/1000。对工业用材而言，木材密度是影响木材质量最重要的因素，木材密度的微小变化会导致单位体积干物质产量发生较大的变化。另外，木材密度也是影响纤维产品的重要因子。木材密度分为以下四种：生材密度，刚伐倒的新鲜木材为生材，其密度为生材密度（生材质量／生材体积）；气干密度，指木材经过自然干燥，含水量达到15%的木材密度（气干材质量／气干材体积）；全干密度，木材经人工干燥，含水量为零时的木材密度（全干材质量／全干材体积）；基本密度，指全干材质量与饱和水分时木材体积的比值（全干材质量／水分饱和体积）。其中，气干密度和基本密度最常用。

在遗传上，木材密度具有三个特点：株间变异大；遗传力较高；基因型与环境互作效应小。无论是针叶树材还是阔叶树材，木材相对密度的遗传力一般都在0.5~0.7。由于该性状遗传力大，选择差大，因此通过选种有望获得较大的遗传增益。正是由于这个原因，不论育种目标是针对纤维产品还是木质产品，木材密度都是木材品质遗传改良计划中最受关注的性状。

木材密度是一个复合性状，主要由以下三种不同的木材性状决定：

①晚材含量。有些树种在年初就开始形成厚壁的晚材（夏材）细胞，有些树种则比较晚。由于晚材密度较高，因此较早开始形成晚材的树种，木材密度通常较高。针叶树材木材性质的差异主要取决于晚材的特点。针叶树材早材部分的全干密度为0.3~0.4g/cm^3，晚材部分的全干密度为0.7~0.9g/cm^3，晚材密度与早材密度之比的平均值为1.6~3.0g/cm^3。

通常随着年轮宽度的增加，木材密度降低，但年轮宽度极窄（1mm以下）的木材密度反而减小。

②细胞大小。细胞小的树木，其木材密度较大。

③细胞厚度。晚材细胞壁厚，细胞腔小的树木，其木材密度较大。

阔叶树木材密度可能还与导管体积和射线细胞含量等因子有关。

（2）木材密度的变化

同一株数的木材基本密度的变异是双向的，即自髓心到树皮的径向变异和自树基到干顶的纵向变异。Panshin将48种针叶树和46种阔叶树的木材密度的径向变异归纳为三大类：第一类为沿半径方向年轮平均密度逐渐增大，或到一定年龄曲线变平；第二类为从髓心附近木材密度开始减少，然后转为逐渐增加；第三类为从髓心到树皮木材密度逐渐减少。骆秀琴用微密度测定法对杉木19个种源的木材密度径向变化进行观察，结果表明：各种源木材密度平均值随年龄逐渐增大，10年生左右趋于稳定。绝大多数研究表明，树干基部的木材密度最大，自树基向上逐渐减小，但在树冠部位约有增加。

幼龄材是由未成熟的形成层所形成的次生木质部，位于髓心附近。由幼龄材过渡到成熟材，有的树种较早，有的树种较晚，过渡期明显。针叶树幼龄材过渡到成熟材，材性变化明显，而阔叶树的变化较小。幼龄期的木材，树木生长快，管胞短而小，胞壁薄，年轮宽，晚材率低，因而造成木材密度较低。幼龄材过渡到成熟材后，木材的生长速度减慢下来，年轮宽度变窄且不均匀，细胞壁加厚，晚材率增大，因而木材密度增大。

与天然林相比较，由于人工林采用整地、良种壮苗、施肥和间伐等集约经营措施，生长发育较快，由幼林材转化为成熟材时间较短。有人认为，生长快的林分，木材密度可能较低。然而，鲍甫成和江泽慧等对杉木、长白落叶松、马尾松和云南松等天然林与人工林的基本密度、气干密度和全干密度进行了比较，结果表明：天然林和人工林在木材密度上差异不大。

（3）测定方法

①直接测定法。试样尺寸一般为20mm×20mm×20mm，相邻面要互相垂直。当一树种试材的年轮平均宽度在4mm以上时，试样尺寸应增大至50mm×50mm×50mm。在试样各相对面的中心线位置，用测微尺分别测出其径、弦和顺纹方向的尺寸，精度到0.01mm。气干密度试样以气干材制作，测量尺寸后立即称重，精度到0.001g，然后放入烘箱。烘箱初始温度保持在60℃，约4h后，升温到103℃ ±2℃，直至烘干，约需8h。8h后任选2~3个试样称重，以后每隔2h称重一次，当2次称重之差不超过0.002g时，认为已达全干，随即从烘箱中将试样取出，放置到有干燥剂的干燥器内，冷却后依次称重。

②微密度测定法。木材微密度测定法是20世纪60年代兴起的一项重要的木材材性测

定技术。当X射线穿过木材后其强度的衰减与木材密度的关系如下：

$$I=I_0e^{-\mu\rho d} \tag{9-1}$$

式中 I——穿过木材后的射线强度；

I_0——穿过木材前的射线强度；

μ——质量衰减系数，cm^2/g；

d——试样厚度，cm；

ρ——木材密度，g/cm^3。

对于一定射线能源，μ是依赖木材化学组分的特征值，如果μ和d已知，可以通过以上公式求出木材密度。可利用衍射仪作为木材密度仪测量木材密度。

2. 其他性状

（1）生长轮宽度和晚材率

将样品横切面刨平，作一条通过髓心且垂直于生长轮的直线，用显微测长仪测量直线上每一个生长轮的宽度及其晚材宽度，精确到0.01mm。

（2）纤维或管胞长度和宽度

从待测树木胸高处取通过髓心的木芯，或圆盘中通过髓心半径方向的试样，隔轮取制离析材料备用。离析材料按早、晚材分布取样后，用1：1的过氧化氢和冰醋酸混合液离析。离析后的材料装到载玻片上，在立体投影仪或光学投影显微镜下测量纤维或管胞长度和宽度。每张片子测5根，一个生长轮内早材测30根，晚材测30根。

（3）微纤丝角

微纤丝角为细胞次生壁S_2层微纤丝排列方向与细胞主轴所形成的夹角，或可表述为细胞壁中纤维素链的螺旋卷索与纤维轴之间的夹角。微纤丝角越小，结晶度越高，木材密度、弹性模量、抗拉强度、顺纹抗压强度、纤维素含有率、尺寸稳定性和硬度越强，吸湿性、染料吸着、化学反应性、拉伸变形、韧性越小。由于微纤丝角直接关系到木材的机械及化学加工和利用，所以微纤丝角的研究受到重视。要从多方面考虑控制微纤丝角变异程度的方法，以培育尺寸稳定性好、强度高的建筑用材。木材微纤丝角的径向变异模式为：自髓向外随年轮增加而变小，到一定年轮后稳定。

微纤丝角的测定方法主要有碘染色法、偏光显微镜法、光学显微镜观察法、汞浸法和X射线衍射法，主要介绍如下：

①碘染色法。用光学显微镜技术观测微纤丝的方向角。虽然用光学显微镜不能直接观察木材细胞次生壁S_2层的微纤丝，但胞壁经脱木素处理后，用碘化钾溶液染色，使其间隙中填以碘的针状结晶，该碘结晶的方向，即微纤丝的排列方向。目前，多采用此法。

②偏光显微镜法。偏振片能吸收某一方向的光振动。木材纤丝长轴方向平行于胞壁

层，呈层状排列。当垂直胞壁面入射的完全偏振光振动面平行于主截面时，通过木材纤维试样后的光矢量振动方向不变。在正交偏光下，会出现消光，消光角即微纤丝角。

③汞浸法。以水银加压纤维浸注纤维胞腔，用偏光显微镜观察。

④光学显微镜观察法。在光学显微镜下观察木材径切面或单根纤维与微纤丝方向一致的特征，如胞壁上的条纹、裂隙和纹孔等。

⑤X射线衍射法。主要是用X射线衍射来测定微纤丝角。X射线衍射法快速简便，对试材的要求也较低，只要具备一套专用的仪器设备就可以进行测量，所以这种方法在研究中应用较多。但X射线衍射法处理仍需用碘染色法来校核。

纤维或管胞的长度、宽度和微纤丝角的测定值是将早材与晚材的原始值分别与晚材率加权后的平均值。

（4）力学性质和干形

木材力学性质测定可按照《无疵小试样木材物理力学性质试验方法 第2部分：取样方法和一般要求》（GB/T 1927.2—2021）进行。弯曲度、尖削度和圆满度等干形指标，依据《主要针叶造林树种 优树子代遗传测定技术》（LY/T 1340—1999）、《原木缺陷》（GB/T 155—2017）、《锯材缺陷》（GB/T 4823—2013）进行测定。

木材性状测定技术不断创新，为深入开展木材性状遗传变异的研究提供了基础。如采用超级电子显微镜技术研究木材纤维的表面形态特征和物理性质；利用激光共聚扫描显微镜研究早材纤维和晚材纤维断面以及细胞次生壁S_2层微纤丝角；利用环境扫描电子显微镜定性研究纤维表面形态特征和木材细胞壁的微观力学性质；与数字图像分析技术相结合，深入了解木材细胞壁内的应力、应变分布等。

三、主要木材性状的遗传变异与控制

1. 木材性状的遗传与变异

（1）种源间变异

同一树种的不同种源在部分木材性状上存在着明显的差异。如姜笑梅对不同湿地松种源木材性状的研究表明，种源间在木材气干密度、抗弯强度、抗弯弹性模量和顺纹抗压强度上的差异达到极显著水平；管胞长度与宽度、冲击韧性的差异达到显著水平。根据木材气干密度、力学强度和管胞形态选择种源，可取得良好的效果。储德裕等对浙江省淳安县姥山林场国家马尾松种质资源库中9个产地（或省份）180个优树无性系22年生保存林观测分析的结果表明：产地间木材基本密度差异显著，四川无性系木材最致密，平均基本密度为0.4618g/cm^3，广东无性系木材基本密度最小，仅为0.3691g/cm^3。与胸径、树高和单株材积等生长性状相比，木材基本密度在产地间的变异相对较大。因此，产地选择对于木材密度等材性改良也很重要。

多数研究认为，种源间木材性状的变异具有一定的地理趋势。如美国南部火炬松种源试验结果表明：在树种分布区内，由海岸到内陆，由低海拔、低纬度到高海拔、高纬度，木材密度降低，管胞变短。王秀花等对福建建瓯的7年生33个产地的木荷种源试验林的观测结果表明：木荷生长和木材基本密度的种源变异主要受产地温度影响，呈典型的纬向变异模式，来自纬度较低、温度较高产地的木荷种源，其树高、胸径和材积指数等生长量较大，木材基本密度较小。但也有研究认为木材性状种源间的差异不显著，如Wahlgren对花旗松和Ledig等对刚松的研究。也有研究认为木材性状存在着明显的地理变异，但是地理变异规律不明显，如Taylor对绒毛核桃和美国枫香的研究。

由于取样材料不同，以及木材性状易受环境的影响等原因，可能得出不同的结论。因此，种源木材性状遗传变异的研究结论不能轻易应用。如刘青华的研究认为，24年生马尾松种源的木材基本密度与产地经度和纬度分别呈弱度的负相关和正相关，地理变异模式不明显。而徐立安等的研究结果认为，12年生马尾松种源的木材基本密度表现出西南—东北走向，东部偏北的种源木材基本密度较大，西南部种源的木材基本密度则较小。

（2）家系间变异

有关木材性状在家系水平的遗传变异已有大量报道，比较一致的结论是：家系间在木材性状上存在差异，但与种源间和家系内个体间相比，家系间的差异较小，家系间木材性状的变异受遗传控制的程度为中等，甚至偏低。如郑仁华等对福建三明市中村采育场9年生马尾松家系测定林中73个家系、656个单株木材进行了基本密度的测定，结果表明：73个马尾松家系的木材基本密度大致呈正态分布，如图9-2所示，但木材基本密度在家系水平上变异较小，仅达到0.10水平的显著性差异，方差分量仅占3.14%，而家系内个体间的方差分量却高达88.54%。家系和单株遗传力均较低，分别为0.2418和0.1369。但有些树种的研究得出了不同的结论。如李光友、徐建民等对75个月生的32个尾叶桉家系的木材性状研究结果表明：木材含水量、树皮厚度、木材基本密度、纤维长、纤维宽和纤维长宽比在家系间存在显著或极显著差异，遗传力变异范围较小，其值范围为0.4764~0.6310，表明各性状均受到中等水平的遗传控制。又如，蒋燚等对来自广西的5个种源地的32个红锥家系进行了木材指标测定，结果表明：红锥家系间的木材含水率、基本密度、气干密度、全干密度、体积吸胀率、体积气干缩率、体积全干缩率均呈极显著差异，红锥木材的基本密度、气干密度和全干密度的遗传力分别为0.8249、0.7649和0.7586，稍加选择就可获得较大的遗传增益。

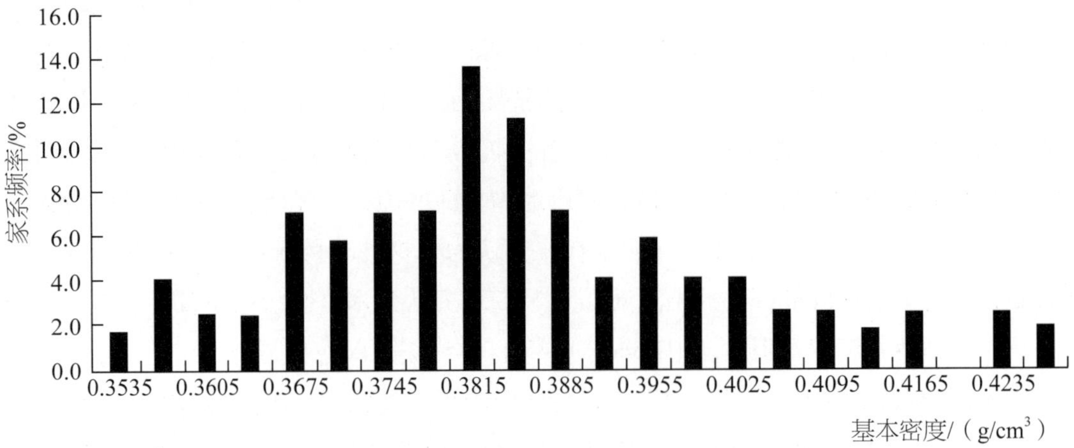

图9-2　马尾松木材基本密度在家系水平上的频率分布

（3）无性系间变异

无性系间木材性状存在着显著的遗传变异，且重复力较高。如范桂华通过对漳平五一国有林场马尾松种子园135个无性系的木材基本密度进行测定，结果表明：马尾松的木材基本密度在无性系间存在很大差异，变化范围为0.3640~0.6391，变异系数为9.6%，达到极显著差异水平，其广义遗传力为0.53。因此，可以通过选择获得木材基本密度高的优良无性系。又如，宋婉等研究得出，4个地点的毛白杨木材基本密度在无性系间差异显著，重复力均在0.80以上，平均达0.86，表明毛白杨木材基本密度受很强的遗传控制，见表9-1。胡德活等对3块7~10年生杉木无性系测定林的木材密度遗传变异进行分析，结果表明：无性系木材密度的重复力为0.829~0.911。据储德裕等对马尾松产地和无性系试验林的观测分析结果，木材基本密度在产地内优树无性系间的变异远大于产地间的变异，如在福建产地内，9384优树无性系的木材基本密度达0.4925g/cm^3，而9512优树无性系的木材基本密度仅为0.3248g/cm^3。

表9-1　4个地点的毛白杨无性系的木材基本密度及其重复力

地点	无性系数目	平均值/（g/cm^3）	最小值/（g/cm^3）	最大值/（g/cm^3）	重复力
元氏	113	0.4429	0.3628	0.4974	0.9065
冠县	98	0.4678	0.4063	0.4997	0.8214
天水	101	0.3934	0.3349	0.4494	0.8507
温县	96	0.4412	0.3642	0.5445	0.8485

（4）木材密度的配合力效应

谭小梅等以浙江省淳安县富溪林场内的马尾松12年生遗传测定林为试材，分析子代生长和木材基本密度的父本、母本效应和加性、显性效应。结果表明：不同杂交组合间、父本间以及相同父本不同母本间的生长与木材基本密度等性状存在显著的遗传差异。木材基本密度主要受母本效应的影响，其母本效应是父本效应的1.56倍。马尾松木材基本密度以加性效应控制为主，显性效应次之，不同杂交组合和父本无性系的生长与木材基本密度的相关性较小，速生的杂交组合和父本无性系的木材基本密度并不一定低。各杂交组合的生长表现与父本无性系的一般配合力之间的相关性不明显。刘青华等利用设置在浙江省淳安县姥山林场的14年生遗传测定林，研究马尾松木材基本密度的遗传控制，结果表明：马尾松木材基本密度平均值为0.3891g/cm^3，变异幅度为0.3544~0.4198g/cm^3，不同组合差异达到极显著水平，父本和母本的一般配合力效应均大于特殊配合力，母本的效应大于父本。

目前，木材性状的遗传改良基本上还处在利用已有的遗传变异资源阶段。

2. 性状与木材密度的相关性

（1）生长性状与木材密度的相关性

了解性状间的相关关系，对制定林木改良策略具有重要意义。生长对木材密度的影响一直是人们讨论的热点问题。关于生长性状和木材密度的相关关系，不同树种的研究结论有所差异。有些研究表明，木材密度与生长性状存在微弱的负相关；也有一些研究表明，木材密度与生长性状间的相关性不显著。如施季森等研究认为，杉木木材密度与材积呈弱度负相关；朱湘渝等的研究也表明，10个黑杨派和青杨派杂交无性系的木材基本密度与速生特性间呈微弱的负相关。此外，李斌等对鹅掌楸、茹广欣对泡桐、杨艳对黑杨无性系的研究结果均支持这一观点。某些树种的生长量和木材密度遗传相关不紧密，可以根据需要，培育出木材密度高、生长快、树干通直的林木。

但也有研究认为，木材密度与生长性状呈负相关。如Farmer等对美洲黑杨的研究发现，生长快的树木材相对密度低；Olson等对美洲黑杨的研究表明，材积与木材相对密度间呈负相关，并由此提出不能使用一个选择指数同时改良两个性状的结论；金其祥研究了8年生杉木无性系试验林的树高、胸径、材积和木材密度的遗传变异规律，结果表明：3个生长性状与木材密度有负向遗传相关，且胸径和材积与木材密度的相关指数在−0.6左右。鉴于生长与木材密度存在中度的负相关关系，在杉木无性系选择中，过分强调生长量的选择，将会导致材质下降，应采取生长与木材密度的综合选择。由于许多因子既影响树木生长，又影响木材，使得问题变得复杂。

（2）木材密度与其他性状的相关性

木材密度与某些木材性状紧密相关。如中国林业科学研究院以日本落叶松人工林、长白落叶松人工林与天然林所得数据进行一元线性回归分析，得出木材密度与晚材率、细胞壁厚度呈正相关。胡嘉任对59种针叶树和29种阔叶树木材数据进行线性回归分析，得出木材气干密度与木材顺纹抗压强度、抗弯强度、抗弯弹性模量和顺纹抗剪强度呈正相关。

木材密度与某些木材性状的相关性不显著。如黄秦军等对美洲黑杨×青杨杂交三代谱系的研究结果表明，基本密度与纤维长和微纤丝角均为弱负相关，与纤维长宽比为弱正相关。

木材密度与某些木材性状的相关性因幼龄材和成熟材不同。如徐有明研究了火炬松不同生长阶段的年轮宽度、晚材率与木材基本密度间的相互关系，结果表明：火炬松林分早期生长阶段的年轮宽度与木材基本密度间存在着显著的负相关。林分郁闭后年轮宽度、胸径与木材密度存在着极其微弱的负相关，不同生长阶段的晚材率与木材基本密度均呈显著的正相关。

（3）木材性状幼年与成年间的相关性

在相同的林龄下，木材密度年与年间的相关性高于树干生长性状间的相关性，这是两类性状达到稳定时所处的年龄阶段不同造成的。如张含国等对30年生的人工林中90株长白落叶松树干进行了解析，以探讨其生长和材性及早期的发展规律，结果表明：树高、胸径和体积的变异在14~18年这一年龄阶段是由剧烈分化到趋向稳定的转折年龄段，而基本密度和管胞长度的变异在10年生时趋于稳定。

研究幼年与成年间的相关性，开展材质早期预测，对良种选育，实现林木定向培育具有十分重要的意义。多数研究表明，木材性状在幼年与成年间存在一定的相关性，可以提早开展木材品质的选育。如国外对火炬松、斑克松和湿地松的幼年-成年相关研究显示，幼年期木材密度与成年期密切相关，并能通过幼年期木材密度表现预测成年期木材密度。我国对杨树、马尾松、落叶松、樟子松、红松和火力楠等树种的木材密度早期选择年龄做过研究，一致认为提早选择木材密度是可行的，但因树种不同，早期选择的有效年龄有所差异。如骆秀琴等对19个种源杉木的木材密度径向变异模式的研究表明，年轮平均密度的幼年-成年相关性从第3年起开始极显著。潘惠新等在美洲黑杨×小叶杨新无性系木材密度幼年-成年的相关研究表明，单性状总平均木材密度的最佳早期选择林龄为5~6年，早期选择的年效率为141.30%~152.17%。李斌测定了江西分宜鹅掌楸种源试验林（1981年栽植）的木材基本密度和纤维长度，结果表明：鹅掌楸主要木材性状的早期选择是可行的，但选择年龄不宜小于7年生。姜景民利用6株27年生火炬松伐倒木解析材料，分析木材基本密度的株内变异规律，结果表明：距髓心6个年轮以内的幼年材基本密度与含较多年轮的断面值呈弱度相关。随年轮数增加，相关系数有较大提高，可用9~12轮时的断面值来预测较大年轮时的木材基本密度。

木材形成过程中其自身的生物学特性在不断发生变化，且影响木材形成过程的因素很多，如树木自身的遗传特性、生态因子、土壤和立地条件等，因而使木材材质预测变得十分复杂。

3. 生物技术对木材品质改良的研究

自20世纪90年代以来，形成了木材品质的生物技术改良方法，即通过对林木群体中木材品质遗传变异的利用、木材形成过程中的遗传调控和目的基因的识别、分离和转移等技术，对木材品质性状进行定向遗传改良，从木材形成的源头上克服木材天然缺陷的形成，以改良木材品质。

（1）木材形成的分子遗传机制的研究

通过对木材形成过程进行解析，已找到了一系列参与木材形成的调控基因和转录因子，还发现生长素和赤霉素等植物激素可以调控木材形成过程中的细胞分裂以及细胞大小，从而影响木材的材性和木材形成的速度。目前，已阐明调控木质素合成一些关键基因的功能，已鉴定和分析了调控纤维素和半纤维素合成的一些关键基因。此外，部分基因可以调控木材微纤丝角，从而影响木材材性。

（2）分子标记的应用

数量性状特性是木材品质的重要性状，其受多基因控制，呈连续性变异，是林木遗传改良研究工作中的重点。分子标记的发展为深入研究数量性状的遗传基础提供了可能。利用分子标记可了解控制数量性状的基因数目、位置和分布、各位点的贡献大小以及基因间的相互关系等，从而突破传统数量分析以多基因总效应作为研究对象的局限性。目前，林木辅助选择育种主要将重要经济性状作为研究对象，如产量、化学成分含量、材性和抗病性等，并已取得许多成绩。如黄烈健等通过对美洲黑杨×青杨的研究，找到了与木材密度、纤维长度、纤维宽度以及微纤丝角相关联的标记。卢万鸿等以尾叶桉育种群体的两个试验（T77和T164）为对象，借助微卫星技术挖掘与尾叶桉木材密度和生长性状关联的标记。经过筛选的83个微卫星标记用于样本关联分析，其中，中性标记用于计算个体间的亲缘关系系数矩阵。

（3）基因工程的应用

利用基因工程可以从源头上有效提高人工林木材的性质，进而提高木材质量。基因工程改良对木材化学组成的影响主要体现在木质素含量和木质素单体比例、纤维素和半纤维素，以及其他化学成分的变化上，其中利用基因工程降低木材木质素含量的研究较多。基因工程改良对木材构造的影响主要体现在细胞形态和微纤丝取向的变化上，基因工程改良能有效提高人工林木材纤维质量，进而提高纸浆质量，且基因工程改良还会对木材微纤丝角产生影响。木材细胞形态和微纤丝角的改变会引起木材材性的变化，这为通过基因定向改变木材细胞形态或微纤丝角，进而达到人工林木材材性改良的目的提供了思路。基因工程改良对木材的物理力学性质也有显著影响，已有研究发现多种目的基因可对木材密度、干缩湿胀率和木材强度等产生影响。

4. 育林措施对木材性状的影响

（1）造林密度

较多的研究认为，初植密度对木材基本密度影响不大，甚至无影响。如Jayne对脂松，Grigal等对北美短叶松，Smith对湿地松，刘青华等对马尾松种源试验林的研究。但也有不同的结论。如叶忠华对3种不同造林密度的12年生福建柏木材进行了物理力学性能的测定，结果表明：造林密度与低龄级福建柏的木材物理力学性能存在较为密切的关系。造林密度大，木材密度也大，造林初植密度大有利于提高前期木材的密度。造林密度对福建柏的木材力学性能影响差异较大，对顺纹抗压强度影响较小，对抗弯强度、抗弯弹性模量和顺纹抗拉强度影响较大，对木材硬度影响最为显著。

（2）间伐

有关间伐对木材性状的影响尚无一致的结论。如在木材纤维长度上，Cown认为辐射松间伐后木材纤维长度下降10%；童方平等研究表明，间伐对火炬松木材纤维长度、宽度与长宽比无显著影响；郭明辉等研究认为，间伐强度对水曲柳木材的纤维长度和胞壁率无显著影响。又如，在木材密度上，Cown认为辐射松间伐后木材幼龄化，木材密度降低；Pani认为，长叶松间伐后木材密度提高，几年后下降；Smith和Megraw认为火炬松间伐后木材密度增加；吴义强则认为，随着间伐强度的增大，日本落叶松林的木材基本密度有不同程度的减小。

（3）修枝

叶忠华的研究认为，适当修枝处理对福建柏的木材物理性质影响不显著，但修枝强度过大，其密度有所降低，且其干缩率和湿涨性也略为增大。修枝强度对福建柏的木材力学性能有一定影响，修枝强度越大，其力学强度越小。任世奇的研究认为，修枝对木材密度影响的差异没有达到显著水平，但表现为随修枝强度增加，木材密度逐渐降低。在径向位置的木材基本密度，从髓心处向外部逐渐增大，表现为修枝对后期形成的木质部密度有增加作用。修枝可以减少死结的数量，对提高木材的光洁度，形成无节材等有促进作用。据杨战阳报道，华北落叶松经过修枝处理后的节子数量明显少于未经过修枝处理的节子数量，并且修枝处理后树干部分的节子不会贯通树干，且长度变短，形成无节材。节子的气干密度和全干密度均高于无节处的密度，这表明节子的存在会造成木材密度不均匀。节子的含水率普遍低于无节处的含水率，同时除木质素以外，其他各项抽提物的结果均表现为节子中的含量高于其他部分。可见修枝能够提升落叶松的木材品质。

（4）施肥

施肥效果与林木生长发育阶段有很大的关系。Zobel于1989年就施肥对材性的影响进行了汇总，主要集中在云杉、辐射松、火炬松和欧洲赤松等树种。多数人认为，施肥能显著促进林木生长，同时引起木材密度和纤维长度显著下降。有人认为施肥对材性没有显著的影响，只是显著改善了木材的某些性状。如施肥使早材细胞壁厚度增加，早材比例增大，晚材细胞变薄，年轮内木材材性的差异减小，材质较未施肥的林分均匀。由于树种、立地条件和研究材料等差异，难以得出明确的结论。评价施肥对林木生长与木材性状的影响效果应根据树种、林木生长发育阶段和立地条件等综合考虑。

（5）立地条件

立地条件对林木生长有显著的影响，对木材密度等性状也有一定的影响。一般认为，立地条件越好，林木生长越快，木材密度会有所下降。如林庆富的研究认为，地位指数对杉木人工林木材密度和干缩性的影响极显著或显著。木材密度随着地位指数的下降而增大，木材的干缩性随着地位指数的下降而下降。易咏梅的研究认为，立地条件对柳杉全干密度有显著的影响，这主要由土层厚度和土壤肥力的差异导致，在土层薄和肥力相对差的立地条件下，木材密度会有所提高。

项目实施

训练任务 木材经济性状测定

【任务背景】

大多数林木育种计划侧重于生长、干形和抗逆性等性状的改良，对木材品质关注较少。同一树种不同地理种源、家系和无性系间在木材性质上均存在差异，而不同木材性质对纸浆、纸产品的质量和产量以及木制品的强度和加工利用有较大影响。如纸浆原料要求木材密度大、纤维较长、纤维长宽比大、纤维壁薄、微纤丝角小。木材性状具有较强的遗传性，通过选育有望获得较大的经济效益。

木材纤维特性对木材的性质和用途有很大影响，如果用木材造纸，那么纤维长度会影响纸张的韧度，纤维宽度会影响纸张的光洁度。同时，木材纤维特性在遗传上又是一个比较稳定的性状。因此，其是选择亲本和优良类型的依据之一。油脂广泛分布于植物界，其在种子、果肉、地下茎、树皮和树叶中含量较高。植物油脂的含量随栽培条件、生长环境、品种特性和成熟程度等不同而有所差异，并在质量上也有变化。

假设你是一名林业技术人员，你所在的工作小组接到了一项任务：测定木材纤维长度和种子油脂含量。你的部门领导要求你们在工作过程中制订工作计划和方案，并按计划实施方案，认真记录工作过程，并提交任务报告，最后他将对你所在工作小组的每一位成员进行考核。

【任务思考】

①木材纤维长度的测定方法。

②种子油脂含量的测定方法。

③测定木材经济性状对育种工作的意义。

【实验器材】

1. 材料

某些杨树杂种枝条，核桃、油茶等油料植物的种子。

2. 仪器

试管、吸管、水浴锅、载玻片、盖玻片、培养皿、显微镜、接目测微尺、接物测微尺、酒精灯、石蜡、刀片、解剖针、索氏提取器、电炉、滤纸等。

3. 试剂

硝酸、铬酸钾、10%铬酸、甲苯、无水乙醇、乙醚等。

【实验方法】

1. 木材纤维长度的测定

把欲测枝条的木质部劈成火柴杆的1/4粗细，并切成0.5cm长的10多个小木段。在试管内装入5mL蒸馏水并投入约10个木段，加热煮沸，以排出空气，至木段下沉为止。倒掉试管中的水，加入10%的稀硝酸5mL，再加入等重的以10%的硝酸为溶剂配成的5%铬酸钾（硝酸）（或者加入等量的10%铬酸）。将上述试管放在水浴锅上加热至木段松散为止（保持90℃的温度25~30min即可达到此种程度）。用清水洗涤几次，最后两次可用蒸馏水（在洗涤过程中小心不要把木段弄碎），然后将木段倾入培养皿或其他开口玻璃皿内，加少许蒸馏水，最后用玻璃棒打碎制成木材纤维（针状）悬浮液。用吸管吸取少量悬浮液滴在载玻片上，小心盖上盖玻片，并用吸水纸从一旁慢慢地将多余的水吸掉。在显微镜下测量30~50个纤维细胞，分析结果，填表9-2。

表9-2 木材纤维形态分析表

序号	木材纤维长度				长宽比
	平均值	标准差	变异系数	平均值误差	

2. 种子油脂含量的测定

利用索氏提取器测定种子油脂含量。根据油脂能溶于有机溶剂的特性，利用乙醚循环回流抽出植物样品中的油脂，用脱脂残余法测定油脂含量。

取待测样品5~10g，置于80~85℃烘箱内，干燥4~5h，然后将样品磨碎装入有盖瓶中，保存在干燥器内备用。将上述磨碎样品置于100~102℃烘箱内，干燥1h后移入干燥器中冷却。精确称取烘干样品3~5g，用干燥脱脂滤纸（已称重）包成圆筒状，用线扎紧，把样品包放入索氏提取器内（每一浸提器中可放1~6包，根据样品包的大小和脂肪含量而定）。浸提器与烧瓶相连，将乙醚注入提取器，使液面稍高于虹吸管，乙醚由虹吸管回流至烧瓶，再注入乙醚至浸提器容积的一半，然后连接冷凝管与浸提器，接通冷水流。仪器装置完毕后，放在40~50℃的水浴上加热，使乙醚进行循环回流。浸提6h后，将样品包取出晾干，除去乙醚，然后置100~102℃烘箱内干燥1h，稍冷却后，移入干燥器中，然后取出称重，称至恒重。

油脂含量的计算公式如下：

$$w=\frac{m_A-(m_B-m_C)}{m_A}\times 100\% \tag{9-2}$$

式中 w——油脂含量的质量分数；

m_A——未脱脂前烘干样品质量；

m_B——脱脂后烘干残余样品质量（连滤纸质量）；

m_C——烘干脱脂滤纸质量。

用乙醚处理植物组织时，除了脂肪被浸出外，其他脂类物质同时也被浸出（如脂肪酸、蜡、磷脂和色素等），因此应用乙醚提取出的物质称为粗脂肪；浸提时温度不能过高，不超过50℃为宜，以免乙醚大量挥发；浸提器的虹吸管部分容易破裂，操作时需注意；气温较低时，需在浸提器外加上保温袋（套），以保证回流次数。

【结果展示】

①木材纤维形态分析表。

②种子油脂含量。

考核评价

1. 考评结构

态度纪律20分；工作过程60分；任务结果20分。

2. 考评标准

①态度纪律。积极主动、速度快、质量好且有创新等优秀表现得20分；有迟到、早退、开小差等违纪现象得10分；缺席得0分。

②工作过程。搜集资料、设计方案、观察、测定、计算和总结等环节完整、操作规

范、结论正确、表述流畅得60分；环节完整、操作较规范、结论正确、表述流畅得50分；环节完整、操作欠规范、结论不正确、表述较流畅得40分；环节不完整、操作不规范、结论不正确、表述不流畅得30分。

③任务结果。数据详实、报告完整得20分；数据详实、报告较完整得16分；数据存疑、报告不及时得12分。

3. 评价表

任务名称：　　　　　　　　　　　　　　　　填写时间：

姓名	态度纪律（20分）	资料搜集（10分）	制订方案（10分）	操作过程（30分）	表述答辩（10分）	任务结果（20分）	总分（100分）

自我总结

完成任务后，进行自我分析与总结。

思考题

①简述开展木材品质改良的意义。

②简述木材密度、纤维长度和宽度及微纤丝角在树干上的变异规律。

③简述木材密度、相对密度的概念和主要测定方法。

④针对一个具体树种，考虑如何开展该木材的品质改良工作。

⑤简述育种措施对木材性状的影响。

项目十

分子生物技术育种

项目介绍

1. 项目相关背景

近年来，随着现代分子生物学、遗传学、基因组学和生物信息学等学科的快速发展，植物育种理论和技术发生了重大变革。以分子标记、转基因技术、基因编辑技术为代表的现代分子育种技术已成为当前植物育种的重要手段。

2. 项目任务描述

训练任务一　AFLP标记

训练任务二　利用SSR标记鉴定杂交种子纯度

学习目标

1. 能力目标

①完成文献资料的查询和搜集工作。

②与他人分工协作，并进行有效的沟通。

③设计利用AFLP标记分析种质资源遗传多样性、利用SSR标记鉴定杂交种子纯度的方案，并做出相应计划。

④完成AFLP标记分析种质资源遗传多样性工作、利用SSR标记鉴定杂交种子纯度，说明注意事项。

⑤通过文字、口述或实物展示学习成果。

2. 知识目标

①简述DNA分子标记的种类和优缺点。

②简述分子标记在林木育种中的应用。

③简述利用分子标记进行辅助育种的方法。

④简述林木基因工程的主要步骤。

⑤简述基因编辑技术在林木育种中的意义。

背景知识

一、分子标记及其应用

同一物种内个体之间的遗传差异最终归结为DNA碱基序列上的差异，分子标记通过检测生物个体在基因或基因型上所产生的变异来反映生物个体之间的差异。起初应用的分子标记主要是在蛋白质结构变异水平上的多态性，即一个特定基因位点上不同等位基因编码的具有相同或类似功能的同工酶。由于同工酶提供的基因组变异信息非常有限，且相关实验技术复杂，20世纪90年代初同工酶做分子标记逐渐被DNA分子标记所代替。特别是DNA聚合链式反应PCR技术的发展和应用，使分子标记的研究和应用得到了迅速发展。

与形态学、细胞学和同工酶遗传标记相比，分子标记具有许多独特的优点：不受组织类别和发育阶段等影响，植株的任何组织在任何发育时期均可用于分析；不受环境影响，因为环境只影响基因表达（转录与翻译），而不改变基因结构，即DNA的核苷酸序列；标记数量多，遍及整个基因组；多态性高，自然存在许多等位变异；有许多标记表现为共显性，能够鉴别纯合基因型和杂合基因型，并提供完整的遗传信息；DNA分子标记简单、快速、易于自动化；提取的DNA样品，在适宜条件下可长期保存，这对于进行追溯性或仲裁性鉴定非常有利。DNA分子标记检测技术大致可分为三类：第一类是以电泳技术和分子杂交技术为核心的分子标记，其代表性技术是限制性片段长度多态性（restriction fragment length polymorphism，RFLP）；第二类是以PCR技术为核心的分子标记，其代表性技术是随机扩增多态性DNA（randomly amplified polymorphic DNA，RAPD）、扩增片段长度多态性（amplified fragment length polymorphism，AFLP）和简单重复序列（simple sequence repeat，SSR）等；第三类是直接以DNA序列差异为核心的分子标记，其代表性技术是表达序列标签（expressed sequence tag，EST）和单核苷酸多态性（single nucleotide polymorphism，SNP）。随着现代生物科技的发展和研究水平的不断深入，目前已相继产生了30多种分子标记，现常用的分子标记有RFLP标记、RAPD标记、AFLP标记、SSR标记、ISSR标记、SRAP标记、SNP标记等，这些技术已被广泛应用到遗传多样性分析、遗传作图和基因标记等方面。

1. 分子标记

（1）RFLP标记

RFLP标记的产生主要是由于植物基因组DNA序列的突变。这些突变造成限制性内切酶酶切位点的增加或丧失以及酶切位点之间DNA片段的插入、缺失或重复等变化。1974年，Grodzicker等开发了RFLP标记，这是最早发展的DNA分子标记。1980年，人类遗传学家Bostein首先提出了用RFLP标记作为构建遗传连锁图谱的设想。1987年，Donis等报道了第一张人类RFLP标记遗传连锁图谱，开创了分子标记应用的新纪元。RFLP标记用来检测DNA在限制性内切酶酶切后形成的特定DNA片段的大小，并反映DNA分子上不同酶切位点的分布情况。DNA序列上的微小变化，甚至1个核苷酸的变化，都会引起限制性内切酶切点的丢失或产生，导致酶切片段长度发生变化，产生个体特异性的RFLP标记遗传连锁图谱，如图10-1所示。

RFLP标记的优点是：标记的等位基因具有共显性的特点，结果稳定可靠，重复性好，特别适应于构建遗传连锁图谱。缺点是：在进行RFLP标记分析时，需要该位点的DNA片段作为探针，并采用放射性同位素及核酸杂交技术，既不安全又不易自动化。另外，RFLP标记对DNA多态性检测的灵敏度不高，RFLP标记遗传连锁图谱上存在很多大空间区。

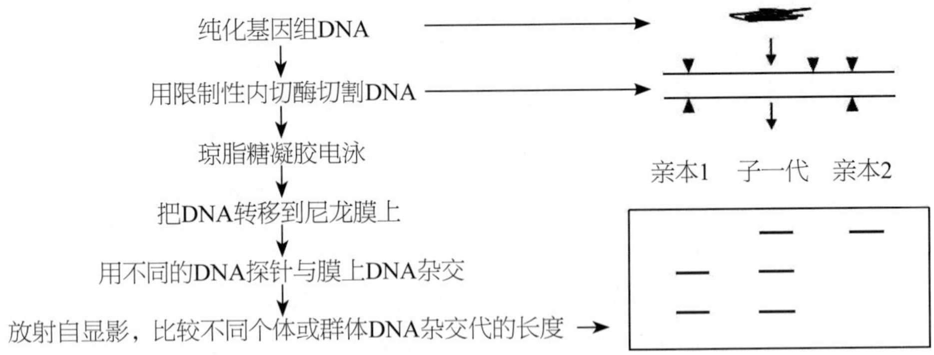

图10-1　检测限制性片段长度多态性的主要步骤

（2）RAPD标记

RAPD标记是随机扩增多态性DNA技术，是以PCR技术为基础发展起来的一种可对整个未知序列的基因组进行多态性分析的技术，该技术由Williams和Welsh在1990年首次提出。该技术利用随机引物与模板DNA的结合，经循环反应后扩增出随机片段。这些片段的长度由不同生物中的DNA序列决定。对不同生物中的DNA来说，随机引物所结合的位置和位点数目都是不同的，扩增出来的不同长度的片段可由凝胶电泳加以分开。

RAPD标记的优点是：与RFLP标记相比，RAPD标记简单，检测速度快，DNA用量少，实验设备简单，不需DNA探针，设计引物也不需要预先克隆标记或进行序列分析，不依赖于种属特异性和基因组的结构，合成的一套引物可以用于不同生物基因组分析，用一个引物就可扩增出许多片段，而且不需要同位素，安全性好。缺点是：RAPD标记受许多因素影响，实验的稳定性和重复性差，尤其是显性遗传，不能识别杂合子位点，这使得遗传分析相对复杂。

（3）AFLP标记

AFLP标记是扩增片段长度多态性技术，是由荷兰科学家Pieter Vos等于1995年发明的分子标记。AFLP标记是RFLP标记与PCR技术相结合的产物，其基本原理是先利用限制性内切酶水解基因组DNA，产生不同大小的DNA片段，再使用双链人工接头与酶切片段相连接，作为扩增反应的模板DNA，然后以人工接头的互补链为引物进行预扩增，最后在接头互补链的基础上添加1~3个选择性核苷酸作为引物，对模板DNA基因再进行选择性扩增，通过聚丙烯酰胺凝胶电泳分离检测获得的DNA扩增片段，根据扩增片段长度的不同检测出多态性。引物由三部分组成：与人工接头互补的核心碱基序列、限制性内切酶识别序列、引物3′端的选择碱基序列（1~10bp）。接头与接头相邻的酶切片段的几个碱基序列为结合位点。

AFLP标记的优点是：兼具RAPD标记与RFLP标记的优点，有较高的稳定性，用少量的选择性引物能在较短时间内检测到大量位点，并且每对引物所检测到的多个位点都或多或少地随机分布在多条染色体上，通过少量效率高的引物组合，可获得覆盖整个基因组的AFLP标记。缺点是：AFLP标记对基因组纯度和反应条件要求较高，另外用于遗传作图时，少数的标记与遗传连锁图谱紧密度有出入。

（4）SSR标记

SSR标记又称序列标签微卫星（sequence-tagged micro satellites, STMS）、简单重复序列多态性（simple sequence repeat polymorphism, SSRP），是Moore等于1991年结合PCR技术创立的标记技术。微卫星序列是一类由几个核苷酸（1~5个）为重复单位组成的长达几十个核苷酸的重复序列，长度较短，广泛分布在染色体上。由于重复单位的次数不同或重复程度不完全相同，造成了SSR标记长度的高度变异性，由此而产生SSR标记或SSLP标记。虽然SSR标记在基因组上的位置不尽相同，但是其两端序列多是保守的单拷贝序列，因此可以用微卫星区域的特定序列设计成对引物。通过PCR技术，经聚丙烯酰胺凝胶电泳，即可显示SSR标记位点在不同个体间的多态性。SSR标记已被广泛应用于基因定位及克隆、疾病诊断、亲缘分析、品种鉴定、农作物育种和进化研究等领域。

SSR标记的优点是：不仅能够鉴定纯合体和杂合体，而且鉴定结果更加可靠，且方法简单，省时省力。缺点是：首先要从该物种中获取重复序列两侧的序列信息，并设计引物，而后才能被利用。

（5）ISSR标记

ISSR标记（inter simple sequence repeats, ISSR）是简单重复序列间扩增技术。1994年，Zietkiewicz等对SSR标记进行了发展，建立了加锚微卫星寡核苷酸技术。其基本原理是：用锚定的微卫星DNA为引物，即在SSR标记序列的3′端或5′端加上2~4个随机核苷酸，在PCR反应中，锚定引物可引起特定位点退火，导致锚定引物与特定DNA片段进行PCR扩增，通过聚丙烯酰胺凝胶电泳分辨所扩增的条带，扩增条带多为显性表现。

ISSR标记的优点是：试验操作简单、快速、高效，不需要繁琐地构建基因文库、杂交和同位素显示等步骤；重复序列和锚定碱基的选择是随机的，无需知道任何靶标序列的SSR标记的背景信息，从而降低了技术难度和实验成本；无需活材料，无组织器官特异性，能实现全基因组无编码取样；采用了较长的引物，退火温度较高，引物具有更强的专一性，实验可重复性高。缺点是：在PCR扩增时需要一定时间摸索最适反应条件；呈显性遗传标记，不能区分显性纯合基因型和杂合基因型。

（6）SRAP标记

2001年，美国加州大学蔬菜作物系Li和Quiros博士提出了序列相关扩增多态性（sequence related amplified polymorphism，SRAP）技术，又称为基于序列扩增多态性（sequence based amplified polymorphism，SBAP）技术，也有文献译为相关序列扩增多态性技术。其原理是基于基因外显子里G、C含量丰富，而启动子和内含子里A、T含量丰富的特点，设计两套引物，并对开放阅读框（open reading frames，ORFs）进行扩增。在SRAP标记中引物的设计十分关键。该技术利用独特的引物设计对开放阅读框进行扩增。正向引物的设计特点为：正向引物长17bp，5′端的前10bp是一段非特异性的填充序列，紧接着是CCGG，它们一起组成核心序列，然后是靠着3′端的3个选择性碱基，通过改变选择性碱基，可以对外显子进行扩增。反向引物的设计特点为：反向引物长18bp，即由5′端的11个无特异性的填充序列、紧接着的AATT组成的核心序列和3′端的3个选择性碱基，对内含子和启动子区域进行特异扩增。由于个体不同以及物种的内含子、启动子与间隔长度不等，SRAP标记扩增过程中会产生多态性扩增产物。

SRAP标记的优点是：简便、稳定、容易得到选择条带序列，在基因组中分布均匀，适合于不同作物的基因定位、基因克隆和遗传连锁图谱构建。但一套SRAP标记引物并不能够对所有的生物都通用，仍需不断开发出适合不同生物的引物。此外，SRAP标记针对开放阅读框进行扩增，所以基因密度相对较低的着丝粒附近以及端粒区域的扩增可能受到限制。

（7）SNP标记

SNP标记是单核苷酸多态性标记技术，其位点上最多有4个等位型碱基，即A、T、G和C，但一般群体都只呈现2个等位型碱基。SNP标记基于DNA序列的差异信息，由1个碱基组成，是长度为1bp的DNA片段，其广泛分布于基因组的编码和非编码区。单碱基的缺失、插入、转换和颠换等突变会使不同个体之间的碱基变异，导致SNP标记展现出高度多态性。SNP标记的筛选可以通过基因组测序等公共数据库比对发掘。上述RFLP标记间接反映了SNP标记突变导致的多态性。在实际个体遗传分型时，可采用酶切SNP标记分型（PCR-RFLP）、分子杂交技术、PCR扩增后直接测序比较、等位基因特异性扩增等分型方法。

SNP标记的优点是：利用高通量测序技术，可以快速、高效地检测临床样品基因组中的所有SNP标记的位点，与毛细管电泳和板电泳相比，其速度可分别提高10倍和50倍。SNP标记与第1代的RFLP标记和第2代的SSR标记有两个不同点：一是SNP标记不再依赖于DNA片段的长度变化，而直接以序列变异作为标记；二是SNP标记分析完全摒弃了传统的凝胶电泳，代之以最新的高通量测序技术。

理想的分子标记必须达到以下几个方面的要求：具有高度的多态性；共显性遗传，即利用分子标记可以鉴定二倍体中杂合基因型和纯合基因型；能明确辨别等位基因；遍布整个基因组；除特殊位点的标记外，要求分子标记均匀分布于整个基因组；选择中性，即无基因多效性；检测手段简单、快速，实验程序易于自动化；开发成本和使用成本尽量低廉；在实验室内和实验空间内，重复性好，便于数据交换。然而，目前尚未有任何一种分子标记能完全达到上述所有要求。

上述标记在基因组中的分布以及相应的检测方法存在许多差异，各有其特点，具有一定的互补性。现将不同分子标记的特点汇总于表10-1中，供比较选择。

表10-1　常用分子标记的特性比较

特性	RFLP标记	RAPD标记	AFLP标记	SSR标记	ISSR标记	SRAP标记	SNP标记
开发难度	低	低	较高	高	低	较高	高
技术难度	高	低	较高	低	低	中等	高
可靠性	高	低	高	高	中等	中等	高
多态性	中等	较高	较高	高	较高	较高	高
显性/共显性	共显性	显性	显性	共显性	显性	共显性	共显性
实验成本	高	低	较高	中等	低	低	高
基因组分布	低拷贝编码序列	整个基因组	整个基因组	整个基因组	整个基因组	整个基因组	整个基因组
耗时	多	少	中等	少	少	少	多
通用性	中等	低	低	较高	低	较低	低

上述标记所检测的多态性，在基因组上的位置大多是随机分布的，因此被称为随机DNA分子标记（random DNA markers，RDMs）。然而，由于遗传重组引起的随机DNA分子标记与目的等位基因位点之间存在遗传连锁问题，限制了其作为诊断性分子标记的应用。功能标记的概念由Andersen等于2003年提出，这类标记是利用与表型相关的功能基因序列中功能性单核苷酸多态性位点来开发的新型分子标记。近年来，公共基因组数据库的快速扩张，使得开发可用于功能性分子标记的候选基因变得相对简单。这些功能标记在研究遗传变异性和多样性、构建遗传连锁图谱、重要的基因定位、比较作图等方面具有特有的优势，被广泛应用于植物系统学和分类学、分子生态学、疾病检测等生物学及相关学科。随着越来越多功能性分子标记的开发，标记的效率将会大大提高，功能标记的优越性将会更加明显。开发出更多与功能基因有关的分子标记，是分子标记发展

的主要方向，也是生物技术和品种改良研究的努力方向。

2. 分子标记在林木遗传育种中的应用

（1）遗传多样性研究

群体遗传多样性研究是林木遗传学研究的重要领域。天然群体的遗传多样性程度和分布受遗传漂变、迁移、突变和选择等因素的综合影响，其基因频率会在一定的水平上波动，即遗传多样性会反映在DNA水平上。分子标记可以有效地揭示林木种群间和种群内的遗传多样性，进而分析其系统的分化规律，研究群体遗传结构和多样性程度，了解基因流动和渗入的方向和作用。

欧阳磊等利用自主开发的52对杉木SSR标记的引物，对国家级杉木种质资源库保存的93份种质资源进行了遗传多样性分析，共检测到254个等位变异，不同引物的等位基因数、有效等位基因数、观察杂合度、多样性指数和香农信息指数等均表明杉木育种群体中存在较大的遗传差异。李培等利用SRAP标记，对来自中国的29个红椿种源及1个澳大利亚种源进行遗传多样性分析，结果表明：24对SRAP标记的引物组合共扩增出505条多态性条带，在总的遗传变异中，79.26%的遗传分化存在于种源间，种源内分化仅占20.74%，红椿分布地区生境片段化，使各群体在空间上相对隔离，基因交换频率低，流动程度小，从而导致地理变异。彭婵等以363份美洲黑杨无性系为实验材料，利用20对SSR标记的引物扩增数据，构建南方型美洲黑杨初级核心种质，并采用平均观察等位基因数等遗传参数的t检验，对核心种质有效性进行确认。

（2）分子遗传连锁图谱构建

遗传连锁图谱是指遗传标记在染色体上的相对位置，或称“遗传距离”。在高通量测序技术发展以前，遗传连锁图谱是遗传研究的重要内容，又是研究种质资源、育种和基因克隆等的起始参考。1980年，Botstein等首次利用RFLP标记构建遗传连锁图谱。1987年，Donis-Keller等发表了第一张关于人类的RFLP标记遗传连锁图谱。之后许多生物的RFLP标记遗传连锁图谱相继问世。目前新DNA分子标记的应用，使构建物种的高密度遗传连锁图谱成为可能。遗传连锁图谱构建的前提是染色体的交换和重组。在细胞减数分裂时，非同源染色体上的基因相互独立、自由组合，同源染色体上的连锁基因产生交换与重组，交换的频率随基因间距离的增加而增大。因此可用重组率来揭示基因间的遗传图距，图距单位通常用厘摩（cM）表示，1cM大致符合1%的重组率。

在林木中，杨树种间杂交容易，杂种优势明显，可以建成大量的杂种一代或杂种二代分离群体，这些优点使得杨树指纹图谱绘制、遗传连锁图谱构建方面取得了较大的进展。美国明尼苏达大学的Liu等以美洲山杨的5个全同胞家系为材料，利用RFLP标记和等位酶标记构建了世界上第一张杨树遗传连锁图谱，该图谱包含了54个RFLP标记和3个等位酶标记，形成14个连锁群，覆盖基因组总长约664cM。1994年，美国华盛顿大学的

Bradshaw等研究小组发表了一张密度较高且比较完善的杨树遗传连锁图谱，他们利用毛果杨×美洲黑杨的杂种二代群体，采用三种不同的分子标记，共获得343个标记，其中有111个RAPD标记，215个RFLP标记，17个STS标记。何祯祥、余荣卓等利用RAPD标记，以杉木J_0和F_{11}两个亲本杂交形成的杂种一代群体为作图群体，从1040个随机引物中筛选出78个引物，对78个杂种一代群体及双亲样本进行了RAPD标记扩增，共获得129个RAPD标记，首次构建了杉木分子遗传连锁图谱。近30年来，研究人员已对20余属近100个树种构建了遗传连锁图谱。在过去一段时间里，林木遗传连锁图谱的构建多以RAPD标记和AFLP标记等技术为主，结合使用RFLP标记、EST标记、SSR标记等技术。随着生物技术的迅速发展，现代遗传连锁图谱的构建已由SNP标记等共显性标记类型组成，在高密度、高解析度等方面已取得突破。

（3）林木基因定位

在完成构建分子标记遗传连锁图谱后，下一步可用所得图谱进行控制性状的基因定位分析。在作图群体进行标记分型分析时，要调查样本的质量和数量性状，根据性状和分子标记的基因型数据进行遗传关联分析，建立性状-标记的关系，应用统计方法进行显著性检验，筛选相关的分子标记，确定其在遗传连锁图谱上的位置，估计其对性状表型变异的贡献。

①质量性状。质量性状通常由单个或几个基因控制，这些性状只受少数基因控制，利用分子标记来定位、识辨目标基因及对目标性状的植株进行直观的选择，相比于其他方法比较简单，只要寻找与目标基因紧密连锁的分子标记即可。连锁的紧密程度越高，结果越可靠。美国的Newcombe等和Villar等分别利用不同的方法对美洲黑杨的抗锈病基因进行了研究，共发现8个与抗锈病基因紧密连锁的标记，包括1个RFLP标记、1个PCR标记、3个RAPD标记和3个AFLP标记。分离群体分组分析法（bulked segregation analysis，BSA）比较适用于林木基因定位。其原理是将分离群体中的个体依据研究的目标性状（如抗病、感病）分成两组，在每一组群中将各个体的DNA等量混合，形成两个DNA混合池（如抗病池和感病池）。由于分组时仅对目标性状进行选择，因此两个DNA混合池之间理论上就应该在目标基因区段有差异。运用BSA进行基因定位时，除要考虑分离群体中个体的表型与基因型的关系外，还需要注意多态性标记与目标基因间的距离不可太远，且构成近等基因池的株数要适中。Devey等就是利用BSA研究获得与抗松疱锈病相距5cM以下的6个RAPD标记。近年来，基于全基因组关联分析（genome wide association study，GWAS）也成功应用于林木优良性状的遗传研究，在关键基因定位上展示了前所未有的优势。如Calic等对山毛榉树皮抗病性的研究中，检测出4个SNP标记与性状极显著相关，并将标记位点定位到5号染色体的一个编码金属螯合蛋白mRNA的单基因上。Zhang等在毛果杨自然群体GWAS研究中综合利用全基因组重测序、转录组和代谢

组数据，发现了在木质素生物合成过程中起重要调控作用的*PtHCT2*基因，构建了其在多个生物学过程中的调控网络，阐明了该基因响应胁迫与木材形成的协同作用机制。

②数量性状。分子标记在林木遗传和育种中的应用之一是数量性状基因定位（quantitative trait locus mapping），简称QTL定位。QTL定位旨在阐明控制有关数量性状的主要基因数目、这些基因在染色体上的位置以及各自效应和联合效应的遗传连锁图谱。当所用的数量性状是基因表达量数据时，如转录组分析获得的正态化的各基因表达量RPKM（Reads Per Kilobase per Million mapped reads），此时定位分析简称为eQTL定位。要想准确定位，就必须建立起详尽的QTL定位遗传连锁图谱，该图谱中的标记越多，就越有可能准确地估计QTL定位的位置，这样也就可以系统地在整个植物基因组中寻找与QTL定位有关的标记。目前QTL定位的方法主要包括：单一标记定位法、区间作图法和复合区间作图法等。利用这些方法，在理论上可逐步建立数量性状遗传的分子基础，推进分子遗传学和数量遗传学的学科交叉和发展，提高育种效率。

美国华盛顿大学Bradshaw等通过构建杨树遗传连锁图谱，在232个RFLP标记和111个RAPD标记组成的遗传连锁图谱上，进行了树高、胸径、材积、干形和分枝角度等性状的QTL定位，进而研究控制数量性状的多基因数目及单基因的作用效应等。王平等以包含408个单株的胡杨×胡杨的杂种一代群体为实验材料，获取茎高、主根长、总侧根长和侧根数量4种表型动态生长数据，基于该群体所构建的高密度遗传连锁图谱，通过功能作图和2对基因之间的上位互作进行定位。共侦测出QTL定位互作83对，包含83个SNP标记，其中主根长、茎高、侧根总长和侧根数量分别检验出24对、20对、24对和15对显著QTL定位互作；主根长、茎高以及侧根总长较大比例的上位互作分别集中分布于连锁群1、19和17。刘粉香等根据分子标记分析各种可能的分离比以及连锁相信息，建立林木多元性状数据QTL定位统计分析模型，并用R语言编写了相应的计算软件包mvqtlmap，对美洲黑杨和小叶杨的杂种一代群体树高数据进行了QTL定位分析。结果表明：有4个QTL定位在母本美洲黑杨的遗传连锁图谱上，有6个QTL定位在父本小叶杨的遗传连锁图谱上，分别位于第1、5、7、9、11 和19号染色体上，平均解释0.8%~6.7%的表型方差。目前用QTL定位研究的树种有火炬松、桉树、杨树、糖松和辐射松等，定位的信息主要集中于经济性状，如生长、抗逆性、木材密度等。利用分子标记研究QTL定位是基因组研究对数量遗传学乃至整个遗传学的一大贡献，使数量性状研究进入了分子水平。利用GWAS与多组学技术相结合的策略可以显著提高数量性状遗传解析的精确度。如McKown等在对杨树的GWAS研究中，在19条染色体上分离出410个与性状显著相关的SNP标记位点，并根据基因注释得到与物候性状相关的240个基因、与生物量相关的53个基因以及与生理生态性状相关的25个基因。Uchiyama等在日本柳杉种质群体中开展了木材品质性状GWAS研究，发现了数个显著调控木材品质性状的新基因。Allwright等利用GWAS开展了大叶桉群体树高性状的遗传分析，发现了3个显著的SNP标记位点，有效提高了候选基因定位效率。

（4）分子标记辅助育种技术

分子标记辅助育种技术是利用与目标基因紧密连锁的分子标记，在杂交后代中准确地对不同个体的基因型进行鉴别，据此进行辅助选择的育种技术。该技术通过遗传连锁图谱的构建、目的基因的分离与鉴定、种质资源和育种群体的遗传结构分析及数量性状位点定位，为林木生长、材性和抗逆性等重要性状的早期测定提供了依据，从而大大缩短了林木育种周期。如黄秦军等利用AFLP标记和SSR标记已经构建出美洲黑杨×青杨杂种的遗传连锁图谱，共有19个较大的连锁群，16个二联体、7个三联体和5个较小的连锁群。这一成果大大缩短了育种周期，为进一步的育种工作打下良好基础。目前，分子标记辅助育种技术多集中于抗病性状的研究，如在林木抗病质量性状的研究中，松树疱锈病和榆树黑斑病的基因研究较多，且已找到与这些病紧密连锁的标记，并分别定位在遗传连锁图谱上。我国主要开展了抗杨树叶枯病、杨树黑斑病和灰斑病等相连锁的标记及其基因位点定位的研究。随着分子标记的发展，许多植物的高密度遗传连锁图谱已经建立。迄今为止，国内外已完成了杨属、落叶松属和桉属等10多个属中的30个树种的遗传连锁图谱的绘制。随着DNA测序技术在林木遗传育种中的应用，分子标记遗传连锁图谱日趋完整，与目标性状紧密连锁的分子标记数量逐渐增多，分子标记实验成本不断降低，分子标记辅助育种技术在林木育种中会起到更重要的作用。

二、DNA重组技术

DNA重组技术，又称基因工程或基因操作。它是在分子遗传学的理论指导下，用类似工程设计的方法，预先设计蓝图，通过DNA拼接技术，将生物的某个基因通过基因载体运送到另一种生物的活性细胞中，使之无性繁殖并行使正常功能，从而创造生物新品种的遗传学技术。

1. 植物DNA重组技术基本步骤

植物DNA重组技术的基本步骤为：目的基因的分离和鉴定—植物表达载体的构建—植物细胞的遗传转化—转化植物细胞的筛选—转基因植物的鉴定—外源基因表达的检测等。

（1）目的基因的分离和鉴定

开展植物基因工程工作的第一步是取得目的基因。获取目的基因的途径有直接分离法和人工合成法。直接分离法是利用限制性内切酶将供体细胞中含目的基因的DNA片段切取分离出来的一种方法。供植物转基因的大部分目的基因是从植物细胞中分离出来的，如从豆科植物的种子中分离得到多种种子贮藏蛋白基因，从植物中分离出抗除草剂基因；也有部分基因来自微生物和动物，如从苏云金芽孢杆菌中可得到抗虫基因（*Bt*基因），由病毒中得到的抗病毒基因。

目前人工合成基因的方法主要有三种：一是以基因转录mRNA为模板，反转录成互补的单链，然后在酶的催化下合成双链cDNA，即可获得所需要的基因；二是依据已知目的基因，进行核苷酸同源序列分析，设计引物，采用PCR技术，快速、简便地扩增目的基因的DNA片段；三是根据已知的蛋白质氨基酸序列，推测出相应的基因序列，再以4种脱氧核苷酸为原料通过化学方法合成目的基因。

由于植物的基因组非常庞大，核DNA总量高达5×10^{8}bp，远远超过了原核生物的基因数目，且植物的性状多属数量性状，加上植物的遗传背景复杂，这一切都给植物基因分离技术提出更高要求。近年来，随着生物化学、酶学和分子生物学等学科的迅速发展，植物基因分离技术日渐成熟，逐步形成了一整套高效的植物基因分离技术，如PCR技术、转座子示踪技术、基因组相减技术和转录组学技术等。

①PCR技术。PCR技术是1985年美国Mullis等开发的一项专利技术，它具有高度的专一性和灵敏度，能快速、简便地扩增DNA片段，是对已知序列进行分子克隆的最有效手段。PCR技术分离植物基因的方法是：首先提取植物的基因组DNA或mRNA，通过逆转录酶将mRNA合成cDNA，以染色体DNA或cDNA为模板，以人工合成的一对寡核苷酸为引物，在dNTP存在的情况下，多次循环，通过模板的变性、模板与引物的退火和引物的延伸三个阶段来扩增目的基因。此外，也可以采取一种从蛋白质出发的逆向策略，根据植物性状的生理生化特征，先分离纯化所需的蛋白质或多肽，并对这些蛋白质或多肽进行部分氨基酸序列分析，推出可能的核苷酸序列，根据这些序列人工合成两个寡核苷酸引物，之后以基因组DNA为模板进行PCR扩增，即可得到目的基因片段。

②转座子示踪技术。转座子示踪技术是根据植物或细胞的表型变异进行基因分离的有效手段。其方法是：用带有转座子的隐性纯合植物材料与所需分离的显性基因纯系亲本杂交，筛选因转座子插入而表现为隐性性状的突变品系。然后用已克隆的转座子为探针，对突变株系进行Southern分子杂交，通过常规分子克隆（如构建基因文库）分离目的基因片段。接着再以该基因片段为探针，从正常的显性基因纯系亲本中克隆出相应的基因序列。目前已克隆了玉米的Ac/Ds转座子，并通过农杆菌介导转化法导入在烟草、拟南芥、矮牵牛、马铃薯和番茄等植物中。

③基因组相减技术。这一技术由Straus和Ausubel于1989年根据Bautz提出的相减杂交分离缺失序列的概念提出。其方法是：利用缺失突变体与未缺失同源亲本只有1~2个核苷酸的差异，将大量特殊标记的突变体DNA与少量未缺失亲本DNA混合，变性后在适当温度下复性，待反应体系中的单链DNA重新配对成双链后，除去标记的突变体DNA和与之杂交配对的亲本DNA。如此反复数次，反应体系中突变体DNA所缺失的亲本DNA片段，

因无法与任何突变体DNA形成杂合体而保留在溶液中，对留在反应体系中的DNA片段进行PCR扩增，经过DNA分析，就能获得这些DNA片段所含的基因。

④全基因组测序技术。近年来随着测序技术发展，测序的成本越来越低，利用全基因组测序技术分析差异基因变得越来越方便。全基因组测序技术的方法是：利用突变体与未突变体同源亲本间只有少数几个核苷酸的差异，将多个突变体DNA混合，和未突变亲本DNA分别进行测序，确保每个样本的基因覆盖度超过20倍，利用生物信息学与亲本分析比对，就能够获得突变的基因。

⑤染色体步移技术。染色体步移技术是从第一个重组克隆插入片段的一端分离出一个片段作为探针，利用该探针从文库中筛选第二个重组克隆，该克隆的插入片段含有与探针重叠的顺序和染色体的其他顺序。从第二个重组克隆的插入片段再分离出末端小片段，以此作为新的探针筛选第三个重组克隆。如此重复，得到一个相邻的片段，等于在染色体上移了一步，故称之为染色体步移技术。染色体步移技术是一种重要的分子生物学研究技术，使用这种技术可以有效获取与已知序列相邻的未知序列。

⑥转录组学技术。Velcuescu等提出了转录组的概念，转录组广义上指某一生理条件下，细胞内所有转录产物的集合，包括信使RNA（mRNA）、核糖体RNA（rRNA）、转运RNA（tRNA）和非编码RNA（ncRNA）；狭义上指所有mRNA的集合。转录组测序技术一般对用多聚胸腺嘧啶进行亲和纯化的RNA聚合酶Ⅱ转录生成的成熟mRNA和ncRNA进行高通量测序。有别于植物基因组，转录组能够表征特定组织、发育时期及生理状态下基因表达的实际情况。转录组学技术自提出，便迅速渗透到多个学科的研究领域，尤其在发现参与调控植物重要生理过程的基因起到重要作用。如Madritsch等通过比较三个拥有不同干旱抗性的欧洲橡树的转录组，鉴定了517个可能参与植物抗旱过程的基因，并发现抗氧化能力、线粒体呼吸机制和输水系统的木质化在植物抗旱过程中的重要作用。再如，刘果和陈鸿鹏等以不同生长阶段的南美油藤种子为研究对象，利用高通量转录组测序技术，分析种子发育过程中脂质代谢物含量的动态变化规律，并根据种子不同生长阶段的差异表达基因，寻找出脂质代谢物合成与累积的关联酶基因，结合代谢组学技术，阐述了脂肪酸生物合成和累积相关的6个关键酶基因的表达模式，并分析了脂肪酸的合成和累积存在的显著相关性，基因家族的不同成员存在生物学功能的差异性和多样性。

⑦代谢组学技术。随着生命科学的发展，代谢组学技术成为继转录组学技术和蛋白质组学技术后兴起的一种组学技术。与其他组学技术不同，代谢组学技术通过考察生物体受到外界干扰或者刺激后的代谢产物变化情况或其随时间的变化情况来研究生物体系。该技术将组群指标作为分析变化的基础，用高通量测序技术和多元数据处理将信息建模与系统结合起来，从而对生物体的代谢产物进行定性定量分析。植物代谢物是植物

体化合物的统称，具体分为初级代谢物和特殊代谢物，是植物生长发育和生殖应激等几乎所有重要生命活动的直接参与者和终端作用物。相比于基因组，转录组和蛋白组是对植物基因型的描述，代谢组则对植物表型具有直接影响。代谢组学技术研究需要采用高通量、高灵敏度且稳定性好的分析方法。目前，主要分析手段包括核磁共振（NMR）、液相色谱-质谱联用（LC-MS）、毛细管电泳-质谱联用（CE-MS）以及气相色谱-质谱（GC-MS）等技术。植物育种往往很大程度上依赖于表型筛选或遗传标记筛选，但这种方法在筛选由多基因控制的复杂性状时受到限制。而代谢组学技术结合植物群体的基因组信息，能够有效地鉴定与数量性状相关的代谢物及与代谢合成调控相关的基因信息。代谢物作为直接筛选标记，在育种方面的优势也日益明显。随着基因组学技术和转录组学技术的发展，联合代谢组学技术分析已经成为流行的趋势。

除上述技术外，对具有抗胁迫的基因，如抗旱、抗病和抗盐碱等基因，可采用基因挽救技术，即提取具有抗胁迫性状的植物基因组DNA，将其克隆到植物-微生物穿梭载体上，通过三亲交配技术，将克隆子转入农杆菌，再用这些农杆菌转化不具抗胁迫性状的受体植物细胞，通过增加对受体植物的选择压力，筛选因导入外源基因而获得抗胁迫性状的植物，最后以载体T-DNA为探针克隆抗胁迫性状基因。此外，cDNA差异显示和分析技术也正在用于植物基因的分离与鉴定，该技术可在没有任何探针的情况下，克隆控制某一特定性状或生理反应中间步骤的基因。

（2）植物表达载体的构建

植物表达载体是携带外源目的基因进入植物细胞进行复制和表达的媒介，故亦称作工程载体。根据载体的遗传特性和功能，分为农杆菌Ti质粒载体（图10-2）和植物病毒表达载体两类。农杆菌Ti质粒载体可将外源基因整合进植物染色体基因组，使外源基因在植物中稳定表达；植物病毒表达载体的系统为瞬时表达系统，其通过转基因植株稳定表达外源重组蛋白。根据载体的结构特点，又可将植物表达载体分为一元表达载体和双元表达载体两类。目前研究中常应用双元表达载体，该载体是由两个相容性突变Ti质粒组合而成的双质粒系统，一般主要包括卸甲Ti质粒和微型Ti质粒两部分。卸甲Ti质粒是敲除T-DNA区域的突变型Ti质粒，完全丧失了致瘤功能，主要起辅助质粒的作用；而微型Ti质粒则是含有T-DNA边界、缺失*Vir*基因的Ti质粒，主要作用是在T-DNA左右边界序列之间提供植株选择标记。双元表达载体进行转化的原理是通过Ti质粒上的*Vir*基因反式激活T-DNA区域的转移，其构建效率较高，操作简便，且在外源基因的植物转化中效率远高于一元表达载体。

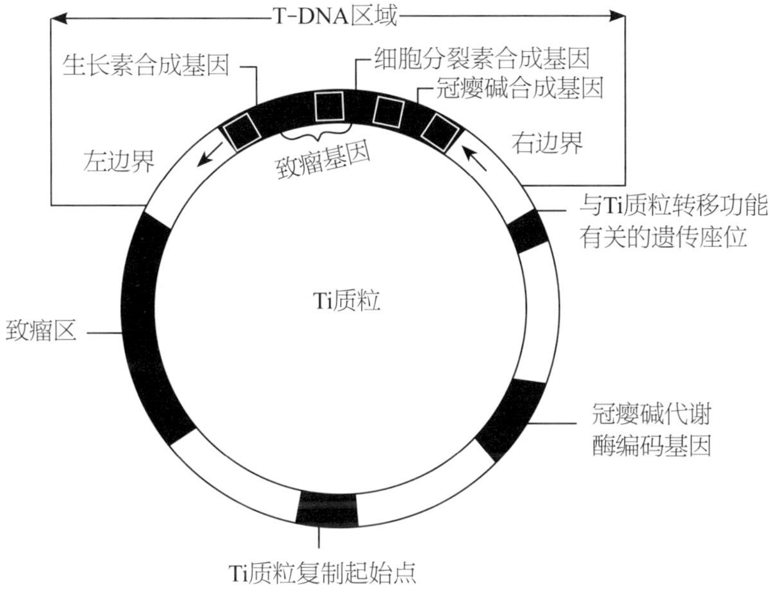

图10-2　农杆菌Ti质粒载体结构示意图

构建植物表达载体的方法是在目的基因的5′端加上启动子，有时还加上增强子，在3′端加上终止子，以便使外源基因能在植物中有效表达。目前常用的启动子是从花椰菜花叶病毒中分离的35S启动子。其次还有胭脂碱和章鱼碱合成酶的Nos启动子和Ocs启动子，它们均具有真核生物启动子的一些特性，能在植物细胞中使外源基因表达。在构建植物表达载体时，可根据研究工作的目的选择合适的启动子，如需要目的基因在植物的多个时期或各个部位表达，可选用组成型启动子；如需要目的基因在特定时间表达，可选用发育特异启动子或诱导启动子；如需要目的基因在特定部位表达，可选用组织特异性表达启动子。在转录终止方面，目前植物基因工程中常用的终止子是胭脂碱合成酶的Nos终止子和Rubisco小亚基基因的3′端区域。

（3）植物细胞的遗传转化

植物细胞的遗传转化是利用生物和物理化学等手段，将外源基因导入植物细胞以获得转基因植株的技术。近年来植物细胞遗传转化得到迅速发展，并建立了两大类基因转化系统。一是以载体为媒介的基因转化系统，如以土壤农杆菌Ti质粒和Ri质粒为载体的转化方法；二是DNA直接转化系统，如PEG法、电击法、基因枪法和花粉管通道法。除这些方法外，离子束介导法、碳水硅纤维法、替代转化法和超声波法等先后成为外源DNA直接导入植物细胞的方法。近年来，利用碳纳米材料也成功将DNA递送到植物细胞中。目前，林木转基因主要采取根癌农杆菌介导转化法。农杆菌介导转化法的一般程序为：农杆菌的培养和制备—外植体的侵染—共培养—筛选分化—获得抗逆性植株—分子检测—转基因植株。

根瘤农杆菌中含有Ti质粒，Ti质粒上有一个DNA区段，即T-DNA，它可以整合到植物基因组上，且T-DNA插入外源DNA片段也不影响整合。野生Ti质粒作为基因工程载体并不合适，因为其质粒的分子量高达200kb，而一种限制性内切酶往往有十多个酶切位点，所以难以直接进行基因操作。另外，野生Ti质粒会引起转化组织瘤性生长，使植株再生困难。因此人们对野生Ti质粒进行了改造，并发展成一种称之为中间载体的质粒，它可在大肠杆菌中复制并可插入目的基因，使这一载体从大肠杆菌转入根癌农杆菌后，便可用于农杆菌介导的遗传转化。目前的研究多使用改造后的Ti质粒。农杆菌介导转化法主要有三种：一是浸染法，用农杆菌浸染创伤部位，然后无菌培养愈伤组织；二是叶盘法，用打孔器取得创伤的叶圆片，将叶圆片放入农杆菌菌液，让其浸入叶片伤口，然后转移到选择培养基上，使转化细胞再生植株，此法最常用；三是共培养法（图10-3），将原生质体和农杆菌一起培养20~40h，离心去菌后，在选择培养基上得到转化的细胞系。农杆菌介导转化法具有简单、快速、高效的特点。农杆菌介导转化法的宿主植物主要是双子叶植物，但目前已有很多从单子叶植物中获得转化植株的例子。

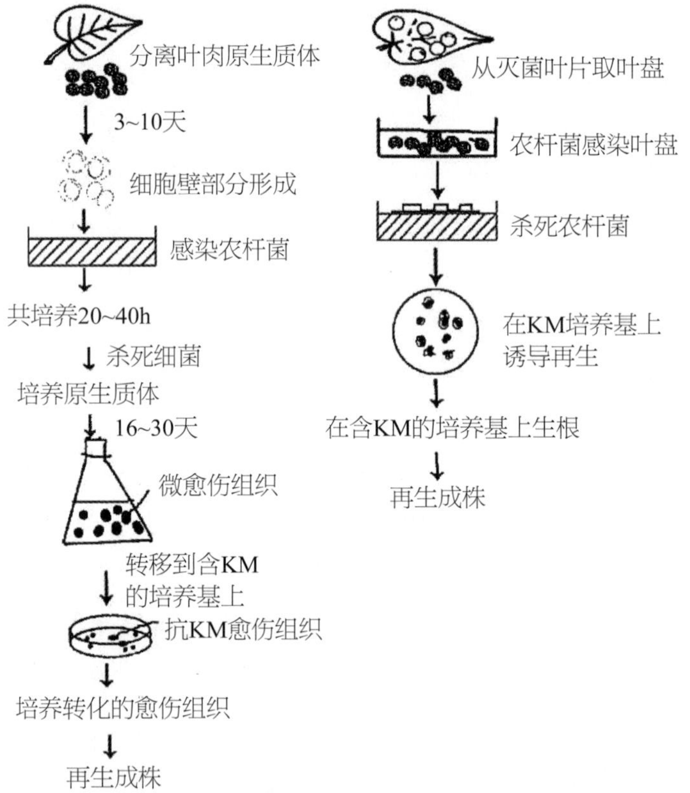

图10-3 农杆菌介导转化法示意图（共培养法）

（4）转化植物细胞的筛选

植物细胞经过目的基因转化处理后，只有少数细胞被转化，需将转化细胞与未转化细胞区分开来，并淘汰未转化细胞，然后利用植物细胞的全能性在适当的环境条件下使转化细胞发育为转基因植株。标记基因在植物细胞遗传转化过程中的作用是区分转化和非转化细胞，是筛选和鉴定转化细胞、组织和转基因植株的有效方法。目前被广泛应用的标记基因大致可分为选择基因和报告基因两类。此外，还有一些基因兼具选择和报告的功能。

①选择基因。广泛用于选择的标记基因有多种类型，一类是抗生素抗性基因类：如对卡那霉素和新霉素有抗性的新霉素磷酸转移酶Ⅱ基因（*Npt* Ⅱ），对氯霉素有抗性的氯霉素乙酰转移酶基因（*Cat*）和链霉素磷酸转移酶基因（*Spt*）、潮霉素磷酸转移酶基因（*Hpt*）和庆大霉素抗性基因（*Gmr*）等。新霉素磷酸转移酶II基因是植物转化所用的第一个标记，也是最常用的显性选择标记。新霉素磷酸转移酶II可催化卡那霉素及其他氨基糖苷类抗生素氨基己糖上的3′-羟基发生依赖于ATP的磷酸化反应，修饰后的卡那霉素不能再进入细胞，并与30S核糖体亚单位结合而导致mRNA的错译。潮霉素磷酸转移酶基因在某些作物上的选择效率较高，应用也较多。另一类是抗除草剂基因类，如抗草甘膦的*Epsps*基因和抗草丁膦的*Bar*基因等。草甘膦是可控制大多数有害杂草的非选择性除草剂，抗草甘膦的*Epsps*基因是5-烯醇丙酮酸莽草酸-3-磷酸合成酶的突变体，草甘膦是Epsps合成酶的抑制剂。细胞或农杆菌中分离的*Epsps*基因与叶绿体转运肽序列融合，可显著提高对草甘膦的抗性。抗性标记基因的编码产物通常是分解除草剂或抗生素的酶，可赋予转化细胞对除草剂或抗生素的抗性，从而使转化细胞能够在含有一定浓度的除草剂或抗生素的筛选培养基上生长，非转化细胞在筛选培养基上则被除草剂或抗生素杀死。

②报告基因。它们大都是一些酶的基因，包括农杆碱合成酶类[如章鱼碱合酶基因（*Ocs*）、胭脂碱合酶基因（*Nos*）]，抗生素转化酶类，产生具有生化显色的酶类（如Gus）和自身有光学活性的非酶蛋白类（如Gfp）。*Gus*基因应用较广泛，可将无色底物5-溴-4-氯-3-吲哚葡萄糖苷水解，产生蓝色的水解产物，可用肉眼或在显微镜下观测，也可用荧光分光光度计进行定量测量。

标记基因是为了筛选、鉴定转化子，对受体本身和环境来讲，它的存在是多余的，甚至是有害的。人们关注的转基因植物中具有抗生素或除草剂抗性的标记基因可能会对环境和人类健康带来的不良影响和损害，可能存在的问题：一是抗生素抗性基因会不会转移到微生物中，使病原菌获得抗性，从而导致目前临床使用的抗生素失效；二是标记基因会不会传播到野生亲缘种中，使杂草获得抗性，变成现有除草剂无法杀灭的“超级杂草”；三是具有抗生素或除草剂抗性的转基因植物的应用，会不会由于基因的漂移破坏生态平衡。出于安全性考虑，科学工作者尝试寻找新的标记基因用于植物细胞的遗传转化或培育，以获得无选择标记的转基因植物。对新的标记基因的要求：一是能够对转基因植物进行筛选和鉴定；二是必须对环境和生物都是安全的。近些年，糖类代谢酶基因的正筛选系统也得到了广泛运用。这类标记基因的编码产物是某种糖类的分解代谢酶，转化细胞能利用筛选剂糖类作为主要碳源，可在筛选培养基上生长扩繁；而非转化细胞则处于饥饿状态，生长被抑制，依此可以区分转化与非转化细胞。现已试用于植物转化的此类标记基因有木糖异构酶基因（*XylA*）和磷酸甘露糖异构酶基因（*Pmi*）、核糖醇操纵子（*rtl*）和谷氨酸-1-半醛转氨酶基因（*hemL*）、异戊烯基转移酶基因（*Ipt*）和吲哚-3-乙酰胺水解酶基因（*IaaH*）等。

在筛选获得转基因植物后，已不再需要抗性基因，而且抗性基因在转基因植物中长期存在可能引起生物安全性问题，很大程度上影响普通民众对转基因植物的接受度。目前已经有成熟的技术可以在得到转基因植物后将抗性基因从转基因植物中剔除，使得转基因技术的安全性获得了极大的提高。

（5）转基因植物的鉴定与外源基因表达的检测

转基因植物的分子检测主要包括PCR技术和分子杂交技术。PCR特异扩增目的基因片段是当今用于转基因植物鉴定的最简单和最常用的方法。外源基因在植物基因组上整合的最可靠的检测方法是Southern分子杂交。基因表达分为转录和翻译两个阶段，检测外源基因在转录水平上是否表达的主要方法为Northern分子杂交，也可以通过目前使用频率更高的实时定量PCR技术分析外源基因的表达；检测外源基因在翻译水平上是否表达，常用的方法为Western分子杂交。分子杂交技术的主要原理是依据外源目的基因的碱基序列，与含有标记的探针发生同源配对，杂交后能产生杂交信号的转化植株为转基因植株；未产生杂交信号的转化植株为非转基因植株或为转入基因失活、沉默的转基因植株。转基因技术的目的是想通过外源基因在转化植株体内表达，来提高植株在这个方面的表达程度。特别是关于那些增加植株抗逆性的研究中，为了测定基因是否转入或者转入后是否表达，可以给转基因植株一定的选择压力，如果产生抗逆性，表明为转基因植株。在转抗病基因的植物中，连续多年人工接种病菌，一直表现抗病性的植株可以确定为转基因植株。

大多数转基因植物的外源基因表达或者活性存在极大的差异，这是由于外源基因插入的位点效应引起的。另外，外源基因的表达会受到植物体自身的同源基因或先前转入外源基因中的同源序列的影响，而常表现为外源基因失活。外源基因导入植物细胞后，其表达与否和表达量的高低可通过三种方法进行检测。一是与标记基因和报告基因整合，通过检测两者的活性，即可知外源基因的表达水平；二是直接检测外源基因的转录水平和翻译产物的多少，这是目前最具说服力的检测方法；三是效果检测，如抗病毒基因工程中的抗毒试验和抗虫基因工程中的抗虫试验等，这是最直接的检测方法，是某一种植物基因工程成功与否的最后判断标准。

2. DNA重组技术在林木育种中的应用

林木基因工程始于20世纪80年代中期。1986年，Parson等首次证实杨树可以进行遗传转化，且外源基因能在树木细胞中表达。目前已有杨树、桤木、核桃、刺槐、麻栎、桉树、火炬松、花旗松、欧洲赤松、白云杉和欧洲云杉等10科22属近百种植物进行了遗传转化研究，获得目的基因的植物有杨树、松树、柳树、核桃、桉树和麻竹等，个别植物已进入商业化阶段。

（1）抗虫基因工程

虫害严重影响树木的生长和存活，甚至导致物种消失和造林失败。大面积人工林更是加剧了虫害的蔓延，造成了毁灭性的森林灾害。因此，培育抗虫的树木新品种对人工林建设有重要意义。自1987年比利时的Vacek等首次获得烟草*Bt*转基因植株以来，*Bt*基因已转入烟草、番茄、玉米、棉花、果树和林木等多种植物中，一些转*Bt*基因农作物已进入商业化阶段。美国威斯康星大学等单位将抗虫的*Bt*基因和蛋白酶抑制剂基因转入白云杉中，从而有效地防治了云杉卷叶蛾对白云杉的危害。McCown等利用电激法将抗虫*Bt*基因导入银白杨×大齿杨和欧洲黑杨×毛果杨杂种中，获得了抗虫转基因植株。我国是杨树抗虫基因工程研究较早的国家之一，目前获得的转基因杨树已相继进入大田试验和商品化生产阶段。如中国林业科学研究院与中国科学院合作将*Bt*基因导入欧洲黑杨、欧美杨和美洲黑杨中，获得了对舞毒蛾有毒杀作用的杨树转化再生植株，并进入商品化生产阶段。河北农业大学将*Bt*基因和慈姑蛋白酶抑制剂基因构建在一个植物表达载体上，通过根癌农杆菌介导转化法将此表达载体上的双基因转入白杨优良杂种741杨中，获得了对杨扇舟蛾、舞毒蛾和美国白蛾等鳞翅目害虫具有高抗性的植株。转基因植株的幼虫死亡率超过80%，存活幼虫生长发育受到明显抑制，植株生长发育未受影响。

虽然抗虫转基因植株的应用可以产生抗虫效果，但存在的潜在问题也是明显的。*Bt*毒蛋白仍存在杀虫谱带窄、毒力不够强的问题。除了对转基因植物的环境安全考虑外，害虫的耐受性也是一个不容忽视的问题。由于树木在生长过程中基因始终不变，而昆虫经过许多世代演化，一旦昆虫对这种转基因树木产生抗性，转基因植株将失去其自身的价值。因而挖掘新的抗虫基因，开发多价抗虫基因转化，具有重要的应用价值。

（2）抗病基因工程

抗病基因根据其作用对象可分为：抗病毒基因、抗真菌基因和抗细菌基因。在林业上，抗病毒基因工程研究起步较晚，目前使用的只有杨树花叶病毒外壳蛋白基因、洋李痘病毒外壳蛋白基因和黄瓜花叶病毒外壳蛋白基因等几种。英国牛津大学的Cooper研究小组克隆了杨树花叶病毒外壳蛋白基因，将其转入杨树中并获得成功。Scorza等将番木瓜环斑病毒外壳蛋白基因导入欧洲李中。Machado将洋李痘病毒外壳蛋白基因导入杏中，获得了抗洋李痘花叶病毒的转基因植株。

抗病毒基因工程的最成功的例子是转基因木瓜。1948年，人们在美国夏威夷发现了一种侵害木瓜的植物病毒，即番木瓜环斑病毒。随后几十年里，该病毒在世界多个木瓜产地均有发生，包括在中国南方多个省份广泛流行，严重时可导致木瓜减产八九成，成为木瓜产业发展的主要限制因素。1990年，首个转番木瓜环斑病毒外壳蛋白基因的木瓜品系诞生，1998年该品种在美国被批准商业化种植，直接挽救了美国的木瓜产业。此后中国自主研发了更加优良的木瓜转基因品种。中国的木瓜产地在华南地区，而华南地区有4个番木瓜环斑病毒毒株，其中“黄点花叶”株超过80%。华南农业大学的科研人员将这个毒株的复制酶基因转入木瓜体内，培育出了“华农1号”。该品种不仅高抗“黄点花叶”，对华南地区其他几个次要毒株也具有很好的抗性。目前国内市场上销售的木瓜基本上都是转基因品种。为什么“华农1号”的研究者选择转入番木瓜环斑病毒的复制酶基因，而不是跟别的抗病毒作物、甚至夏威夷的转基因木瓜一样，也转入病毒的外壳蛋白基因呢？一个原因是人们发现转外壳蛋白基因的木瓜对病毒的抗性还不够强；另一个原因是出于对环境安全潜在风险的考虑。蚜虫在含有病毒的木瓜树上吸食汁液时，外壳蛋白依附在蚜虫的刺针上。科学家们担心，如果转外壳蛋白基因的木瓜植株里恰好有另一种不具有蚜传性的病毒，那么后者的核酸会不会被番木瓜环斑病毒外壳蛋白基因包裹起来，从而变成一种可以被蚜虫传播的、更容易流行的“新”病毒呢？目前人们还没发现转外壳蛋白基因导致植物病毒的“张冠李戴”。这也说明科学家们对转基因作物的研发非常谨慎，他们会事先考虑各种可能的不良后果，并加以避免。

林木抗真菌和细菌基因的研究也有一定进展。目前克隆出的抗真菌病害的基因有几丁质酶基因（*Chi*）和角质酶基因（*Cut*），已构建了能在杨树细胞中表达的几丁质酶基因的表达系统。1999年，Bolar等将哈兹木酶几丁质酶*ThEn-42*基因导入苹果。2001年，Liang等将来自小麦的草酸氧化酶基因导入杨树，提高了转基因植株的抗真菌能力。我国已从兔子中成功克隆出防御素*NP-1*基因，构建了植物表达载体，通过农杆菌介导转化法将该基因导入毛白杨，检测发现转基因植株组织提取液对枯草杆菌、农杆菌和立枯病原菌等多种微生物的生长均有不同程度的抑制作用。1999年，方宏筠等开展了抗菌肽基因转化樱桃的研究，并获得了抗根瘤病的转基因植株。汤浩茹已成功地将哈兹木酶几丁质酶*ThEn-42*基因转入核桃。几丁质酶活性检测结果表明，转化的体细胞胚系的几丁质酶活性比对照高几十至几千倍，遗传转化的体细胞胚系已萌发成苗。黄艳等通过转几丁质酶基因和酯转移酶基因进入杨树，获得双价抗性基因，提高了对病原真菌的抗性。

（3）抗旱和抗盐碱基因工程

植物抗旱性和抗盐碱性机理上有相似之处，与渗透胁迫及其调节相关。植物抗渗透胁迫是受多基因控制的复合遗传性状，与许多生理生化过程有关。能否对抗渗透胁迫特征进行遗传改良，关键在于能否找到限速代谢步骤以及克隆到限速酶的基因。目前，已经从不同植物中克隆出谷氨酸合成脯氨酸代谢途径中的催化关键酶吡咯啉-5-羧酸合成酶基因（*P5CS*）和胆碱合成甜菜碱的最后一个催化酶基因，即甜菜碱醛脱氢酶基因（*Badh*）。除脯氨酸和甜菜碱外，其他渗透调节物如甘露醇和山梨醇的合成关键酶1-磷酸甘露醇脱氢酶基因（*mtlD*）和6-磷酸山梨醇脱氢酶基因（*gutD*）也相继从大肠杆菌中被克隆出来，并已分别将这两种酶基因转移到烟草上，使转基因烟草中甘露醇和山梨醇的含量明显增加，也同样增强了其抗盐碱性。

近些年的研究常常关注一些调节因子响应胁迫应答的机制。如*CBF*转录因子能够识别*COR*抗冻基因中的*CTR/DRE*元件并与之结合，从而开启系列抗逆蛋白表达。目前，已经分离出一系列*CBF*家族成员，如*CBF1*、*CBF2*、*CBF3*和*CBF4*。其中*CBF1*、*CBF2*和*CBF3*基因又分别被命名为*DREB1B*、*DREB1C*和*DREB1A*。将*CBF*转录因子转入植物中可以明显提高植物的抗旱、抗低温和抗盐碱等耐受逆境胁迫的能力。Kasuga等发现拟南芥在受到干旱、高盐和低温等逆境因素胁迫时，会激活与之相关的转录因子如*DREB*，启动相应抗性基因的转录，并能引起脯氨酸和蔗糖含量的提高，从而使植株多方面的抗逆性得到提高。

在林木抗旱性研究方面，王沛雅等以河北杨为材料，研究拟南芥的油菜素内酯生物合成酶*DAS5*基因对其生长表型、生物量和抗旱性的影响，结果表明：来自拟南芥的油菜素内酯生物合成酶*DAS5*基因可以显著增加河北杨的生长量，并在抵御干旱胁迫机制中发挥重要作用。王琪等以新疆野苹果组培苗为试材，采用实时荧光定量PCR（qRT-PCR）技术分析*MsDREBA6*在干旱胁迫下的时空表达特性，并结合转基因拟南芥植株分析了过表达*MsDREBA6*对根系发育的影响，结果表明：*MsDREBA6*可以通过调控一系列生长素和细胞分裂素相关基因的表达变化，改变根系中IAA/ZR平衡，从而促进侧根发育以提高植物的抗旱性。

在林木抗盐碱性研究方面，刘凤华等用PCR技术克隆了大肠杆菌1-磷酸甘露醇脱氢酶基因，并用土壤农杆菌介导转化法导入八里庄杨，获得了一批具较高抗盐碱性的转化植株。尹建道等对转抗盐碱基因（*mtlD*）八里庄杨进行了大田释放造林试验，经多点统计分析发现，转基因杨的田间耐盐极限为土壤含盐量的0.43%，可在中度盐碱地上正常生长。经大田试验林采样PCR技术检测，转化基因遗传性稳定。马丽利用PCR技术，从胡杨中克隆到Na^+/H^+逆向转运蛋白基因，并进行了转化群众杨的研究。杨传平等将与甜菜碱合成有关的*Bet-A*抗盐碱基因转入小黑杨中，利用Southern分子杂交证明*Bet-A*基因已整合进入小黑杨的基因组中，同时进行抗盐碱性筛选试验。张园等对前期获得的4个转*BpTCP7*基因白桦株系和非转基因对照株系进行不同浓度的$NaHCO_3$处理，结果表明：*BpTCP7*基因一定程度上提高了植物的抗盐碱性。

（4）抗冻基因工程

开展植物抗冻基因工程主要有两种途径：一是导入调控功能基因，包括抗冻蛋白、抗渗透胁迫的相关基因、脂肪酸去饱和代谢关键酶基因和抗氧化酶活性基因等；二是导入抗寒调控基因，包括*CBF*转录因子等。

抗冻蛋白是20世纪60年代从极地海鱼的血清中发现的一种具有阻止体液内冰核形成与生长、维持体液非冰冻状态的高效抗冻活性物质。与鱼类和昆虫抗冻蛋白相比，植物抗冻蛋白的研究较晚。直到1998年10月，Dawnorrall等发表了胡萝卜抗冻蛋白及其基因的研究论文，才标志着第一个植物抗冻蛋白基因的发现，并且将该抗冻蛋白基因连接在表达载体上转化烟草，获得了表达并且产生了抗冻蛋白，提高了转基因烟草植株的抗冻性。1999年，Michael等从桃树的树皮中提取到一种PCA60脱水蛋白，这是第一次发现具有脱水素蛋白特性的抗冻蛋白，其富含赖氨酸和甘氨酸，具有较强的修饰冰晶能力。冷驯化后脯氨酸含量增加，表明脯氨酸可能与植株抗冻性有关。脯氨酸是水合能力较强的氨基酸，其含量增加有助于细胞持水和生物大分子结构的稳定。2008年，Wang等通过农杆菌浸染法成功将准噶尔小胸鳖甲抗冻蛋白基因导入烟草中，并通过抗寒性试验证明转基因烟草的抗寒能力得到了加强。

在植物中导入糖代谢或脯氨酸代谢相关酶的基因，以增加植物中糖分和脯氨酸的含量，提高植物的抗旱性和抗盐碱性。如Deirdre等将豇豆中脯氨酸合成酶*P5*基因以农杆菌介导转化法转入落叶松中，结果表明：转基因植株的脯氨酸含量比未转基因的对照植株高30倍，且4℃低温下转基因植株的生长率大幅高于野生植株，抗冻性增强。

1997年Stockinger在研究拟南芥冷诱导基因时发现了一种转录活性因子，由于它能结合到*CRT/DRE*这种DNA调控基序上，故命名为*CBF1*。*CBF*转录因子基因的抗冷作用表现在其对下游抗冻蛋白基因的表达和调控上。近年来，已从毛白杨、沙冬青、平榛和巴西橡胶树等木本植物中成功分离和鉴定出与*CBF*相似的转录因子。如周洲等在木本植物毛白杨中克隆到*PtCBF*基因，研究证明*PtCBF*基因在植物体适应寒冷和干旱的过程中可能有着重要作用。

（5）材性改良

木质素是继纤维素之后组成木材的第二大组分，约占木材总量的25%。在制浆造纸中需花费大量费用去除木质素，而且还会造成环境严重污染。转基因技术可为降低木质素含量，改善木质素组成和提高纸浆得率提供一条途径。在一系列的酶催化下，由苯丙氨酸脱氨、加羟基和加氧甲基形成不同类型的木质醇类（木质素单体），再经多种形式的聚合作用形成木质素。杨树上涉及上述代谢途径酶的基因已相继克隆出来，并用于正义、反义RNA的基因工程研究中。在所研究的8种酶中，在转基因杨树上改变了木质素含量或组成的基因有咖啡酸/5-羟基阿魏酸-O-甲基转移酶、咖啡酰-CoA-O-甲基转移酶、香豆酸-CoA连接酶和肉桂酰乙醇脱氢酶。美国北卡罗来纳州立大学的Vincent Chiang教授在20世纪90年代，通过试验发现，表达反义*4CL*基因的转基因杨树木质素含量降低了40%~50%，纤维素含量提高15%以上，叶片增大，生长明显加快，为培育纸浆材树种奠定了基础。近年来，随着CRISPR/Cas9的发展，通过基因编辑技术，下调半纤维素和木质素合成酶基因，改良木材的材性将会是林木育种中的热点问题。

（6）控制开花、生根等

林木有较长的幼年期，然而许多性状只能在成年期才表现出来，在一定程度上限制了林木遗传育种工作的进展。因此，通过基因工程促进林木提早开花，缩短育种周期，这对加速林木遗传改良有积极作用。目前已从辐射松、黑云杉、欧洲云杉、苹果和杨树中分离和鉴定出同源开花基因。在转基因技术方面，Weigel等将来源于拟南芥的*LEY*开花基因导入杨树，转基因杨树开花时间比一般杨树早。在桉树中过量表达*FT*基因可以使1年生的桉树早早开花，并且得到正常杂交结果。由于转基因技术会通过花粉扩散到野生植物中，可能造成生态问题，这引起了人们的担心，而雄性不育基因工程有望解除这种担忧。开展雄性不育的基因工程可以采取以下两种途径：一是利用反义RNA抑制花粉发育所必需的基因表达，从而达到雄性不育；二是通过花药或花粉特异性表达启动子驱动细胞毒素基因在花药或花粉中表达，促使绒毡层细胞消融或花粉自融，实现雄性不育。具体做法是：分离在花药绒毡层细胞特异表达的启动子，把它与真菌或细菌的RNA酶基因（*RNaseT1*等）连接，或利用细胞毒素基因（*DTA*、*ToxA*和*Barnase*等）连接，构成融合基因，导入植物，由于绒毡层细胞表达RNA酶或毒素，会造成花粉败育。在了解了树木花芽分化过程中的基因表达后，可以利用反义RNA抑制该基因的表达，阻止花的形成。目前，杨树上已分离了多个花芽形成过程中的特异性表达基因（如*PTLF*、*PTAG*和*PTD*等），利用其启动子控制毒素基因，获得了花粉败育的杨树转基因系。

许多重要造林树种和优质果树栽培品系，由于生根困难和扦插不易成活而严重阻碍了无性繁殖材料大面积推广，这已成为生产中急需解决的问题。Charest等用发根农杆菌ATC39207对黑杨派的3个无性系进行了一系列转化试验，发现它对欧美杨无性系DN106非常敏感，诱导发根的频率很高，转化植株的根系比对照高出8.1倍，地上部分的生物量高出对照4.1倍。Tzfira等的研究表明，将*rolB*和*rolC*基因置于其自身的启动子调控下，转*rolB*和*rolC*基因的欧洲山杨生长速度较快，生根能力增强，茎干生长量指数大大提高。梁机等采用农杆菌介导转化法将*rolB*基因导入毛白杨，获得46株卡那霉素抗性植株，转基因植株硬枝插条生根能力显著高于非转化对照植株。

（7）抗环境污染基因工程

环境问题是人类所面临的最严峻的问题之一，而林木是维持陆地生态平衡和治理环境污染的主体。因此，林木抗环境污染基因工程已成为林木基因工程的重要研究方向。植物修复关于重金属转运、储存和解毒过程的调控机制包括：控制植物体内重金属由胞外运移至胞内的关键基因，主要有锌铁调控蛋白、黄色条纹样蛋白和天然抗性相关巨噬细胞蛋白，这些关键基因将作为载体参与重金属在植物体内的不同组织的转运；改变重金属在细胞内储存位置、提高植物耐受能力的关键基因，主要调控ATP结合转运器、阳离子扩散促进器和P1B型ATPases，通过增强植物对重金属的区隔化能力来实现储存功能；降低重金属对植物毒害作用的关键基因，主要调控植物体内植物络合素、金属硫蛋白的大量合成，并络合重金属形成螯合物。

1998年，Clayton等将来源于细菌的*merA18*解毒基因经改造后转入黄杨，转基因植株在含有正常毒性水平的汞离子培养基中能萌发，生长良好，且释放汞离子的量是非转基因对照植株的10倍。日本纸业公司克隆了降解SO_2的基因，并将其导入到日本山杨中，所获得的转基因植株耐SO_2的能力明显提高。Pilon等将老鼠的*se-cys*裂解酶基因导入拟南芥中，转基因拟南芥地上部分的硒含量是野生型的1.5倍。近年来，在植物中鉴定了一系列抗铝基因，如有机酸通道蛋白基因（*ALMT1*和*MATE*），ABC通道蛋白基因（*STAR1*和*STAR2*）和转录因子基因（*STOP1*和*ART1*）。通过基因工程手段在植物中表达有机酸通道蛋白基因、有机酸代谢酶基因和其他铝胁迫响应基因均获得了很大的进展。

目前，植物细胞遗传转化都要使用选择标记基因，这一基因运用得较为广泛，主要包括除草剂抗性和编码抗生素的基因。但是当转化完成后，选择标记基因将会失去其使用价值。标记基因的安全性问题主要表现为：标记基因是否会传播到野生亲缘品种中，导致杂草获得此抗性后变成现有的除草剂杀灭不了的“超级杂草”；标记基因对人类机体能否产生毒物、抗营养的因子和潜在过敏原性；现有生态环境的平衡是否被破坏；抗生素的抗性基因转移到微生物中，使病原菌获此抗性，导致临床运用的抗生素无效。因此，培育无选择标记基因的转基因植物是提高其安全性的有效手段之一，其中的有效策略是采取一系列措施在转化植株筛选完成后将选择标记基因去除。构建能去除选择标记基因的方法目前有共转化系统法、转座子系统法、位点特异性重组系统法、重组酶系统法、外源基因清除技术和叶绿体转化技术等。其中，共转化系统法运用最早，方法较为成熟，操作简单，运用较为广泛；位点特异性重组系统法因其定点删除、重组频率高等特点展现出广阔的运用前景；外源基因清除技术仍在不断完善和改进当中。应根据不同植物的特性和各方法的优缺点综合考虑选择何种方法。

有关转基因技术的争论一直没有停止，国际社会也没有统一定论。但是，建立环境友好且可持续发展的新一代植物基因工程，降低安全风险，保护生态多样性是科研工作者们今后不断奋斗的目标。

三、基因编辑技术

自1983年，人类成功创造世界上首例转基因植物（烟草）以来，转基因技术在作物育种进程中发挥了巨大的推动作用，也在全球范围内获得了广泛应用。据美国农业部每年统计数据，近年来美国国内种植的全部玉米与大豆中，转基因品种所占面积稳定在95%左右。然而，基于DNA重组技术的基因工程育种并不完美，如转基因技术必须要在受体植物基因组中插入一段外源DNA序列，而且由于外源DNA序列的插入位点是随机的，因此无法精确预测转基因植株表型，仍然需要大量筛选转基因株系以保证外源基因的适当表达，还要通过多代才能筛选获得可以稳定遗传的纯合系等。基因编辑技术是通过精确识别靶细胞DNA片段中靶点的核苷酸序列，利用核酸内切酶对DNA靶点序列进行切割，从而完成对靶细胞DNA目的基因片段的精确编辑。此过程既模拟了基因的自然突变，又修改并编辑了原有的基因组，实现了基因组定点编辑。开发可以精确定点编辑基因组序列的遗传工具是新一代基因工程育种的迫切需要，朝着这一理想，科学家通过不懈努力，相继开发出了ZFN（zine-finger nuclease）、TALEN（transcription activator-like effector nuclease）和CRISPR/Cas（clustered regularly interspaced short palindromic repeats）等位点特异性基因组编辑工具。这些工具的不断完善与实践应用，再一次拓展了植物育种研究领域的边界，并正在引发一场新的育种革命。

1. 基因编辑技术的发展

要想在体内成功实现基因组定点编辑，至少需要两个步骤：一是靶位点定位，即在包含数亿碱基的基因组中准确找到想要编辑的基因位点；二是碱基编辑，即对靶位点进行遗传操作以实现序列修改或修饰。其中前者相对更为重要，因为定位模块的可扩展性通常决定了该工具的应用范围，而且为了保证基因编辑的准确性，降低或避免脱靶率，靶位点定位的精度至关重要。

对于碱基编辑模块，常用的限制性内切酶是最早被关注的可以用来剪切DNA的工具，其可以引发DNA双链的断裂，在体内双链断裂DNA进行非同源末端修复时会随机引入插入缺失突变，从而引发编辑后序列出现移码突变，从而实现该基因功能性敲除。但核酸内切酶作为基因编辑工具，必须满足两个条件：一是非限制性内切酶活性，不依赖具有回文结构的酶切位点；二是在靶位点外没有活性，保证不随机切割其他序列。最初通过遗传操作改造现有的Ⅱ型核酸内切酶以实现上述功能的尝试均未成功，随后研究人员将目光聚焦到ⅡS型限制性内切酶*Fok* Ⅰ上，其识别位点为非回文序列GGATC，且其酶切位点在识别序列下游，不与识别位点重合，可能存在独立的DNA内切活性结构域。最终，*Fok* Ⅰ羧基端具有DNA内切活性的96个氨基酸残基被鉴定，其不依赖特异性酶切位点，而且需要形成同源二聚体才具有内切活性，但是同源二聚体在体内仍会偶然自发形成，引起脱靶。因此，后期又开发了在异源二聚体形式下才具有功能的*Fok* Ⅰ，升级后的*Fok* Ⅰ同时满足了上述两个条件，为基因编辑工具的开发提供了可能。

2. 基因编辑技术在林木育种中的应用

与基于DNA重组技术的转基因技术相比，基因编辑技术应用空间更广，也颠覆了人们对传统转基因作物的认识。与转基因技术必须在作物基因组内保留外源DNA不同，CRISPR/Cas本身可以瞬时表达或外源直接递送，在基因编辑完成后不需要继续保留该工具，因此可以产生无任何外源遗传物质保留的遗传修饰作物，其化学本质与自然突变或物理化学诱变相同。因此，美国农业部将基因编辑作物等同于诱变育种作物对待，免于GMO监管。这无疑会为基因编辑作物的研发注入更多动力，也大大提高了其安全审批与推广效率。

如上所述，CRISPR/Cas不需要长期发挥作用，因此不需要稳定整合到基因组DNA中，这也使基因编辑作物的创造比转基因作物更容易实现。传统转基因技术通常依赖组织培养并通过再生途径获得转基因植株，而组织再生技术在多数作物中的应用仍然很困难，具备高效再生体系的林木物种更是少数，这也是转基因技术在林木育种中应用面临的最大技术障碍。但CRISPR/Cas除了利用农杆菌与基因枪介导的组织培养并通过再生途径获得遗传修饰植株外，也可以通过近年来新发展的纳米材料载体、病毒载体以及农杆菌与基因枪等对成熟种子、顶芽分生组织和花粉等进行瞬时转化，使许多再生困难植物的基因编辑技术育种成为可能。与传统杂交技术、诱变技术和转基因技术相比，基因编辑技术可以同时编辑多套染色体全部等位基因位点，因此不需要经过多代基因分离与筛选过程，在第一代便可获得稳定遗传的纯合系，且育种周期缩短一半以上。

基因编辑技术在植物育种中表现出巨大的应用前景，美国研究人员借鉴番茄驯化过程的遗传调控机制，结合现代成熟的基因组测序技术，通过筛选番茄选择性驯化基因的同源基因，利用基因编辑技术定点编辑，在短短几年便在未经过任何驯化的孤儿作物菇娘果中，重现了番茄几百年的驯化历程，迅速实现了菇娘果从株形、开花部位、果实大小和果实产量等性状的改良驯化。

在植物基因组功能研究和遗传改良应用方面，CRISPR/Cas9已在拟南芥、烟草、大豆、番茄、马铃薯、水稻、小麦、高粱、玉米和矮牵牛等植物中广泛应用，但木本植物中仅在毛白杨、苹果、甜橙和葡萄上有所涉及。2015年，美国佐治亚大学的研究人员首次利用CRISPR/Cas9，在毛白杨中实现了木质素合成相关关键酶基因的定点编辑。同年7月，有中国学者通过CRISPR/Cas9实现了毛白杨的基因组编辑和靶基因突变。2016年，刘婷婷等利用CRISPR/Cas9实现了对杨树八氢番茄红素脱氢酶基因的定点敲除，突变率最高达到86.4%，且证明该系统可快速高效地敲除2个以上的目标基因，从而获得多基因突变植株。目前多个树种基因组信息的测序完成，为选择CRISPR/Cas9靶标奠定了基础。对于一些速生经济林树种如桉树、杨树和松树等，由于其生长周期较长，用常规方法进行新种质培育效率低，通过CRISPR/Cas9实现基因组的定点编辑，以筛选有益的突变性状，进行遗传改良，可为培育优良的林木新种质提供途径。与作物相比，目前基因编辑技术在林木中的应用仍十分有限，其中重要原因在于林木中尚缺乏确切的优良靶标，相关技术体系也尚未建立，林木重要性状遗传调控机制的解析将成为林木基因编辑技术育种发展的基础。随着多组学技术的飞速发展，越来越多的林木性状决定基因功能被解析，可以预见，基因编辑技术必将极大促进林木育种周期的缩短。

项目实施

训练任务一　AFLP 标记

【任务背景】

AFLP标记是基于PCR扩增基因组DNA限制性片段的一种技术。不同物种的基因组DNA碱基序列及大小不同。基因组DNA先用限制性内切酶酶切后，产生相对分子质量大小不同的限制性片段。将酶切片段与有共同黏性末端的人工接头连接，连接后的黏性末端序列和接头序列作为PCR反应引物的结合位点，通过PCR反应对酶切片段进行预扩增和选择性扩增。由于限制性片段太多，全部扩增则产物难以在胶上分开，为此在引物的3′端加入1~3个选择性碱基，用含有选择性碱基的引物对模板DNA进行扩增，选择性碱基的种类、数目和顺序决定了扩增片段的特殊性，只有那些限制性位点侧翼的核苷酸与引物的选择性碱基相匹配的限制性片段才可被扩增，从而达到对限制性片段进行选择扩增的目的。最后通过聚丙烯酰胺凝胶电泳，将这些特异性的扩增产物分离开来，根据凝胶上DNA指纹来检验多态性。AFLP标记实质上是RFLP标记和RAPD标记的结合和发展，样品适用性广，只需要极少量的DNA材料，不需要Southern分子杂交，不需要预先知道DNA的序列信息，具有可靠性好、重复性强和可信度高等优点，近年来广泛应用于遗传育种研究。

假设你是一名林业技术人员，你所在的工作小组接到了一项任务：利用AFLP标记分析种质资源遗传多样性。你的部门领导要求你们在工作过程中制订工作计划和方案，并按计划实施方案，认真记录工作过程，并提交任务报告，最后他将对你所在工作小组的每一位成员进行考核。

【任务思考】

①AFLP标记的原理。

②AFLP标记的一般步骤。

③设计AFLP标记接头和引物应考虑哪些因素?

④选择内切酶、确定酶切时间、进行聚丙烯酰胺凝胶电泳各有哪些注意事项?

【实验器材】

1. 材料

林木种质资源幼嫩组织DNA。

2. 仪器

离心管、研钵、电泳仪、离心机、移液枪、制冰机、EP管、凝胶成像仪、紫外分光光度计、水浴锅、PCR仪等。

3. 试剂

CTAB提取缓冲液、PVP（聚乙烯吡咯烷酮）、酚：氯仿：异戊醇（25：24：1）、异丙醇、乙醇、β-巯基乙醇、TAE缓冲液、溴化乙锭溶液、溴酚蓝溶液、琼脂糖、聚丙烯酰胺、TBE缓冲液、过硫酸铵（APS）、TEMED试剂、Taq DNA聚合酶、10×PCR缓冲液、dNTP、*Eco*R I内切酶、*Mse* I内切酶、10×酶切缓冲液、*Eco*R I接头、*Mse* I接头、*Eco*R I引物、*Mse* I引物、T_4-DNA连接酶、Marker、超纯水、冰醋酸、硝酸银、显影液、TE缓冲液等。

【实验方法】

1. 药品配制

①CTAB提取缓冲液。2% CTAB，1.4mol/L NaCl，20mmol/L EDTA，100mmol/L Tris-HCl，pH8.0。

②TAE缓冲液。242g Tris-HCl，57.lmL醋酸，37.2g Na_2-EDTA·$2H_2O$，加水至1L，室温下保存。用时稀释50倍。TAE缓冲液可以反复使用，但也不能使用次数过多，否则缓冲能力会下降。

③溴化乙锭溶液。用蒸馏水配制，于4℃保存，使用时稀释成0.5~1μg/mL。溴化乙锭溶液是一种诱变剂，也是致癌剂。用完后应先用漂白粉处理，再倒入废液桶。

④琼脂糖（0.5%~1%）。0.5%~1%琼脂糖，用TAE缓冲液配制。

⑤0.5×TBE缓冲液。0.045mol/L Tris-硼酸，0.001mol/L EDTA，采用无菌水溶解混匀，溶液体积为1L。

⑥10×TBE缓冲液。称取Tris 108g，Na_2EDTA·$2H_2O$ 7.44g，硼酸55g，置于烧杯中，加入约800mL去离子水，充分搅拌溶解，加去离子水定容至1L。

⑦TE缓冲液。称取121.1g Tris，加入约800mL去离子水，充分搅拌溶解，再加入约42mL浓盐酸，最后将溶液定容至1L（pH=8.0）。高温高压灭菌后，室温保存。

2. 基因组DNA提取（CTAB法）

①植物组织的破碎。取0.1g新鲜叶片，加少量PVP，在液氮中研磨至粉末状，转入2mL离心管。

②细胞的破碎。迅速加入800μL预热（65℃）的CTAB提取缓冲液和16μL的β-巯基乙醇，涡旋振荡1min后，在65℃条件下保温30min以上，保温期间振荡离心管1次。

③核酸的分离。于通风橱中加入800μL的酚：氯仿：异戊醇（25：24：1），抽提，摇匀之后置于冷冻离心机中以12000r/min离心10min，然后吸取600μL上清液转移至新的2mL离

心管中，并加入600μL的氯仿：异戊醇（24：1），12000r/min离心10min，吸取360μL上清液于新离心管中，去除混合在提取缓冲液中的蛋白质和多糖，使DNA从混合液中分离出来。

④核酸的纯化。加入等体积的异丙醇于上清液中，轻柔摇动离心管直至管内产生白色的絮状物（DNA），用70%乙醇清洗沉淀，经室温干燥后溶于200μL的TE缓冲液中。

3. 接头和引物设计

AFLP标记的接头（adapter）一般长度为14~18个碱基对，由一个核心序列和一个酶专化序列组成。常用的接头为*Eco*R Ⅰ和*Mse* Ⅰ接头，接头和与接头相邻的酶切片段的碱基序列是引物的结合位点。

AFLP标记引物的设计主要由接头的设计决定，一般长度为16~20个碱基对，包括三部分：5′端的与人工接头序列互补的核心序列、限制性内切酶特定序列和3′端的带有选择性碱基的黏性末端。

AFLP标记的接头和引物都是人工合成的双链核苷酸序列，可采用Primer Premier5.0软件进行设计。以风信子AFLP标记的限制性内切酶接头*Eco*R Ⅰ接头、*Mse* Ⅰ接头、*Eco*R Ⅰ引物和*Mse* Ⅰ引物为例，见表10-2。

表10-2 AFLP标记的限制性内切酶接头与引物序列

引物名称	编码	引物序列（5′→3′）
*Eco*R Ⅰ接头	Ej1	CTCGTAGCTGCGTACC
	Ej2	CATCTGACGCATGGTTAA
Mse Ⅰ接头	Mj1	GACGATGAGTCCTGAG
	Mj2	TACTCAGGACTCAT
*Eco*R Ⅰ引物	E1	GACTGCGTACCAATTC
Mse Ⅰ引物	M1	GATGAGTCCTGAGTAA

4. 基因组DNA酶切和接头连接

双酶切产生的DNA片段长度一般小于500bp，在AFLP标记中可被优先扩增，扩增产物可被很好地分离，因此一般多采用稀有切点限制性内切酶和多切点限制性内切酶搭配使用的双酶切。目前常用的两种酶是4个识别位点的*Mse* Ⅰ和6个识别位点的*Eco*R Ⅰ。由这2种酶切产生3种基因组片段，即*Mse* Ⅰ-*Mse* Ⅰ片段、*Eco*R Ⅰ-*Eco*R 1片段和*Mse* Ⅰ-*Eco*R Ⅰ片段，其中*Mse* Ⅰ-*Eco*R Ⅰ为主要的酶切产物。

酶切与连接反应同步进行。将96孔PCR板置于冰上，依次加入所列成分，见表10-3。加入超纯水至20μL，轻轻摇匀，离心去除气泡。反应条件为37℃保温5h，8℃保温4h，4℃过夜。

表10-3　酶切与连接反应体系

组分	模板DNA	*Mse* I/*EcoR* I内切酶	*Mse* I/*EcoR* I接头	10×酶切缓冲液	T_4-DNA连接酶
用量	100ng	各2U	各50pmol	2μL	6U

5. DNA样品的预扩增

DNA样品的预扩增是为了充分利用连接产物，同时获得较多扩增产物，为进一步筛选扩增引物提供保障。预扩增引物在设计时选择性碱基通常为1个。

将96孔PCR板置于冰上，依次加入所列成分，见表10-4。加入超纯水至50μL，轻轻摇匀，离心去除气泡。PCR扩增程序如图10-4所示。

表10-4　DNA样品预扩增反应体系

组分	连接后产物	预扩增产物	dNTP	10×PCR缓冲液	Taq DNA聚合酶
用量	5μL	各10ng	10nmol	5μL	2.5U

94℃预变性	2~5min	
94℃变性	30s	35个循环
56℃复性	60s	
72℃延伸	60s	
72℃	7min	
4℃	∞	

图10-4　PCR扩增程序（预扩增）

琼脂糖凝胶电泳检测。取20μL预扩增产物和5μL上样缓冲液混合后，在0.8%琼脂糖凝胶中检测预扩增效果。琼脂糖凝胶电泳检测步骤如下：

①制胶。0.8%琼脂糖溶于TAE缓冲液中，沸水浴融化，与此同时，封槽，调平电泳槽。

②灌胶。待冷却至50~60℃时，缓缓倒入胶板，插上梳子。胶凝后拔去梳子，揭下胶条，加入TAE缓冲液至槽内，约高出胶板1mm。

③加样。样品10~15μL，指示剂3~5μL，在封口膜上混合，用微量进样器加入穴内。

④电泳。接通电泳槽与电泳仪的导线，一般红色为正极，黑色为负极。调电压至100V，在指示剂距胶板底部1~2cm时停止电泳。

⑤染色。将胶板放入含溴化乙锭溶液的染色盘中，染色20~30min。

⑥观察。电泳结束后取出胶膜，在紫外灯下观察，使用凝胶成像系统拍照。

6. DNA样品的选择性扩增

用0.1×TE缓冲液稀释（稀释倍数视预扩增结果而定）预扩增产物，−20℃保存。

将96孔PCR板置于冰上，依次加入所列成分，见表10-5。加入超纯水至20μL，轻轻摇匀，离心去除气泡。PCR扩增程序如图10-5所示。

表10-5　DNA样品选择性扩增反应体系

组分	稀释后的预扩增产物	*Mse* I/*Eco*R I引物	dNTP	10×PCR缓冲液	Taq DNA聚合酶
用量	5μL	各25ng	4nmol	5μL	1U

94℃预变性　2min

94℃变性　30s
65℃复性　30s
72℃延伸　60s
（以上3步）12个循环，退火温度每循环一次降低0.7℃

94℃变性　30s
56℃复性　30s
72℃延伸　60s
（以上3步）23个循环

4℃　∞

图10-5　PCR扩增程序（选择性扩增）

变性聚丙烯酰胺凝胶电泳检测扩增结果。取1μL稀释10倍的PCR产物加入9μL的上样液进行电泳检测。首先将电泳玻璃板洗涤干净、晾干，用浸有无水乙醇的纱布将玻璃板擦干净，晾干后将处理好的两块玻璃板对齐扣在一起，装到橡胶套中。然后用1%的琼脂糖胶封口，凝固20~30min后将两对封好的玻璃板装在电泳槽上。再将配制好的50mL聚丙烯酰胺凝胶溶液（20%聚丙烯酰胺20mL，10×TBE缓冲液5mL，蒸馏水25mL，10% APS 500μL，TEMED试剂50μL）沿凹板上部将胶缓慢灌入两块玻璃板之间，此过程中避免出现气泡，插入梳子后凝固40~60min。最后在电泳槽的两边和中间均加入0.5×TBE缓冲液（中间要没过短玻璃板），拔掉梳子，每个点样孔加入8μL PCR扩增产物。160V电泳1.5h。用0.5%冰醋酸将核酸固定在凝胶上，加入0.5%硝酸银，使银离子与核酸牢固结合，加入显影液将银离子还原发生显色反应。

【结果展示】

①琼脂糖凝胶电泳检测结果。

②变性聚丙烯酰胺凝胶电泳检测结果。

训练任务二　利用SSR标记鉴定杂交种子纯度

【任务背景】

种子纯度鉴定是种子质量保证的关键环节。传统的种子鉴定方法主要有种子形态鉴定法、幼苗鉴定法和田间小区种植鉴定法等，这些方法不仅费时费力，占用土地，而且容易受到环境因素的干扰，使得鉴定结果准确性不高。SSR标记又叫序列标签微卫星、简单重复序列多态性，是近年来发展起来的一种DNA分子标记，SSR标记通常是指以1~5个核苷酸为单位多次串联重复的DNA序列。同一类SSR标记可分布在基因组的不同位置上，长度一般在100bp以下。SSR标记中重复单位的数目存在高度变异，这些变异表现为微卫星数目的整倍数变异或重复单位序列中的序列不完全相同，造成多个位点的多态性，揭示这些变异就能发现不同的SSR标记在不同的种甚至不同个体间的多态性。由此可以根据SSR标记两端的互补序列设计引物，通过PCR扩增微卫星片段。由于核心序列串联重复数目不同，因而能够用PCR扩增出不同长度的产物，将扩增产物进行聚丙烯酰胺凝胶电泳检测，比较扩增带的带型，就可检测不同个体在某个SSR标记位点上的多态性。SSR标记对DNA质量要求低，能很好地区分杂交种和亲本条带的差异，因此广泛运用于杂交种子纯度的鉴定。

假设你是一名林业技术人员，你所在的工作小组接到了一项任务：利用SSR标记鉴定杂交种子纯度。你的部门领导要求你们在工作过程中制订工作计划和方案，并按计划实施方案，认真记录工作过程，并提交任务报告，最后他将对你所在工作小组的每一位成员进行考核。

【任务思考】

①SSR标记的原理。

②SSR标记的一般步骤。

③用SSR标记鉴定种子纯度相对于RAPD标记检测效率如何?有哪些优点?

④影响SSR标记鉴定种子纯度的因素有哪些?

【实验器材】

1. 材料

双亲和杂交种子。

2. 仪器

PCR仪、电泳仪、离心机、EP管、移液枪、恒温培养箱等。

3. 试剂

Taq DNA聚合酶、10×PCR缓冲液、聚丙烯酰胺、dNTP、$MgCl_2$、引物、超纯水、0.5%冰醋酸、0.5%硝酸银、显影液等。

【实验方法】

1. 基因组DNA提取

将双亲和杂交种子分别用无菌水浸泡15min后，置于湿润的滤纸上，在25℃培养箱中催芽2~3天。然后将发芽的种子播种于培养皿中，放在光照培养箱培养1周后，参照训练任务一AFLP标记的方法与步骤提取基因组DNA。

2. 多态性引物筛选

从选择的引物中，利用双亲对所有引物进行特异谱带筛选，筛选出在双亲中表现出差异条带的多态性引物。

将96孔PCR板置于冰上，依次加入所列成分，见表10-6。加入超纯水至20μL，轻轻摇匀，离心去除气泡。PCR扩增程序如图10-6所示。

表10-6 多态性引物筛选反应体系

组分	双亲模板DNA	$MgCl_2$	引物	dNTP	10×PCR缓冲液	Taq DNA聚合酶
用量	20~60ng	15~40nmol	2~8nmol	1~5nmol	5μL	1~5U

94℃预变性	2min	
94℃变性	50s	35个循环
50~56℃复性	30s	
72℃延伸	90s	
72℃	7min	
4℃	∞	

图10-6 PCR扩增程序（多态性引物筛选）

在8%变性聚丙烯酰胺凝胶电泳上进行检测，对凝胶进行银染，选出谱带清晰、特异性高的共显性引物。

3. 双亲和杂交种子SSR标记检测和纯度分析

利用筛选出的引物对杂交种子的纯度进行鉴定。具体操作按照上述步骤2进行，同时对双亲和杂交种子进行多态性检测。

遗传连锁图谱一般可分为：双亲互补型，引物在双亲的多态性同时出现在子代，呈互补形式，该种子为真杂交种子；偏父型，引物在父本的多态性传递到子代，而母本的多态性没有出现在子代；其他型，引物在子代表现出与双亲不一样的扩增条带，出现新的带型。在种子纯度的实际鉴定工作中，最佳的多态性是双亲互补型，可直观地区分双亲和杂交种子。种子纯度的计算公式如下：

$$种子纯度=真杂交种子数/鉴定种子总数\times 100\% \quad (10-1)$$

【结果展示】

①双亲和杂交种子遗传连锁图谱。

②种子纯度。

考核评价

1. 考评结构

态度纪律20分；工作过程60分；任务结果20分。

2. 考评标准

①态度纪律。积极主动、速度快、质量好且有创新等优秀表现得20分；有迟到、早退、开小差等违纪现象得10分；缺席得0分。

②工作过程。搜集资料、设计方案、观察、测定、计算和总结等环节完整、操作规范、结论正确、表述流畅得60分；环节完整、操作较规范、结论正确、表述流畅得50分；环节完整、操作欠规范、结论不正确、表述较流畅得40分；环节不完整、操作不规范、结论不正确、表述不流畅得30分。

③任务结果。数据详实、报告完整得20分；数据详实、报告较完整得16分；数据存疑、报告不及时得12分。

3. 评价表

任务名称：　　　　　　　　　　　　　　　　填写时间：

姓名	态度纪律（20分）	资料搜集（10分）	制订方案（10分）	操作过程（30分）	表述答辩（10分）	任务结果（20分）	总分（100分）

自我总结

完成任务后，进行自我分析与总结。

思考题

①DNA分子标记的种类有哪些？各有何优缺点？

②分子标记如何在林木遗传育种中应用？如何利用分子标记进行辅助育种？

③林木遗传连锁图谱的构建已取得哪些进展？

④林木基因工程主要有哪些步骤？

⑤目前林木基因工程已取得哪些进展？

⑥简述基因编辑技术在林木育种中的意义。

项目十一

高世代育种

项目介绍

1. 项目相关背景

现代林木育种不仅要进行一代改良，而且还要实施长期的多个世代的育种工作。如何根据育种目标、树种特性、资源状况和育种进展等，综合地、巧妙地设计育种方案，使林木育种工作既能有效地为当前生产提供经过不同程度改良的种苗，又能不断满足林木长远遗传改良的需要，这是育种工作者必须回答的问题。育种策略是依据特定树种的育种目标、生物学和林学特性、遗传变异特点、资源状况、已取得的育种进展，并考虑当前的社会和经济条件、可能投入的人力、物力和财力，对该树种遗传改良做出的长期、总体安排。

2. 项目任务描述

训练任务　调查不同树种的育种方法

学习目标

1. 能力目标

①完成文献资料的查询和搜集工作。

②与他人分工协作，并进行有效的沟通。

③设计调查不同树种的育种方法的方案，并做出相应计划。

④完成调查不同树种的育种方法工作，说明注意事项。

⑤通过文字、口述或实物展示学习成果。

2. 知识目标

①简述育种策略的基本内容。

②简述制定育种策略应遵循的原则。

③阐述提高遗传增益的方法。

④阐述在高世代育种中强调防止自交和近交的原因。

背景知识

一、制定策略的原则和内容

1. 制定策略的原则

制定策略应遵循下列原则：育种策略的目标是在短期内取得最大的遗传增益，又能持续开展长期改良；既能满足当前生产的需要，又能符合长远遗传改良的要求；规定的育种途径和方法既要符合树种和性状的生物学和遗传学特点，又要考虑该树种遗传改良的社会和经济条件；育种策略要合理地运用育种的各个环节，并做好各个环节间的衔接和配合；育种策略要能适应环境和社会需求的改变，具备灵活应变和适应的能力，要保持种内遗传多样性；在达到预定目标的前提下，各项试验设计，应就简不就繁，以达到最小投入，最大产出的目的；一个完善的育种策略，既要有长期的改良目标，采取的育种途径、方法，并要划分达到预定目标的各个阶段的目标，采取的措施，同时要考虑在各个阶段可能取得的成果，以及在技术和生产中可能做出的贡献和各阶段的衔接。

2. 制定策略的内容

育种策略是改良树种的长期选育计划，制定育种策略时要了解多方面的内容，尽可能搜集、整理已有的资料，并在掌握已有数据的基础上，安排好今后的工作。

（1）树种特性

分布区的气候、土壤条件；木材的用途；造林和更新状况；育林措施、轮伐期、年生长量；繁殖特性；地理变异、种源试验、遗传参数估算等方面研究。

（2）育种目标

如为建筑用材，主要考虑树木生长量、树干利用率、树干通直度和树干饱满状况；如为纸浆材，主要考虑生物量、木材密度、纤维或管胞长度；如为生态环境保护树种，主要考虑生态特性、适应程度以及是否具有经济利用潜力。此外，改良树种受病虫害状况也是确定育种目标时要考虑的重要内容。

（3）育种资源

这是生产优良繁殖材料的物质基础。在开展选育工作前，如果没有做过资源的调查和搜集工作，或现有的资源数量有限，应大力调查和搜集资源，以防在多个世代改良中因资源不足而影响或中止工作。通过子代测定和无性系测定，研究目标性状的遗传表现、遗传方式和与良种繁殖有关的特性，并通过选择和交配，不断提高所需基因的频率，并防止群体内近亲系数提高过快，做好育种资源的组织和管理。

（4）种内遗传变异

在同一个树种内，存在不同层次的遗传变异，要重视种内的所有遗传变异，研究各性状的遗传变异分量在各个层次中所占比例。据多数树种的研究表明，适应性和生长性状的差异首先表现在不同种源间；木材密度和管胞长度等性状在个体间的变异往往大于种源间变异。因此，对不同树种和不同性状应采取不同的对策。一个完善的育种策略，要反映出种内存在的变异，并尽量利用这种差异。据此，要确定各个性状的改良应先从哪个层次着手，或重点应放在哪个层次。对已进行过地理变异研究的树种，如果地理变异幅度大，应根据自然生态条件划分种源区，并按种源区来规划良种的选育和生产，并可根据遗传变异、生态条件和经营强度进一步划分育种区，育种区是最小的育种地域单位。同一个树种在各种源区的育种目标可能有所不同，应根据各个种源区的特点，进行适当的调整，采取相应的育种途径、步骤和措施。对种内地理变异尚不十分清楚的树种，育种生产和推广应以当地或以生态条件相似地区的繁殖材料来组织经营。除非已经通过试验证实种源间交配能得到稳定的理想效果，否则不能贸然从事种源间杂种的生产和推广。

（5）繁殖方式

改良树种是用种子繁殖，还是无性繁殖，或两种繁殖方式兼用，以及繁殖技术的成熟程度等，均与育种方法和策略的制定有密切关系。迄今，多数针叶树种主要靠种子繁殖造林，而繁殖优良种子的主要方式是种子园。当前无性繁殖的主要方式仍然是扦插，但对组培技术比较成熟的少数树种，也可采用组培生产苗木。一个树种如既能种子繁殖，又能无性繁殖，扦插又较成熟，则育种和良种繁育的途径可多种多样，育种环节的配合也比较灵活。特别当这类树种种间杂交可配性高，杂种优势明显时，更能显示出育种各个环节配合的优越性，有望在较短的时间内取得较大的改良效果。多数树种属加性遗传，所以生产中多以加性遗传为主开展良种选育。然而非加性遗传有时也很重要，在落叶松、松树和杨柳等针阔叶树种中，通过种间杂交创造新的变异也是重要的途径。

（6）选择强度与遗传增益

遗传增益是选择强度和遗传力的函数，选择强度越大，遗传增益越大。在选择前，选择差和选择强度未知，但入选率可以确定，可以通过选择强度与入选率函数的关系来确定选择强度。选择强度要根据对遗传增益大小的要求、资源状况、群体大小和改良世代的多少等多种因素来确定。遗传增益的大小取决于供选群体的大小。从选择理论考虑，随着待选择群体的增大，遗传增益迅速增加，但群体大到一定程度时，增长的速度减慢，从500株或从1000株中选择1株的遗传增益可能有差别，但不十分明显。

（7）一般配合力与特殊配合力

是利用亲本的一般配合力，或是特殊配合力，还是两者兼用，这是制定育种策略时主要考虑的问题之一。这与树种的繁殖方式、性状的遗传特点和经费投入等密切相关。虽然特殊配合力的利用在农作物中已比较普遍，但在林木中，特别是针叶树种育种中，主要利用一般配合力进行轮回选择。

（8）育种群体

在高世代育种中，主要的问题是防止近交，控制共祖率发展过快。现在普遍采用的方法是把参与育种过程的繁殖材料划分成不同的群体，如基本群体、选择群体、育种群体和生产群体，并在育种群体内进一步划分为亚系。同时，在育种群体中选用个体间不同的交配设计，也是控制共祖率发展过快的措施。

（9）育种周期

应考虑所采用育种方法从投入到产出的时间，如育种周期的长短、遗传增益的大小和单位时间内获得遗传增益的多少，时间是评价育种策略成效的指标之一。同时，要考虑采用促进开花结实和缩短育种世代的措施，以及早期测定的可能性和可靠性等问题。

（10）遗传测定

根据试验目的，确定测定项目、测定内容、测定方法、测定地点、测定时间和观测期限，制订合理的田间试验设计方案。

（11）人力财力

育种期限长，只有持续进行才能达到预定目标。因此，在制定育种策略时要考虑行政管理体制、主要技术力量、近期内可能的变动、人员培训、资金投入、持续年限和所需购置的主要设施。

（12）协同合作

行政、科研和生产“三结合”是工作成功的保障，要明确参与单位的协作和分工，明确责任权利。

（13）潜在风险

应当考虑到可能妨碍策略实施的因素。如早期选择、性状在幼龄与成年时的相关程度和预估的准确性等；病虫害、森林火灾和灾难性气候等；行政管理机构的改革、技术骨干的变动和资金投入是否得到保证等。

二、高世代育种的基本原理

1. 林木育种主要环节及其关联

育种资源是树种遗传改良的物质基础，拥有丰富的育种资源，并合理使用，才能保障树种遗传改良可持续地开展。引种是树种选育的第一步，即利用不同树种间的变异，通过对外来树种多个阶段的试验，从中筛选出优良的树种，直接为林业建设服务。同时，可以进一步利用被筛选出树种种内存在的变异。种内存在多个层次的变异，其中，地理种源变异是种内重要的变异来源。在同一个种源范围内，不同林分间以及同一林分不同单株间也存在着遗传变异，通过林分，特别是单株（优树）选择可能获得显著的改良效果。选择出来的单株，可以通过杂交综合双亲的优良性状，创造新的变异，生产更优良的繁殖材料。

由种源试验筛选出来的最佳种源，可以直接或通过母树林等方式为生产提供大量优质种苗。挑选出来的优树，可用种子营建实生苗种子园，也可通过嫁接等无性繁殖方法营建无性系种子园。对易于插条繁殖的树种，也可通过采穗圃或组织培养规模化生产扦插苗或组培苗。由于营建这类种子园和采穗圃的繁殖材料都没有经过子代测定或无性系测定，所以由这类园圃生产的种苗，其改良幅度不可能太大。可以根据选育材料的遗传测定结果对上述各类园圃进行改建，或从遗传测定林中挑选新的繁殖材料，营建新的种子园或采穗圃，借以提供改良程度更高的种苗。由此可见，种源选择、林分选择、单株选择和杂交以及母树林、种子园和采穗圃等技术措施，在林木遗传改良中不是孤立的，而是相互衔接，相互关联和配合的技术环节，如图11-1所示。

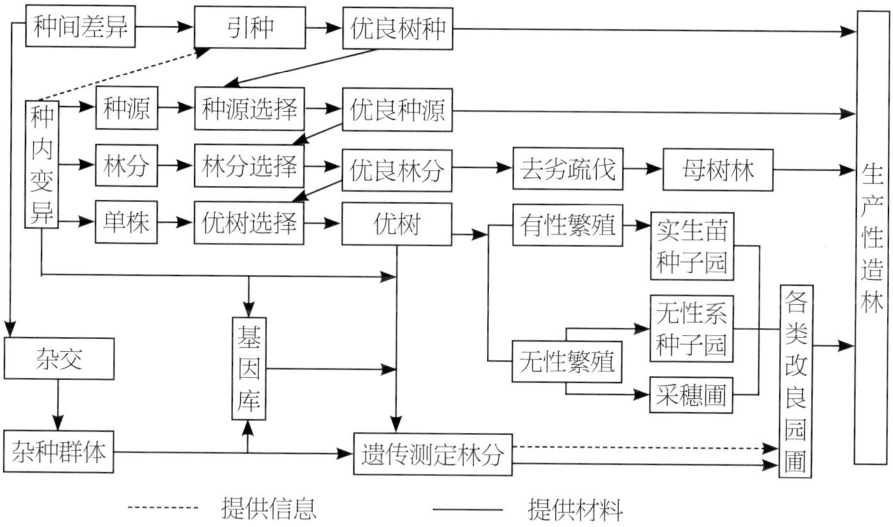

图11-1　林木育种各环节及与生产的联系

2. 轮回选择

轮回选择是指基于遗传基础丰富的群体，通过循环选择、交配，不断丰富遗传基础，提高目标性状的有利基因频率，提高群体内优良个体的比例，从而提高性状的平均值，使群体持续不断地得到遗传改良。其基本步骤是：按照育种目标，建立遗传基础广阔的原始基础群体；从原始基础群体产生后代；鉴定后代并从中选出最优基因型或个体；将当选的优良个体相互杂交重组形成下一个轮回选择群体。轮回选择有多种方式，最原始的是简单的轮回选择。每个选育周期包括：从k世代的基本群体中对个体进行混合选择，形成该世代的选择群体；对表现优良的个体进行随机交配，其子代形成k+1世代的基本群体。因为没有通过遗传测定，简单轮回选择的改良效果不如其他轮回选择。因此，该选择在当今林木育种中很少使用。

目前普遍使用的方法是一般配合力的轮回选择，即选择后开展遗传测定，并根据各亲本的一般配合力排序，配合力高的亲本进入下一个育种周期。长期改良的育种群体中的遗传增益建立在一般配合力轮回选择的基础上，因为选择的遗传增益以加性效应为基础，在各个世代中逐步积累和提高有利基因频率，或组合有利基因频率。在轮回选择中一般采用自由授粉或混合授粉方式，选择谱系不完全清楚的优良子代，开展下一代的选择，或把育种群体和生产群体独立开来经营，通过把育种群体中优良的繁殖材料不断输送到生产群体的办法，可以随世代的发展不断提高繁殖材料的遗传增益。目前在林木育种工作中还很少见到仅利用特殊配合力的报道。

多世代轮回选择的作用是螺旋式上升发展的，每前进一个世代，遗传质量也随之提高。多世代轮回选择的基本原理是微效多基因的叠加效应，即每经一个世代选择，有利的微效多基因都可以累加起来，发挥增效作用，这在许多树种的选育上得到证实。如美国火炬松选育，第1代未疏伐种子园的材积遗传增益是7%，疏伐的为16%；第2代未疏伐的为17%，疏伐的为30%以上；第3代种子园种子的遗传增益还在提高。轮回选择的另一个特点是微效多基因只能在一般配合力条件下利用。所以，异花授粉林木多世代轮回选择的核心是寻求高的一般配合力。如在子代测定中，筛选一般配合力最高的、最优良的家系，以及选择其中最优的个体，用于建立多系种子园，生产遗传增益高的种子，当然也可以应用于构建下一代育种群体。

林木育种中普遍采用以一般配合力为主的育种策略，主要是由于利用特殊配合力的费用要比一般配合力的高，所需时间长。如果特殊配合力远高于一般配合力，附加的经费投入可能是合算的。其次，两种配合力的分量常随树种、性状以及试验取材和地点不同而异，难以预估。第三，在对火炬松的树高试验数据分析中发现，10年生树高的特殊配合力高于一般配合力，前者是后者的4.4倍，但到25年生时却仅是后者的1/4。

为了达到所需基因频率不断提高，繁殖材料遗传品质不断优化，遗传增益不断提高的目的，以加性遗传为主的林木常规育种，都采用多个世代，或多次轮回的改良。多世代改良工作步骤如下：根据育种目标从天然林或人工林群体中选择符合要求的个体，或淘汰不符合要求的个体；对选择出来的个体，通过不同的交配设计制种，进行基因重组；经过选择和重组产生的一代繁殖材料，经遗传测定，重复上一轮过程。这是林木多世代改良的基本模式，如图11-2所示。在同一个树种内个体间按一般配合力大小进行的单株选择，是良种选育中常用的轮回选择方式。一般来说，第1代的改良所需时间较长，到第2、3代（轮）的育种所需时间会逐步缩短。如美国湿地松的高世代育种工作，第1代用了34年，第2代用了16年，第3代的育种计划用11年时间完成。

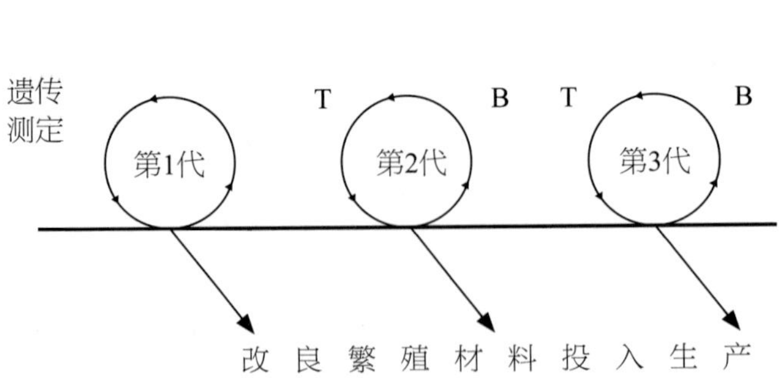

图11-2　多世代改良的基本操作示意图

种间杂交育种在林木中变得越来越普遍，原因是：杂种可能通过基因的加性效应综合两个或多个树种的优良性状，达到性状互补的目的；杂交会产生由基因非加性效应引起的杂种优势；由于杂合度更高，种间杂种表型可能更加稳定；杂种对一个或两个亲本种分布的极限地适应能力会更强。不管是哪种原因，种间杂种可以创造很难自然发生的基因组合。因此，在桉属、杨属和柳属的杂交育种中得到应用。

种间杂交育种比单一树种的育种更为复杂，育种策略可以分为两大类：一类是多群体育种，即同时在两个群体间进行配合力改良的选择，包含了加性和非加性效应，以选育杂交种为最终目的；另一类是单一群体育种，即基于性状的加性效应，限于单独一个群体内进行选择与组配，以培育品种为最终目的。在多群体育种过程中，每一个树种都在许多个周期的育种中保持独立的育种群体，但在每一世代都通过杂交，产生杂种一代（F_1），用于遗传测定和生产，如图11-3（a）所示。在单一群体育种过程中，一个树种作为单一的育种群体进行管理。第一步是在两个或者多个树种的许多亲本间进行杂交形成许多不同的杂种一代家系；在随后的周期内，可能进行许多类型的杂交、回交或涉及多个树种的复式杂交等，如图11-3（b）所示。

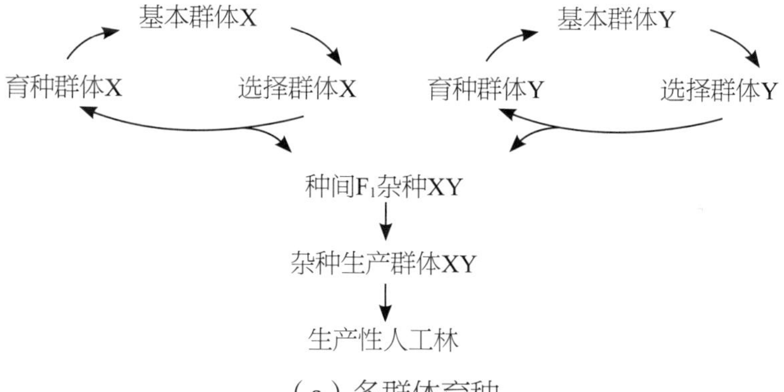

（a）多群体育种

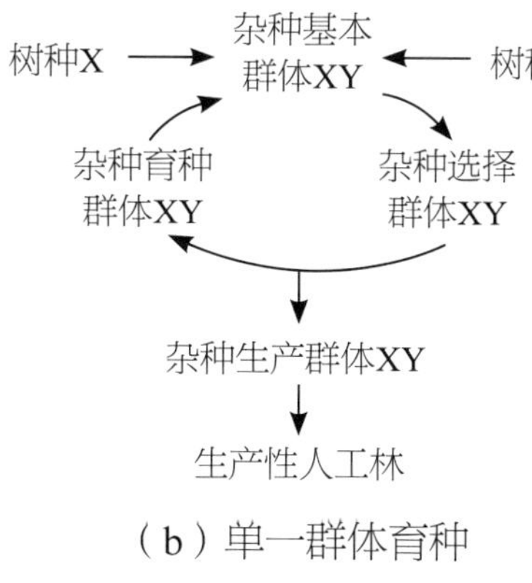

（b）单一群体育种

图11-3　两个纯种间的种间杂交育种项目的示意图

3. 育种循环

育种循环即根据育种目标从群体中选择符合要求的个体，或淘汰不符合要求的个体，是遗传基础变窄的过程。但对选择出来的个体，通过交配，或称组配，进行基因重组，又是遗传基础变宽的过程。选择和重组的繁殖材料，通过遗传测定进行再选择，又是遗传基础变窄的过程。林木育种过程实际上就是使遗传基础由宽变窄，再由窄变宽的螺旋式上升发展过程。在螺旋上升的循环过程中，使需要的遗传基因频率不断提高，借此使繁殖材料的遗传品质不断优化。在这一过程中，为防止遗传基因变窄，要不断补充新的育种资源。由于林木成熟和评定世代长，完成一个循环需要多年到十多年。为给生产及时提供良种，经过各个阶段选择和遗传测定的繁殖材料，只要遵循原产地与造林地生态条件相仿的原则，都可以通过种子园或采穗圃生产种子或穗条用于造林生产。最初的选择群体，可能来自天然林，也可能来自人工林，从不同群体中选择出来的材料，可以保存在收集圃中。

20世纪40年代末至70年代进行林木育种，多实行选优建园，选择出来的优树直接参与种子园营建，育种材料与种子园合二为一。然而，这种做法有很多缺点。如亲缘关系难于控制；选择强度受限制，遗传增益小；群体大，育种进程慢；不能依据育种地区或生产目标等改变而进行相应的变动，灵活性小。

1974年，Weir和Zobel提及育种群体的构建与作用。1984年，Zobel等提出了基本群体、育种群体和生产群体的概念，如图11-4所示。基本群体，包括天然林或未经改良的人工林，以及谱系清楚的子代林，由数千个基因型组成。育种群体，从基本群体中选出，由几百个基因型组成，相互交配，形成下个周期的育种群体。育种群体必须拥有一定规模，具有较广泛的遗传基础，以适应长期育种目标变化的需要，同时确保有效群体的大小，并维持一定数量且彼此没有亲缘关系的个体，为生产群体亲本选配创造条件。生产群体，也称繁殖群体，从育种群体中选择和组建，含30~50个基因型，如种子园。生产群体能否获得较高的遗传增益，首先取决于组成生产群体的亲本材料是否优良。因此，组建生产群体，亲本的选配是关键，这也是确保获得较高遗传增益的前提。生产群体是大量繁殖生产种子或穗条的群体，其遗传基础比育种群体窄。将基本群体、育种群体和生产群体分开的意义在于确保林木经过许多改良周期后仍能持续获得遗传增益，并保持广泛的遗传基础，而生产群体则关注在特定周期中使用少数改良个体以获得最大的遗传增益。

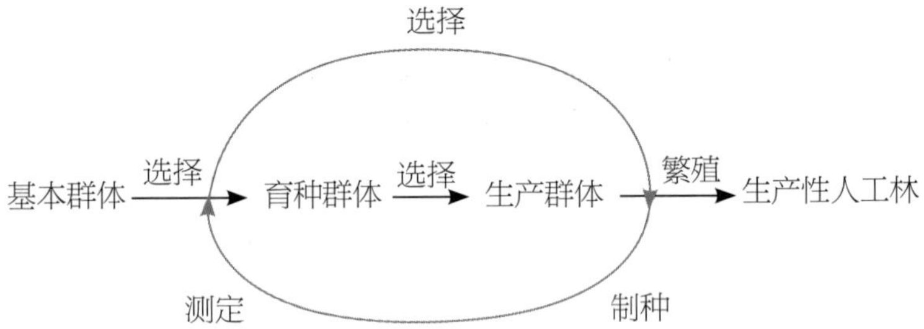

图11-4　划分功能不同的群体及其操作关联示意图

1987年，White提出育种循环的概念，如图11-5所示，增加了选择群体概念。育种循环的核心活动是选择和交配，从基本群体挑选出来的优树组成选择群体，由选择群体中的部分或全部树木形成育种群体。每个育种循环的生产群体都由选择群体中的最优个体组成，其功能就是生产足够数量的遗传改良种苗用于造林。选择群体遗传基础较广泛，通过交配重组基因，由子代形成下一循环的基本群体，再次进行选择。因此，每一个选择和交配周期结束就完成了一个育种循环。两个连续循环之间的年数称为世代间隔或周期间隔。

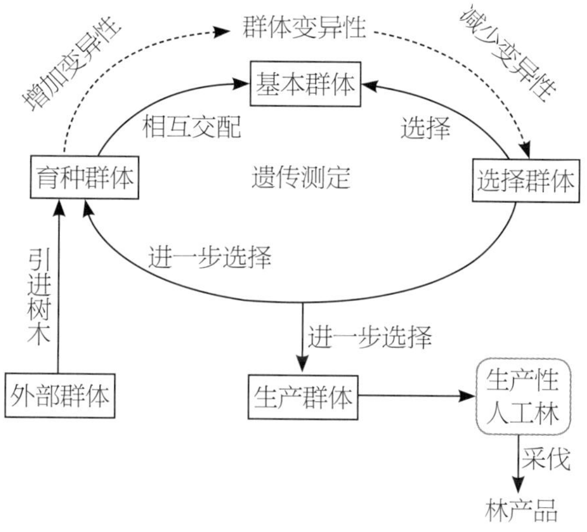

图11-5　林木改良项目的育种循环

虽然周期和世代常常互换使用，但二者还是有区别的。世代是遗传学概念，父母产生子代，亲代与子代则为两个世代。周期是育种学概念，如第三周期是指已经历了三个完整的选择、交配和测定的循环。第三个育种周期可能包含第1、第2和第3代入选的树木。这就出现了育种周期中世代重叠的现象。在许多育种计划中，组成育种群体的繁殖材料没有严格的世代界限。高世代育种群体的繁殖材料包括优良亲本和优良亲本中的优良子代个体。优良亲本是在子代测定的基础上，依据亲本育种值的大小，通过后向选择挑选出来的。优良子代个体则采用前向选择确定。据佛罗里达州立大学对湿地松的选择研究，在组建第2代育种群体中，前向选择或后向选择都没有固定的优越性。

三、育种群体的规模、结构和管理

1. 育种群体的规模

育种群体的大小一方面要符合长期育种的需要，维持群体多样性和长期遗传增益的需要，另一方面又要能获得近期的最大遗传增益。然而，争取最大的遗传增益和广泛的遗传基础是相互矛盾的，为协调发展，两者要适当调节。育种群体的大小直接影响遗传基础的宽窄，它不仅与树种的分布区和树种的地理变异特征有关，也与性状的遗传力、选择强度、长期和短期效益的权衡、资源的改良程度、育种目标多样程度以及投入资金和劳力等密切相关。高强度选择，短期遗传增益大，但群体小。反之，通过中等强度选择，群体大，长期遗传增益也大。如从600个植株中选择160个植株，选择强度为1.231；如只选择40株，选择强度为1.937，比前者高57%。不过，选择强度的提高，只能发生一次。群体小，世代周转快，遗传增益实现早。育种资源的遗传改良程度高，育种群体可以相对小；育种目标多，则要求育种群体要大。然而，随着改良世代的增加，群体会不断减小。

育种群体的大小一般采用有效群体的大小估算。一般群体很难能满足理想群体的条件。因此，有效群体的个体数通常要小于群体统计个体数。群体过小会造成有利等位基因的丢失，尤其是频率低的等位基因，或非选择性状的等位基因。在后两种情况下，要避免基因的丢失只有保存较多的基因型。虽然很多模拟研究指出，有效群体大于50时，育种群体已能维持低频率的有利基因，可以保证多个世代的遗传增益。但是，如此小的群体容易造成亲缘积累，所以不能把长期树木改良建立在这样小的群体上。美国东南部地区湿地松和火炬松第2代育种群体、澳大利亚辐射松育种群体都是由数百株到上千株优树组成的。建立较大育种群体的理由有：在选择的繁殖材料中如存在亲缘关系，有效群体较群体组成的统计量要小；进行多性状选育时群体要大；在育种开始的头几个世代改良中，为达到较大的遗传增益，往往要进行强度选择；同时具有基因保存和对环境、社会需求改变的应变能力。Lindgren等对育种计划实施初期应拥有的家系数进行过估算。如果希望有效群体的家系数为100个，遗传力大于0.25，则开始时选择的亲本应在300个左右。如果经济条件许可，或增加的投入不大，以选择、搜集更多的亲本为宜。

Kang根据具有100个不连锁的加性位点的混合选择模型，估算了在$h^2=0.2$的条件下，经过若干世代选育后，能够有95%的把握保留有利等位基因所需要的初始有效群体大小，见表11-1。当选择强度很低时，稀有等位基因频率也很低，要确保稀有等位基因得以保存，初始的有效群体大小就可能在1000左右，否则初始的有效群体大小可能在10以内。

在高世代树木改良中，通常由数百个植株组成育种群体。目前普遍认为育种群体由300~400个植株组成。为使稀有等位基因能保持多个世代，可能需要1000个左右的大群体。

表11-1　等位基因95%把握被保留的初始有效群体的大小

初始基因频率（q）	选择强度（i）				
	2.67	2.06	1.76	1.27	0.80
0.01	281	364	426	590	937
0.05	56	73	85	118	187
0.10	28	36	43	59	94
0.25	11	15	17	24	38
0.50	6	7	8	12	18
0.75	3	4	5	6	10

2. 高世代育种群体的组成

进入高世代育种群体的材料必须具备：经过严格测定与筛选，证明确实是优良的材料（优良家系、优良个体）；没有亲缘关系或在限定以内；遗传增益高，能满足近期遗传增益的需要；有利于保持较广泛的遗传基础，为长期遗传改良服务。高世代育种群体的材料多采用上一代育种群体在一定配偶形式下产生的优良全同胞家系的优良单株。Hodge等在组建湿地松第2代育种群体时，采用了三种材料：一是第1代的优树；二是第2代全同胞优良家系的优良植株；三是新的优良材料，即针对育种对象的特有性状或特殊育种目的而选择的优良材料。如从湿地松重病区选择的抗锈病植株、高产松脂的优树、抗溃疡病的优株以及从国外育种单位引进的优良材料。从长远考虑，组建材料时应确保充足的数量与较大的选择强度。如佛罗里达州立大学湿地松遗传改良协作组，从第1代5073株原始优树中筛选404株，从2700个组合中筛选304个优良家系的优良单株，新筛选的育种材料包括抗锈病优树127株、高产松脂优树33株、抗溃疡病优树8株，从津巴布韦引进10株优树，合计886株建成第2代育种群体。

3. 遗传多样性和近交的管理

育种群体一般由三部分组成：一是通过子代测定，后向选择取得的上一代的亲本材料；二是通过前向选择获得的优良家系中的优株；三是增选新补充的优树材料。育种形成什么样的结构，主要考虑群体中近交的控制，既要考虑近期育种的效益，又要考虑维持长期育种能取得的遗传增益，同时还要考虑育种群体的规模和育种成本。

高世代育种对遗传多样性有很大影响。由于两个亲本产生一个全同胞家系，在没有淘汰家系的情况下，全同胞家系的每一个育种世代中，没有亲缘关系的入选优树的数目会减少一半。如果一个育种群体有400个没有亲缘关系的优树，下一代能够产生没有亲缘关系的全同胞家系最多有200个。再下一代变成100个，第五个育种周期之后，育种群体中没有亲缘关系的家系最多仅有25个。采用轮回选择，如果不补充新的个体，亲缘关系将逐代积累，导致遗传多样性减少，最终变成完全近交，遗传多样性丧失。

随着世代的发展，近交很难完全避免。近交对林木高世代育种可能产生的后果已受到普遍关注。据美国北卡罗来纳协作组对6年生火炬松近交后代的研究，近交对生长量的不利影响大于对成活率的作用。如异交子代的生长量按100%计算，则半同胞子代平均为93.5%，全同胞子代为89.2%，自交子代为72.1%；近交系数（F）每增加0.1，高生长约受到5%的抑制；各家系受自交的抑制作用显著不同。因此，采用父系不清楚的交配设计产生的子代，不适于作为下一代的育种材料，只有采用双亲谱系清楚的交配设计，亲缘关系才比较容易控制，才能使共祖率维持在较低的水平上。

另外，近交可以使有害的隐性基因纯化，在特殊配合力显著的情况下，可以加以利用。林木中没有得到应用的主要原因是从播种到开花结实所需时间长，多个世代所需的时间更长；其次，近交降低生殖力，据多数树种近交试验表明，约有一半的无性系不能得到种子；其三，如前述，林木中的特殊配合力分量不如一般配合力稳定。但林业中也已有一些关于自交和近交方面的试验。

近交导致林木衰退，不仅影响成活率，还影响生长。因此，林木育种非常重视近交的管理。避免近交有两种策略：一是明确育种群体所有交配组合谱系，控制共祖率；二是划分育种群体，形成若干亚系。

在同一个亚系内可以自由交配，但在不同亚系间不能自由授粉。从这个意义上来说，亚系是封闭的，近交仅发生在亚系内，而不同亚系个体间的交配不存在近交。由各个亚系中选择一个植株组成的生产群体，个体间不存在亲缘关系，有利于良种生产。Mckeand为延缓近交在生产群体中的发展，提出了复合群体交配设计，如图11-6所示。

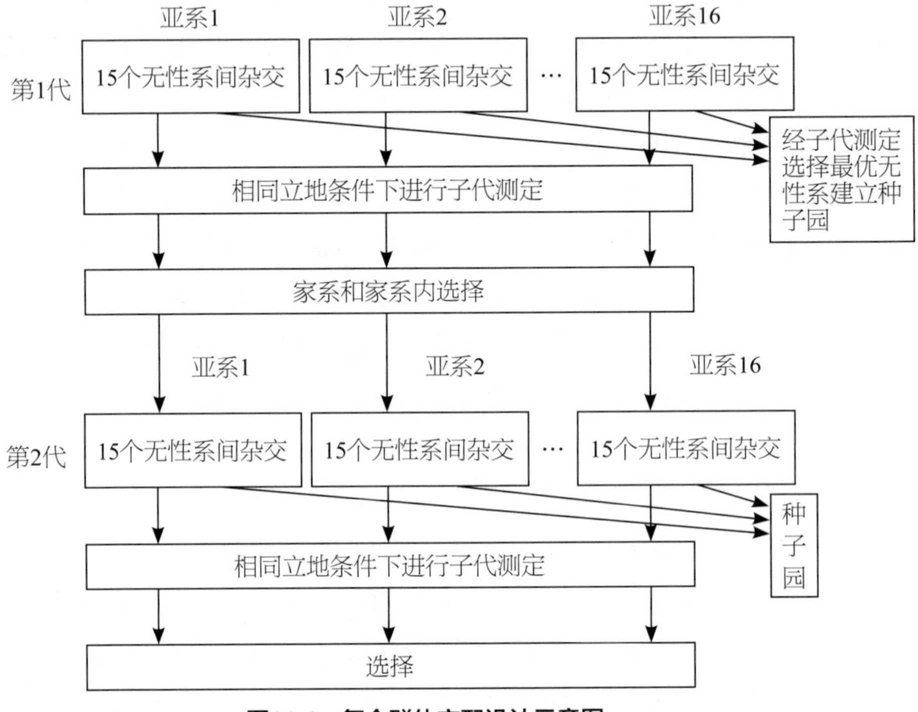

图11-6　复合群体交配设计示意图

亚系可以按性状来组织，如第一个亚系由生长快的个体组成，第二个亚系按木材密度来组织等。由不同个体组成的亚系，可以保持种内多样性，使策略富有灵活性，对社会需求变化的应变能力较强，同时也便于选育综合性状优良的繁殖材料。在同一个亚系内，可以按组成亲本的育种值大小排序，划分为不同的层次。

育种群体的划分方式有两类：一类是将一个育种群体划分成大小相等，组成较少的几个或几十个亚系；另一类是划分成大小不等的两个群体。如澳大利亚学者Cotterill借鉴绵羊的改良方案，于1988年提出了将辐射松优树组成的育种群体划分成大小不等的两个群体：主群体和核心群体。主群体有300株优树，核心群体由最佳的40株优树组成。主群体的目的是保存基因，维持遗传多样性，以满足长远改良的需要，因而选择和组配强度都较低。而核心群体要在短期内取得最大的遗传增益，因此采用控制授粉，包括选型组配生产全同胞子代，并采用综合指数进行强度选择。由此取得的遗传增益可以通过无性繁殖或种子园推广。两个群体不是封闭的，核心群体和主群体间基因可以双向交流，可以通过调节交流材料的比率，控制共祖率。如为维持两个群体原有的规模，从主群体向核心群体输送10个优良亲本，占核心群体总数的25%，核心群体向主群体输入30个亲本，占主群体总数的10%。这样，一方面可以提高主群体的遗传品质，同时也可使核心群体的近交系数不致提高太快。从核心群体向主群体输送优异的遗传材料也能提高主群体的组成，如图11-7所示。

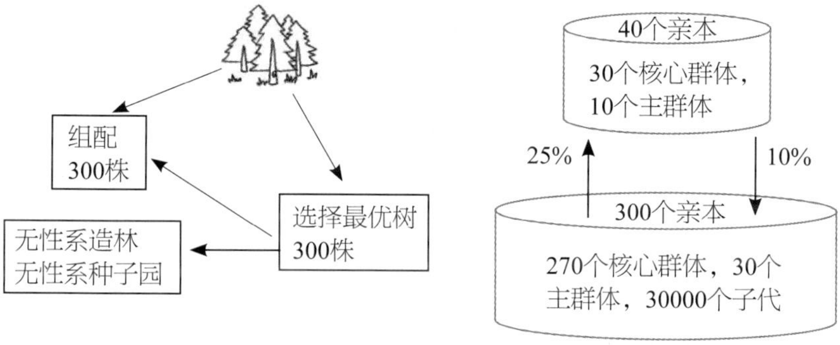

图11-7　辐射松育种方案中基因双向流动的主群体和核心群体结构

将育种群体划分成不同的小群体有以下几个优点：

①将一个树种或一个单位拥有的育种资源随机地分作几个亚系育种群体，并在能够隔离的几个地点栽植，有效避免不同群体间的基因流，减少杂交污染。

②无论个体间是否存在亲缘关系，每个地点的亚育种群体都可以自由交配。

③在每一个亚育种群体内允许出现某种程度的近交。

④每一个亚群中，根据子代测定结果，按配合选择选出最好的子代，组成相应的下一代亚育种群体，循此可连续进行若干代。

⑤从每个亚群体中，根据各无性系子代评比，选择最好的无性系建立种子园，这样的种子园仍允许充分进行异交，最大程度减少近交，保证供生产上应用的种子的遗传品质。

4. 高世代育种交配设计

对父、母本双亲交配组合所做的安排，称为交配设计。按交配设计方案，确定双亲组成，制种，产生子代，育苗，进行子代测定。测定的目的包括下列四个方面：评定亲本的一般配合力或特殊配合力的大小，通常每个亲本要用4~5个亲本交配；评估遗传增益；提供遗传参数，包括半同胞或全同胞家系的方差或协方差；提供适合继续选择的基本群体。

自由授粉和多系授粉是常用的交配设计，由于不能确切地知道父本来源，只能够提供一般配合力数据，而不能提供特殊配合力数据；单交，虽能提供双亲组合值信息，但不能了解配合力的大小；测交、全双列杂交和半双列杂交等交配设计能够提供一般配合力和特殊配合力数据，但工作量大。采用何种交配设计，需要综合考虑投入的人力、物力和时间，提供的信息和子代间是否存在亲缘关系等因素。

此外，在发展高世代育种的过程中，还使用过正向选型交配和互补型交配设计两种交配设计。正向选型交配是适用于增加期望遗传增益的控制授粉设计，即将排序为第一和第二的亲本组配，第三和第四的亲本组配，直至表现最差的两个亲本间的组配。这种交配设计可用于发展精选基因型的小群体，或提高最佳基因型的频率，供进一步繁殖采用。当改良性状的遗传力大于0.3时，随遗传力的增加，期望的遗传增益和优良基因型数量都呈增加趋势。互补型交配设计指在同一个群体中，为达到不同的育种目的，综合采用多种交配设计。最常用的设计是将半同胞测定和控制授粉组合起来，如将多系授粉和部分双列杂交制种结合起来。前者花费较小，能估算育种值，后者能生产谱系清楚的子代，供下一轮选择之用。如果已对育种材料进行过一般配合力的评定，则可以选择其中一般配合力高的材料，再进行特殊配合力的测定，这不仅可以减小工作量，更重要的是可以节省时间。

5. 高世代育种群体评选方法

在一个育种群体中，包含了多个世代的繁殖材料，为了有效地筛选材料，必须采取能客观评定所有候选繁殖材料各种性状的方法，并根据经济权重对所有候选材料排序。针对林木育种子代测验数据的复杂性，20世纪80年代以来，科学家们不断提出单亲本和双亲本子代测定的评选方法。Hatcher提出的水平-标准得分法（PV），旨在解决缺区、缺株和方差不齐等子代试验资料不全等问题，使受测家系可以按统一得分进行排队选择。Cattell等对6种评选半同胞家系的方法进行比较，认为用最小二乘法（LS）、权重最小二乘法（WLS）和收缩最小二乘法（SIS）评价家系的多个性状的结果比较接近。评分法（RES）、标准立地校正法（SSA）的评价结果与最小二乘法相接近，立地校正法（SA）效果最差。Cattell认为权重最小二乘法较优，在加性基因模型下，权重最小二乘法的家系效应方差无偏估计值最小，较其他方法更精确。在组建湿地松第2代育种群体时，White等提出采用最优线性预测模型（BLP）预测亲本育种值，这一方法以自由授粉子代测定数据为基础，可用于评估第1代亲本的材积和抗锈病育种值，也可根据子代双亲的育种值评估第2代材料。采用这一模型，可以直接比较后向选择或前向选择所得的结果，从而可以对所有候选材料统一排序，并据此取舍。

四、加速育种世代技术

缩短每个育种世代的时间跨度，提高单位时间的遗传增益，是高世代育种中的重要问题。缩短育种世代可以从两个方面着手：一是缩短评定的时间；二是提早开花结实的年龄。油松的选育进程说明缩短选育周期和加速世代是可能的。按常规做法，当年可采集到优树自由授粉种子供子代测定用。按45年生时采伐，经1/3轮伐期（15年）可对测定林生长性状进行评定。评选出来的优树，当年嫁接，8年后能正常开花、制种，3年后采收种子。从种子到种子，完成一个世代的选育，前后共26年。如采取早期测定和提前开花结实措施，10年生时可评定供试植株的生长性状，评选植株通过嫁接和促花处理，4年后开花，制种3年，完成一个周期共需17年。这一变化显著提高了单位时间的效率，遗传增益达52.9%。

1. 早期选择

早期选择指在采伐龄前的不同阶段，对生长、材质、抗虫和适应性等性状进行评定，并借此进行选择。早期选择对缩短育种周期、加速育种成果的推广和减小工作量具有重要意义。几十年来国内外都重视这项研究，但由于性状的表现受树木体内控制和体外环境的共同影响，情况复杂多变，目前尚处于探索阶段。

（1）亲代和子代相关

早期瑞典、芬兰和苏联等在欧洲赤松研究中曾观察到，具有侧枝细、树冠窄、针叶密和树皮色浅等综合性状的母树，其子代生长较快。欧洲赤松、落叶松、湿地松和火炬松等树干通直度的遗传力高，自然整枝高或较高，木材密度在亲代和子代间也呈显著相关。杉木生长性状的遗传力中等，直径和材积的遗传力比树高稍低，封顶期、耐寒力等性状的遗传力高于生长性状。

（2）早期和晚期相关

在林木遗传改良中，很少有人会等到遗传测定林进入轮伐期后才开展选择。一般会提早半个轮伐期，甚至在1/3轮伐期时进行选择。这种林木未达到经济成熟期而进行的提前选择就是早期选择。Wright总结了前人的研究结果，原则上肯定了生长量早期选择的可行性。Lambeth总结了30年来美国林木改良工作中大量子代的测验结果，提出松科树种的生长力选择可在1/6~1/5个轮伐期时进行。Foster认为，根据8年生的保存率和树高生长数据能够可靠地预测火炬松成龄时单位面积的材积。Magnussen等提出，在有利的生境下，最佳的选择年龄可短于树种轮伐期的1/10。Squillae分析了湿地松早期和晚期生长过程中的相关性，3年生时的树高与25年生时的树高呈弱相关，8年生后的相关系数显著增加。但到8年生时，按材积大小从全部供试树木中选出的10%最优植株，到25年生时，只有不到1/3的植株仍处于10%的最优群体中，还有1/10以上的植株低于平均水平。Isik等根据回归预测模型预测，如果欧洲云杉轮伐期为60年，最佳的早期选择年龄是13年。目前，国外根据多数试验材料得出了谨慎的结论，在苗期只可以淘汰生长特别不良的苗木，到1/3~1/2伐期龄时可以对材积生长量进行比较可靠的判断。

自20世纪80年代以来，国内在早期选择方面进行了大量的研究。如马常耕根据白榆种源试验10年的结果得出，造林后第4年的表现能可靠地预测10年时的表现。根据不同选择年龄的相关遗传增益和年选择效率分析可知，从第5年时实行早期选择是妥当的。刘菊荣等对90株30年生的人工长白落叶松树干解析生长变异和早期预测进行了研究，结果表明：长白落叶松人工林树高、胸径和材积的变异系数在14~18年趋向于平缓，通过对生长变异、生长的幼熟龄相关和早期选择效率的分析，初步确定长白落叶松人工林最佳选择年龄为14年。赵承开对4块试验地上的107个杉木无性系试验林调查分析发现，杉木优良无性系选择可以在早期进行，但不宜在造林后2~3年时进行，其初选年龄应是造林后5~6年，精选年龄在8~9年，如果选择年龄过早，存在错选和漏选的问题。

根据树种生长性状年与年相关，可以确定有效选择年龄。有关性状年与年相关和早期选择的报道较多。郑仁华对37年生杉木生长性状的早期和晚期相关进行了研究，结果表明：杉木生长性状在2年生时与38年生时的相关系数在统计上显著，其后相关系数逐年上升，到15年生时相关系数达0.916，为极显著相关。郝自远对江苏句容24年生的北美鹅掌楸人工林进行了树干解析，结果表明：胸径、树高在6年生与18年生显著相关，材积在6年生与16年生达到显著相关。从加速育种角度来看，在6年生时进行早期选择较为合理，而从培育大径材角度来看，可以16年生之后再进行疏伐选择。

（3）形态、解剖特征和目标性状相关

形态特征容易观察，与生长等性状进行相关分析比较方便，国内外在此方面的研究较多。如在欧洲赤松、欧洲云杉和欧洲落叶松中观察到，顶芽数量和长度、嫩梢和针叶长度以及果鳞形状等都与生长有密切或较密切的关系。

我国对杉木类型的研究较多。如江西对杉木优树的分析发现，树冠窄而浓密、叶面积大、枝叶灰色、果鳞反卷、侧枝细、树皮薄和裂纹直等表现，均是杉木速生的指标。又如南京林业大学在福建省洋口国有林场对7~9年生杉木林调查发现，浓密冠型植株的平均直径比稀疏冠型的大50%~70%，平均树高高30%~40%，材积大1倍。北京林业大学对油松和杨树无性系进行过类似的研究，结果表明：油松顶梢年生长量与顶梢上的针叶束数呈现极显著相关（r=0.80），杨树不同无性系1年生插条生物量与全株叶面积总量的排序大体相仿。

（4）生理生化分析和生长、抗逆性相关

①光合性能分析。树木生长的快慢和干物质的积累取决于树木的光合能力，而光合能力的大小又取决于叶的总面积和单位叶面积的光合效率。由于光合效率受植物体内外

多种因素的影响，测定的结果并不一定能真实反映树木的遗传特性。因此，完善实验方法特别重要。此外，有人认为，研究光合行为与环境因子的关系以及光呼吸和暗呼吸的机制，可能更有利于了解群体或个体的遗传变异。

②营养代谢分析。在花旗松、欧洲赤松、辐射松和湿地松等不同种源、家系和无性系的矿质代谢分析中发现，不同群体或个体的营养代谢存在着差异。如生长快的花旗松种源针叶中钾的含量高；欧洲赤松的生长速度和镁的浓度也有相似的关系；在缺硼的立地条件上，生长健壮的辐射松植株能有效地利用有限的硼，针叶内硼的含量高；湿地松等不同无性系对施肥反应不同，从而可选择出适应于不同肥力水平的繁殖材料。硝酸还原酶在植物氮素代谢中有重要作用。在对作物研究中已发现该酶的活力与作物的耐肥性有密切关系，可用于筛选不同耐肥水平的作物品种。20世纪80年代初，杉木也已开始这项试验。

③萜类和酚类物质。树体内部生化物质，特别是萜类和酚类物质的组分和数量，与树木防御病虫害的能力有关。据报道，湿地松对梭形锈病感染和β-水芹萜含量，欧洲赤松根腐病和3-蒈萜、α-松萜含量，松类小蠹虫和苧烯、3-蒈萜和α-松萜，欧洲云杉蚜虫和总酚量等有关。

（5）模拟研究

20世纪70年代中期以来，早期预测与选择也逐步现代化，在人工条件下模拟自然条件的研究逐步增多。这方面的研究主要在温室和人工气候室中开展，通过控制温度、水分、光照、施肥种类和浓度来观察性状早期和晚期相关。1978年，Cannell等研究指出，火炬松苗木的需水量和8年生家系的材积生长有关，苗期需要中等水分的家系和在排水良好的林地上测定的速生家系呈显著相关，这些家系的茎根生长率也比较大。20世纪80年代初，Lambeth和Waxler等研究花旗松、火炬松苗期和后期材积的关系得出，生长快、材积大的家系和苗木根茎比率相关。Williams对火炬松18个自由授粉家系的苗期研究得出，18个月龄的苗高和以后林木各龄的树高呈正相关（$r \geqslant 0.59$）。

2. 提早开花结实

早在20世纪60年代，芬兰已成功经营塑料大棚桦木种子园。桦木在自然条件下要10~15年才能大量结实，但在大棚内2~3年就能生产种子。20世纪70年代又开展了欧洲云杉和欧洲赤松大棚种子园试验。到20世纪80年代中期，美国至少已有4个林产企业各建成0.1hm^{2}的大棚种子园。现在，种子园已在加拿大、北欧云杉育种中广为应用。

（1）火炬松缩短育种周期

1986年，Lambeth等介绍了火炬松的强化育种技术。先在塑料大棚里培育1年生嫁接苗，翌年夏进行水分胁迫和$GA_{4/7}$处理，第3年植株开花时进行第一次人工杂交，并继续进行水分胁迫。第4年春进行第二次杂交，秋天采集上年杂交种子，第5年秋季采收第二次杂交种子，当年冬将两批种子混合播种育苗，第6年春进行短期遗传测定，第7年冬进行第一次观测和评价。第8年从入选的杂交组合中选择优良植株，采穗条嫁接，开始第二轮育种。如此继续，第14年冬即可对第二轮遗传测定林进行再选择。

（2）落叶松缩短育种周期

1993年，美国缅因大学开发了落叶松强化育种技术，从选优嫁接开始，第5年可得到控制授粉种子。结合早期测验，第11年可从测验林中选出幼树亲本。该技术利用落叶松的自由生长特性，对嫁接植株进行延长生长期的培育。即充足施肥，在温室内延长生长期，促使树体快速生长和分枝，然后对侧枝实行平展或下拉处理，断根和$GA_{4/7}$主干注射处理。

（3）云杉加速育种技术

1990年，Greenwood等报道了对黑云杉和白云杉的诱导开花研究。1—2月在温室培育1年生嫁接苗，移入4℃的冷室中，经1000h低温脱休眠处理后，重新移入温室，人工补光18h，待生长至一定程度后停止人工补光，待休眠后，重新移入冷室。如此轮回处理，24个月后植株完成4轮生长，树高达1~1.5m。经$GA_{4/7}$等开花诱导处理，第3年末即可获得种子，第5年可营建遗传测定林。

五、不同树种的育种策略与选育方式

为了取得良好的选育效果，需要正确选择育种方式。为此，必须考虑树种的繁殖方式。

（1）种子繁殖

对适用于种子繁殖的树种，选择出表现优良的优树，从优树上采集自由授粉或混合授粉的种子，混合播种，称为一次性混合选择；如从优树种子繁育的子代中再选择，重复多个世代，称为多次（轮回）混合选择。这类选择方法简单易行，费用低。只要选择性状的遗传力高，非加性方差不大，表型选择强度较大且比较准确，选择性状与环境的互作效应不大，就可以得到较好的选择效果。这适用于控制授粉困难的树种。

另一种方法是不混合采集的种子，按单株分别采种和育苗。采用这类方法时，一般首先要考虑树种种内的地理变异特点，在适宜的种源区内选优；用优树穗条或种子建立无性系种子园，在了解优树无性系遗传性状的基础上进行控制授粉，得到清楚的子代谱系。

有一类植物，雌、雄两性机能虽都正常，但不能自花受精，或同一无性系不同植株的花不能受精，这种现象称自交不亲和性。在作物育种中，利用自交不亲和性，选育遗传上稳定的自交不亲和系，可以简化杂交过程，对两性花不必去雄就能生产杂种。自交不亲和性是植物长期进化过程中形成的一种生殖策略，有利于促进异花授粉，从而保持高度杂合性。异花授粉植物群体是异质的，含有很多不同的基因型，在遗传上高度杂合，但自交后有不同程度的衰退，可通过杂交恢复正常。

（2）无性繁殖

杨树、柳树和泡桐等容易无性繁殖的树种，适用这类育种方法。按表型选择出来的优良单株，在大量繁殖前，按是否进行无性系测定分为两类：一类进行测定；另一类不进行测定。但在集约经营条件下，推广的无性系通常都进行无性系测定，并根据无性系和立地的互作效应情况，确定无性系的适宜推广地区。无性系生长整齐，遗传增益也高，但是无性系是选择的“终端”，只有创造新的遗传变异，才能选育出更优越的繁殖材料。因此，这类选育方法往往和杂交育种结合。

落叶松和辐射松等针叶树种由于无性繁殖的年龄效应明显，待无性系获得评定结论时再推广，已经丧失了大量繁殖的最佳期。为此，澳大利亚、新西兰的辐射松和法国的落叶松，都采用无性系-家系间过渡的无性繁殖方式。近年我国松类采穗圃插条繁殖的方式与此类似。这种无性繁殖方式在针叶树种中的应用已较普遍。

此外，还有一种不经受精而结“种子”的繁殖方式，或不通过雌、雄两性细胞融合而以无性生殖过程代替有性生殖的繁殖方式，称无融合生殖，已在植物10多个科中见过报道。这种生殖方式妨碍基因重组，不容易出现新类型，但如果发生频率高，通过人工杂交，一旦筛选出新的优良杂交组合后，就可保持杂种优势。

（3）杂交育种

杨树、柳树、落叶松和松树等树种，在杂交育种领域已有悠久历史。但工作初期在杂交组合确定后，对亲本的选择往往都局限于选择时的世代，对亲本不进行轮回选择。如欧洲和日本早期的落叶松杂交，澳大利亚的湿地松和加勒比松杂交。我国的杨树杂交育种已有几十年的历史，但对杂交亲本的选育重视不够，为不断提供更优越的繁殖材料，必须对杂交的双亲分别测定、选择和组配制种，并轮回选择亲本，然后再杂交。

项目实施

训练任务 调查不同树种的育种方法

【任务背景】

育种方法既有简单的，也有比较复杂的，有些方法只针对一个世代的改良，但为取得良好的改良效果，往往要延续多个世代。育种方法的确定，在技术上主要考虑树种的繁殖方式和性状的遗传变异特性。据现有资料显示，多数树种的多数性状属加性遗传，然而非加性遗传有时也很重要。在杨树和柳树等阔叶树种与落叶松和松树等针叶树种中，通过种间杂交创造新的变异是一种重要的措施。树种因生物学和繁殖方式等不同，育种策略基本也不同。

假设你是一名林业技术人员，你所在的工作小组接到了一项任务：调查不同树种的育种方法，完成调查报告。你的部门领导要求你们在工作过程中制订工作计划和方案，并按计划实施方案，认真记录工作过程，并提交任务报告，最后他将对你所在工作小组的每一位成员进行考核。

【任务思考】

①什么是育种策略？

②为合理、有效地制定育种策略，需要哪些准备？

【实验方法】

根据所学内容，完成育种方法调查表，见表11-2。

表11-2　育种方法调查表

育种方法	种子繁殖	无性繁殖	杂交育种
树种			

【结果展示】

育种方法调查表。

考核评价

1. 考评结构

态度纪律20分；工作过程60分；任务结果20分。

2. 考评标准

①态度纪律。积极主动、速度快、质量好且有创新等优秀表现得20分；有迟到、早退、开小差等违纪现象得10分；缺席得0分。

②工作过程。搜集资料、设计方案、观察、测定、计算和总结等环节完整、操作规范、结论正确、表述流畅得60分；环节完整、操作较规范、结论正确、表述流畅得50分；环节完整、操作欠规范、结论不正确、表述较流畅得40分；环节不完整、操作不规范、结论不正确、表述不流畅得30分。

③任务结果。数据详实、报告完整得20分；数据详实、报告较完整得16分；数据存疑、报告不及时得12分。

3. 评价表

任务名称：　　　　　　　　　　　　　　　　　　填写时间：

姓名	态度纪律（20分）	资料搜集（10分）	制订方案（10分）	操作过程（30分）	表述答辩（10分）	任务结果（20分）	总分（100分）

自我总结

完成任务后，进行自我分析与总结。

思考题

①简述划分基本群体、选择群体、育种群体和生产群体对高世代育种的意义。各类群体的功能是什么？

②为什么在高世代育种中更应强调防止自交和近交？有哪些措施能防止其迅速发展？

③简述美国、新西兰和意大利分别对火炬松、湿地松、辐射松、巨桉和黑杨等树种制定的育种策略特点。

④制定一个你熟悉的树种的高世代育种策略。

参考文献

［1］ 陈晓阳，沈熙环. 林木育种学[M]. 2版. 北京：高等教育出版社，2021.

［2］ 王明庥. 林木遗传育种学[M]. 北京：中国林业出版社，2001.

［3］ 巩振辉. 植物育种学[M]. 北京：中国农业出版社，2008.

［4］ 孔繁玲. 植物数量遗传学[M]. 北京：中国农业大学出版社，2006.

［5］ 胡延吉. 植物育种学[M]. 北京：高等教育出版社，2004.

［6］ 钱拴提. 园林植物育种技术[M]. 2版. 北京：中国林业出版社，2014.

［7］ 史倩倩. 园林植物遗传育种实验教程[M]. 北京：中国林业出版社，2022.

［8］ 柳俊，谢从华. 植物细胞工程[M]. 2版. 北京：高等教育出版社，2011.

［9］ 钟伟华. 林木遗传育种实践与探索[M]. 广州：广东科技出版社，2008.